Zusammenarbeit von Klinik
und Klinischer Chemie

H. Greiling • S. Neumann (Hrsg.)

Pathobiochemie, Molekularbiologie und moderne Diagnostik kardiovaskulärer Erkrankungen

Deutsche Gesellschaft für Klinische Chemie
Merck-Symposium 1992

Springer-Verlag

Professor Dr. Dr. H. Greiling
Institut für Klinische Chemie und Pathobiochemie
der Rheinisch-Westfälischen Technischen Hochschule Aachen
Pauwelsstraße 30, D-52057 Aachen

Dr. Siegfried Neumann
Diagnostische Forschung, E. Merck, Darmstadt
Frankfurter Straße 250, D-64271 Darmstadt

Merck-Symposium
der Deutschen Gesellschaft für Klinische Chemie
Kasteel Vaalsbroek/Niederlande, 26.–28. März 1992
Leitung: H. Greiling

ISBN 978-3-540-58798-9 ISBN 978-3-642-52362-5 (eBook)
DOI 10.1007/978-3-642-52362-5

27/3130–5 4 3 2 1 0 Gedruckt auf säurefreiem Papier

Inhaltsverzeichnis

Teilnehmerliste

Dr. C. ALTEHOEFER
Klinik für Nuklearmedizin, RWTH Aachen,
Radiologische Universitätsklinik Abt. Diagnostische Radiologie, Freiburg

Prof. Dr. E. BASSENGE
Institut für angewandte Physiologie, Freiburg

Prof. Dr. G. BAUMANN
Klinik für Innere Medizin, Kardiologie, Pulmonologie, Angiologie, Nephrologie, Charité, Berlin

Prof. Dr. Dr. F. BIDLINGMAIER
Institut für Klinische Biochemie der Universität, Bonn

Prof. Dr. J. BREUER
Zentrallaboratorium, Marienhospital, Gelsenkirchen

Prof. Dr. Dr. P. BROMBACHER
Afd. Klin. Chem. en Isotop. Labor, De-Wever-Ziekenhuis, Heerlen

Prof. Dr. U. BUELL
Klinik für Nuklearmedizin der Medizinischen Fakultät, RWTH Aachen

Dr. Ingrid BURKARD
Zentrale Wissenschaftliche Dienste/Herz - Kreislauf, E. Merck, Darmstadt

Prof. Dr. R. DARGEL
Institut für Pathologische Biochemie, Bereich Medizin, Friedrich-Schiller-Universität, Jena

Prof. Dr. J. DELANGHE
Laboratorium Klinische Chemie, Universitätskrankenhaus Gent

Dr. Dagmar FISCHER
Institut für Klinische Chemie und Pathobiochemie, RWTH Aachen

K. GERBIG
Vertrieb Diagnostica Deutschland, E. Merck, Darmstadt

Primarius Dr. H. GIBITZ
Zentrallaboratorium der Landeskrankenanstalten, Salzburg

Dr. J. GORGELS
Centraal Klinisch Chemisch Laboratorium, Academisch Medizinisch Centrum, Amsterdam

Prof. Dr. Dr. H. GREILING
Institut für Klinische Chemie und Pathobiochemie, Medizinische Fakultät der RWTH Aachen

Prof. Dr. A. GRESSNER
Abteilung für Klinische Chemie und Zentrallaboratorium, Klinikum der Philipps-Universität Marburg

Prof. Dr. H. DE GROOT
Institut für Physiologische Chemie, Universität - Gesamthochschule Essen

Prof. Dr. J. GROSS
Institut für Pathologische und Klinische Biochemie, Bereich Medizin (Charité), Humboldt Universität Berlin

Ursula HANAU
Forschung Diagnostica, E. Merck, Darmstadt

Dr. H.-D. HAUBECK
Institut für Klinische Chemie und Pathobiochemie, Medizinische Fakultät der RWTH Aachen

Prof. Dr. E. HENKEL
Institut für Klinische Chemie II, Krankenhaus Oststadt, Medizinische Hochschule Hannover

Prof. Dr. Dr. K. HEUCK
LAB, WHO, Genf

Dr. A. HEUBNER
Forschung Diagnostica Immunanalytik, E. Merck, Darmstadt

Prof. Dr. P. HONERJÄGER
Institut für Pharmakologie und Toxikologie der Technischen Universität München

Dr. W. HUBL
Institut für Klinische Chemie und Laboratoriumsdiagnostik, Krankenhaus Dresden-Friedrichstadt, Dresden

Prof. Dr. H. HÜTTER
Institut für Pathologische Biochemie, Abteilung Pathobiochemie, Martin-Luther-Universität, Halle/Saale,
Institut für Klinische Chemie und Nuklearmedizin Dr. D. Laue, Köln

Prof. Dr. W. JAROß
Institut für Klinische Chemie und Laboratoriumsdiagnostik, Klinikum Carl Gustav Carus der Technischen Universität Dresden

PD Dr. Dr. R. KELLER
Zentrallaboratorium, Krankenhaus Köln-Holweide, Köln

Prof. Dr. K. KLEESIEK
Institut für Laboratoriums- und Transfusionsmedizin, Herzzentrum NRW, Bad Oeynhausen

Dr. R. KOCK
Institut für Klinische Chemie und Pathobiochemie, Medizinische Fakultät der RWTH Aachen

Susanne KOLBE
Institut für Klinische Chemie und Pathobiochemie, Medizinische Fakultät der RWTH Aachen

Dr. D. LAUE
Institut für Klinische Chemie und Nuklearmedizin, Köln

Prof. Dr. B. MAISCH
Abteilung Innere Medizin, Kardiologie, Universität Marburg

Prof. Dr. C. MITTERMAYER
Institut für Pathologie, Medizinische Fakultät der RWTH Aachen

Prof. Dr. G. MÜLLER-BERGHAUS
Abteilung Hämostaseologie und Transfusionsmedizin der Kerckhoff-Klinik, Bad Nauheim

Prof. Dr. D. NEUMEIER
Institut für Klinische Chemie, Klinikum Großhadern der LMU, München,
Institut für Klinische Chemie und Pathobiochemie, Klinikum rechts der Isar der Technischen Universität, München

Dr. S. NEUMANN
Forschung Diagnostica, E. Merck, Darmstadt

Prof. Dr. B. PUSCHENDORF
Institut für Medizinische Chemie und Biochemie, Abteilung für Klinische Biochemie, Innsbruck

W. SCHÄFER
Technik Telekommunikation, E. Merck, Darmstadt

Dr. Th. SCHEFFOLD
Abteilung Innere Medizin III, Klinikum der Universität Heidelberg

PD Dr. I. SCHIMKE,
Institut für Pathologische und Klinische Biochemie, Bereich Medizin (Charité) der Humboldt Universität Berlin

Prof. Dr. D. SEIDEL
Institut für Klinische Chemie am Klinikum Großhadern, München

Prof. Dr. W. STEIN
Abteilung für Laboratoriumsmedizin, Klinische Chemie, Allgemeines Krankenhaus St. Georg, Hamburg

Dr. G. STÖCKER
Institut für Klinische Chemie und Pathobiochemie, Medizinische Fakultät der RWTH Aachen

Prof. Dr. B. - E. STRAUER
Medizinische Poliklinik, Abteilung für Kardiologie, Pneumologie und Angiologie, Universität Düsseldorf

Prof. Dr. H. STUHLSATZ
Institut für Klinische Chemie und Pathobiochemie, Medizinische Fakultät der RWTH Aachen

Prof. Dr. B. UEBIS
Medizinische Klinik I, Medizinische Fakultät der RWTH Aachen

Prof. Dr. W. VOGT
Institut für Klinische Chemie, Deutsches Herzzentrum des Freistaates Bayern, München

Gudrun WÄDOW
Institut für Klinische Chemie und Pathobiochemie, Medizinische Fakultät der RWTH Aachen

Prof. Dr. K. - W. WENZEL
Institut für Biochemie der Medizinischen Fakultät der TU Dresden

Prof. Dr. Dr. H. WISSER
Abteilung für Klinische Chemie, Robert-Bosch-Krankenhaus, Stuttgart

Prof. Dr. Irene WITT
Biochemisches und Klinisch-chemisches Labor, Universitäts-Kinderklinik, Freiburg,
Gemeinschaftspraxis-Labormedizin, Freiburg

Begrüßung

Greiling:

Liebe Kollegen, ich begrüße Sie recht herzlich zu unserem jetzt schon 11. Merck-Symposium. Ich freue mich, daß wir diesesmal in den Niederlanden, am Fuße des höchsten Berges der Niederlande, den 330 Meter hohen Dreilandenpunkt, wir nennen es ja Dreiländereck, tagen, und ich freue mich besonders, daß ich auch hier Herrn Prof. Brombacher von der Reichsuniversität Limburg in Maastricht begrüßen kann, der dort unser Fach vertritt. Ganz im Sinne von Karl dem Großen, der vor über 1000 Jahren in Aachen gekrönt wurde, tagen wir hier im europäischen Sinne. Ich würde mich freuen, wenn einige am Sonnabend die Gelegenheit benutzen, den Kunstreichtum unserer Stadt, besonders in der Schatzkammer und im Dom, besichtigen könnten.

Vielleicht ein kurzer Rückblick über die vergangenen Merck-Symposien, die man in drei Perioden einteilen kann: In der ersten Phase waren es vorwiegend Themen, die der klassischen allgemeinen klinischen Chemie zugeordnet waren, wobei die Organisationsform des Zentrallabors und die Qualitätskontrolle im Vordergrund stand. Die zweite Phase war gekennzeichnet von methodischen Fortschritten. Ich denke nur an das Merck-Symposium 1975 über die Anwendung immunologischer Methoden in der Klinischen Chemie, hier besonders die Entwicklung des Immunoassays. Die dritte Phase war der Entwicklung der Pathobiochemie gewidmet, die besonders durch die Einführung molekularbiologischer Methoden gekennzeichnet war.

Das heutige Merck-Symposium steht, wie in der Tradition der Merck-Symposien, im Brennpunkt der Wechselwirkung von Klinikern und Klinischen Chemikern. Die koronaren Herzerkrankungen stehen in der Mortalitätsstatistik an erster Stelle. Die Risikofaktoren in der Vergangenheit sind meiner Ansicht nach zu einseitig dargestellt worden. Ich selbst betrachte die Lipoproteine, und das ist jetzt etwas provokatorisch, als sekundäre Risikofaktoren. Bei der Programmgestaltung haben wir überlegt, wie wir den primären Faktoren des koronaren Risikos mehr Gewicht zukommen lassen können. Wir haben deshalb ein Programm entwickelt, das unserer Ansicht nach eine Synthese zwischen modernen klinischen, klinisch-chemisch diagnostischen Methoden sowie immunologischer molekularbiologischer Grundlagenforschung darstellt. Ich hoffe, daß wir ein produktives erkenntnisreiches und harmonisches Symposium haben.

Ich freue mich, daß wir auch zum ersten Mal Teilnehmer aus den neuen Bundesländern hier bei uns haben. Wir sind hier in einer landschaftlich schönen limburgischen Gegend, hier ist gleich die Limburgische Schweiz, die umgeben ist von bedeutenden kunsthistorischen Städten, wobei ich neben Aachen auch noch Maastricht und Lüttich erwähnen möchte, die bereits für über 1000 Jahren eine kulturhistorische Einheit darstellten. Ich wünsche unserem Symposium ein gutes Gelingen. Vielen Dank.

Neumann:

Sehr geehrte Damen, sehr geehrte Herren, liebe Kollegen. Es ist mir eine große Freude und eine besondere Ehre, Sie als einer der Organisatoren und auch als Sprecher von Merck zu diesem 11. Merck-Symposium begrüßen zu dürfen. Die Gesellschaft hat uns das Thema vorgegeben, die Auswahl der Vorträge der Referenten haben Herr Greiling und ich übernommen. Wir danken vielen aus Ihrem Kreise für hilfreiche Vorschläge, und ich persönlich danke auch meinen Kollegen bei der Pharmaforschung von Merck, Herrn Prof. Häusler, Herrn Dr. Morgenstern und Herrn Dr. Mehrhof, für die Vermittlung von Kontakten zu pharmakologisch arbeitenden Kollegen und klinischen Kollegen, die auch zum Teil hier als Referenten auftreten.

Die Gesellschaft hat dieser Symposiumsreihe den programmatischen Titel „Zusammenarbeit zwischen Klinik und Klinischer Chemie“ gegeben. Die klinischen Teilnehmer, die hier in großer Zahl erschienen sind, bestätigen uns, daß das Thema auch das Interesse der Kliniker findet.

Wie Herr Greiling sagte, geht diese Veranstaltungsreihe jetzt in ihr zweites Dezennium. Mein Vorgänger, Herr Dr. Lang, hat durch ständigen und kollegialen Dialog mit Ihnen diese Veranstaltung zu einem Forum für eine offene Information, für einen ergebnisreichen Dialog und für einen engagierten Meinungsaustausch mitgestaltet. Wir werden das fortsetzen. Wenn wir in ein zweites Dezennium eintreten, ist das ein guter Anlaß, zur Form oder auch zu den Inhalten neue Überlegungen einzubringen. Meiner Meinung nach gehören dazu der verstärkte Austausch mit den benachbarten Disziplinen, Pharmakologie, experimentelle Therapieforschung, und der organisatorisch noch sehr unscharfen aber wissenschaftlich absolut innovativen Disziplin der Molekulardiagnostik. Wir brauchen außerdem die Öffnung zum Ausland. Wir überlegen, ob die Sprache dieses Symposiums deutsch bleibt. Wissenschaft kann man nach meiner persönlichen Meinung gar nicht mehr national verstehen. Der dritte Punkt ist die Nutzung der Synergien, die die Klinische Chemie mit der therapeutischen Forschung sucht.

Unser Thema ist besonders aktuell, und das aus mehreren Gründen. Es zeigen eben die neueren klinischen Beobachtungen, daß wir bei Myokardschädigungen viele Mediatoren auf molekularer und zellulärer Ebene berücksichtigen sollten.

Ein weiterer wichtiger Gesichtspunkt ist, daß die klinischen Manifestationen von Myokardschäden eine volle Spannweite von subklinischen, subakuten Formen der stillen Ischämie und stabiler Angina pectoris bis zum akuten Myokardinfarkt oder zur Reokklusion unter der Therapie zeigen. Hier fragt der Kliniker nach besseren diagnostischen Möglichkeiten.

Und schließlich haben die neuen Ansätze zur Thrombolysetherapie neue Anforderungen an die klinische Sensitivität und Spezifität der Diagnostik gestellt. Das wird heute vorwiegend elektrokardiologisch oder klinisch beantwortet; es fehlt eine zuverlässige Analytik auf der Laboratoriumsebene.

Dieses Symposium versucht in seinem ersten Teil, Anregungen für neue Entwicklungen in Therapie und Diagnose zu geben aus dem Gebiet molekularbiologischer und zellbiologischer Forschung an den Zellen und den Faktoren des Gefäßbettes. Aus dem Gebiet der Pathogenese haben wir klinisch orientierte Übersichtsvorträge, die besonders die systemischen Zusammenhänge betrachten. Aus der klinisch-chemischen und immun-chemischen Analytik haben wir Themen gewählt, die zuerst einmal die zellulären Proteine, die zytoplasmatischen Marker aber auch die neuerdings sehr stark diskutierten Marker aus Myofibrillen, und metabolische Maßgrößen diskutieren. Von allgemeinem Interesse dürfte der letzte Teil sein, der die in vivo-Diagnostik hineinbringt, speziell die Positronen-Emissionstomographie, weil wir vermutlich mit diesen Analysen dem Anliegen des Klinikers nach Lokalisation und Größenabschätzung näher kommen. Wir hoffen, daß die Vorträge und speziell die Diskussionen, die Sie hier einbringen und für die wir uns auch Zeit nehmen sollten, den Bogen schlagen von der Basisforschung zu dem direkten Patientennutzen. Das ist ein sehr anspruchsvoller Wunsch.

Ich möchte hier nicht schließen, ohne den sehr fleißigen engagierten Helfern zu danken. Frau Wädow als Sekretärin von Herrn Greiling, Frau Hanau aus meinem Sekretariat, dann schließlich Herrn Schäfer, der die Tonbandaufzeichnung übernimmt.

Einfluß der Endothelzellen auf den Gefäßtonus unter physiologischen und pathophysiologischen Bedingungen

Eberhard Bassenge

Institut für Angewandte Physiologie der Universität, Hermann-Herder-Str. 7, D-79104 Freiburg

Das Endothel kleidet in einer einzelligen Schicht das gesamte Gefäßsystem aus und kann praktisch als ein auf den Körper aufgefächertes (verteiltes) Organ mit vielerlei Funktionen angesehen werden. Beim Erwachsenen hat es mit einem Gesamtgewicht von rund 1,5 kg fast die Größe der Leber. Früher wurde seine Funktion hauptsächlich als Diffusionsbarriere zwischen dem Blutstrom und dem Gewebe und dabei als stoffwechselmäßig wenig aktiv und ohne große Bedeutung angesehen. Wie wir jetzt wissen, umfassen die Funktionen des Endothels eine Vielzahl von biologisch wichtigen Prozessen, die mit der Ausbildung, Sprossung und Wachstumskontrolle des Gefäßsystems beginnt. Regulation der Hämostase und des Gefäßtonus, von lokalen und zirkulierenden Hormonen, Transport von Makromolekülen und gelösten Substanzen durch die Gefäßwand sowie Modulation der Immunantwort sind weitere Aufgaben. Auf der Endotheloberfläche befinden sich eine Reihe von Ektoenzymen, die die Wirkung verschiedener vasoaktiver und Hämostase beeinflussender Substanzen wie Angiotensin, Bradykinin, Serotonin kontrollieren. Wichtig ist die Produktion und Freisetzung von Lokalhormonen des Endothels (sogenannte Autakoide), wie das Stickstoffmonoxidradikal NO (auch endothelium-derived relaxant factor, EDRF, bezeichnet), das Vasokonstriktorpeptid Endothelin (ET) und der platelet activating factor (PAF), die den Gefäßtonus und die Plättchenfunktion steuern.

Die den Gefäßtonus modulierende Funktion des Endothels wurde 1981 von Furchgott und Mitarbeitern aufgedeckt, als sie zeigen konnten, daß Azetylcholin (ACh) in Gefäßen mit intaktem Endothel eine Dilatation hervorruft, in In-vitro-Gefäßpräparaten, deren Endothel infolge der Präparation meistens weitgehend geschädigt ist, aber eine Konstriktion auslöst. So hängt die Wirkung der im Blut zirkulierenden, vasoaktiven Substanzen (sog. Agonisten) auf die Vasomotorik vom funktionellen Zustand des Endothels ab:

a) Ist die Endothelfunktion intakt, so kommen diese Agonisten nicht unmittelbar mit der glatten Gefäßmuskulatur in Kontakt, sondern stimulieren zunächst einmal, meist über einen rezeptorgekoppelten Mechanismus, das Endothel, wodurch es zur nachfolgenden Freisetzung von verschiedenen Autakoiden kommt. Diese Autakoide, wie EDRF oder verschiedene Prostaglandine (z.B. Prostazyklin, PGI_2) bewirken bei abluminal gerichteter Freisetzung Vasodilatation und bei luminal gerichteter Freisetzung in erster Linie eine Hemmung der Thrombozytenadhäsion und -aggregation. Die physiologische Bedeutung des Endothelins ist noch nicht geklärt.

b) Ist die Endothelfunktion dagegen mangelhaft (z.B. bei Atheromatose, bei der Hypertonie und bei verschiedenen immunologischen Reaktionen an der Endotheloberfläche) oder bei mechanischer Zerstörung des Endothels (z.B. durch Ballonkathetermanipulationen oder scherkraftbedingt bei stark turbulentem Fluß im Gebiet der Stenosen), dann fällt zum einen die Autakoidfreisetzung durch das Endothel weitgehend aus, zum anderen treffen die im Blut zirkulierenden Agonisten teilweise direkt auf die Gefäßmuskulatur, da die Schutz- und Modulatorfunktion des Endothels nicht mehr gegeben ist. Über die Stimulation spezifischer Rezeptoren an der Gefäßmuskulatur (H_1-, HT_2-, P_{2x}-, $M_{1,2}$-, $\alpha_{1,2}$-, AVP-, VP-Rezeptoren u.a.) lösen die meisten dieser Agonisten dann eine Konstriktion aus, da als Nettoeffekt die direkten Konstriktorwirkungen, die endothelmodulierten Dilatatorwirkungen überwiegen.

In den letzten Jahren sind eine Reihe von Erkrankungen, die möglicherweise auf eine gestörte Endothelfunktion zurückzuführen sind, daraufhin genauer untersucht worden. Bei verschiedenen Krankheitsbildern mit gestörter Vasomotorik, wie z.B. bei der Hypercholesterolämie, Atherosklerose, Hypertonie, diabetischen und Ischämie-bedingten (z.B. durch Sauerstoffradikale) Gefäßschäden, beim Morbus Raynaud und bei verschiedenen Formen der Angina pectoris (Übersicht bei Bassenge und Heusch 1990), konnte die ursächliche Beteiligung einer mangelhaften endothelialen Autakoidfreisetzung mit weitgehender Sicherheit festgestellt werden. Da es sich bei diesen Erkrankungen jedoch meistens um ein multifaktorielles Geschehen handelt, dessen Teilkomponenten sehr variabel sind, und in dem nervöse, präsynaptische, humorale, hormonale, metabolische und endothelvermittelte Faktoren und Mechanismen interagieren, läßt sich die Stärke der einzelnen Teilkomponenten nicht immer genau abschätzen.

Regulation der endothelialen NO- und PGI_2-Synthese

NO-Freisetzung

In den Endothelzellen wird aus der Präkursoraminosäure L-Arginin durch ein kürzlich dargestelltes und Ca^{2+}-Calmodulin-abhängiges Enzym NO-Synthase das Signalmolekül Stickstoffmonoxid NO freigesetzt, das als Radikal hoch reagibel und wenig beständig ist und das deshalb biologisch wohl überwiegend als Nitrosyl-Eisen-Komplex in den Endothelzellen zum Zwecke einer verbesserten biologischen Wirksamkeit gespeichert wird (Mülsch et al. 1992) (dieser Nitrosyl-Eisenkomplex scheint durch die exogenen Nitrovasodilatatoren nicht vermehrt zu werden). Das Enzym NO-Synthase kommt in verschiedenen Geweben, in dem das Signal- (aber auch biozid wirksame) Molekül ganz unterschiedliche Aufgaben hat, als konstitutives (z.B. im Endothel aber auch in Nervenzellen) bzw. als induzierbares (z.B. in der Gefäßmuskulatur oder in Makrophagen) Ca^{2+}-unabhängiges Enzym in verschiedenen Isoformen vor (Förstermann et al., 1991, Übersicht bei Moncada et al. 1991). Die Freisetzung des NO läßt sich stereospezifisch durch eine Reihe von Argininanaloga blockieren, die teilweise das Präkursorsubstrat Arginin verdrängen (L-NMMA), das Enzym irreversibel inaktivieren (z.B. L-Nitro-Arginin) oder den endothelständigen Arginincarrier blockieren (L-NAME).

NO ist wahrscheinlich die wichtigste gefäßdilatierende Substanz, zudem hemmt es die Plättchenaktivierung und Aggregation (und potenziert die PGI_2-Wirkung) über eine cGMP-abhängige Aktivierung einer Proteinkinase mit Sequestrierung des intrazellulären Kalziums. Die Freisetzung des NO wird rezeptorabhängig über verschiedene zirkulierende Agonisten bewirkt, aber auch rezeptorunabhängig – insbesondere mechanisch – über auf das Endothel einwirkende Scherkräfte der Blutströmung (Bassenge 1989). Die kontinuierliche, weniger oder stärker ausgeprägte NO-Freisetzung antagonisiert die myogene und nervös induzierte Gefäßkonstriktion und sorgt somit für eine ausreichende und adäquate Organperfusion und physiologische Blutdruckverhältnisse.

PGI_2-Freisetzung

Aus Arachidonsäure werden in den Endothelzellen sowohl Lipoxygenaseprodukte wie auch Zyklooxygenaseprodukte synthetisiert (Moncada und Vane 1979). Letztere bestehen hauptsächlich aus den Prostaglandinen PGI_2 und PGE_2. Eine gewisse Menge PGI_2 wird fortlaufend freigesetzt, sie kann erhöht werden durch verschiedene rezeptor-abhängige und -unabhängige Agonisten und mechanisch durch Scherkräfte an der luminalen Oberfläche, die alle zu einer Erhöhung der intrazellulären Ca^{2+}-Konzentration führen. Endothelzellen haben aber keine spannungsabhängigen Ca^{2+}-Kanäle, sondern erhöhen ihre intrazelluläre Ca^{2+}-Konzentration über den Inositol-tris-phosphat-Mechanismus aus intrazellulären Ca^{2+}-Speichern oder aus extrazellulärem Kalzium über rezeptorabhängige Ca^{2+}-Kanäle. Intrazelluläres Ca^{2+} spielt eine wesentliche Rolle bei der Regulation und Freisetzung von PGI_2, wobei die Entfernung von extrazellulärem Ca^{2+} nur eine minimale Reduzierung bewirkt, durch Verarmung der intrazellulären Speicher aber eine völlige Suppression bewirkt werden kann (Hallam et al., Biochem J 1988). Möglicherweise stellt aber auch die Freisetzungsgeschwindigkeit der Präkursor-Substanz Arachidonsäure aus den Membranphospholipiden über die Phospholipasen -A_2 und -C eine wichtige Regulationskomponente der PGI_2-Freisetzung dar. Unter pathophysiologischen Bedingungen (bei Hypoxie, Ischämie, Entzündung z.B.) gibt es eine sich langsam verstärkende, mit verstärkter RNS-Synthese und Induktion von Phospholipase A_2 verbundene PGI_2-Bildung, die durch Interleukin-1 und durch Tumor-Nekrosefaktor (TNF) stimuliert wird (Clark et al. 1988).

Die Prostazyklinabgabe des Endothels mit Aktivierung der Adenylatzyklase und Anstieg des cAMP in den Plättchen und (schwächer) in der angrenzenden Gefäßmuskulatur scheint asymmetrisch vor allem luminalwärts zu erfolgen und die Plättchenaktivierung und -aggregation zu unterdrücken. Die abluminale Abgabe von PGI_2 zur Gefäßmuskulatur hin, um deren Tonus zu regulieren, scheint von weitgehend untergeordneter Bedeutung zu sein. So kommt es auch bei Zyklooxygenasehemmung zu keinem Anstieg des konstriktorischen Gefäßtonus mit Ausnahme des Venentonus, bei dem sich eine Prostazyklin-sensitive Komponente nachweisen läßt (Münzel et al. 1988). Therapeutisch hat PGI_2 eine Schutzfunktion für die Gefäßwand, wirkt antiarteriosklerotisch und antithrombotisch, supprimiert exzessive Freisetzung von proliferativ wirksamen Wachstumsfaktoren aus dem Endothel und aktivierten Makrophagen und wird deshalb bei Patienten mit peripherer Verschlußkrankheit eingesetzt.

Endothelvermittelte Dilatation bei Hypercholesterinämie und Arteriosklerose eingeschränkt.

Besonders relevant ist die Funktionsstörung des Endothels bei atheromatöser Infiltration der Intima und Subintima. Sowohl bei spontan auftretender als auch bei fütterungsbedingter Atherosklerose kommt es zu einer Abschwächung oder zum Verlust der endothel-vermittelten Dilatation (Verbeuren et al. 1986, Freiman et al. 1986, Galle und Bassenge 1991). Verursacht wird diese Einschränkung hauptsächlich durch eine verminderte EDRF/NO-Freisetzung des erkrankten Endothels (deren genaue Ursache noch nicht bekannt ist) oder durch die Inaktivierung des NO durch in den atheromatösen Infiltraten entstehende O_2-Radikale aus der Lipidperoxidation (Mügge et al., 1991 und 1992). Die atheromatösen Gefäße haben in manchen Versuchsserien auch eine reduzierte Empfindlichkeit gegenüber EDRF/NO (Verbeuren et al. 1986), was aber von anderen Untersuchern nicht beobachtet wurde (Freiman et al. 1986, Harrison et al. 1987). Schon starke Erhöhungen des LDL-Cholesterinspiegels scheinen die endothelial-vermittelte Dilatation einzuschränken. Zusätzlich inaktiviert LDL den lipophilen EDRF/NO noch durch unmittelbare Bindung (Galle und Bassenge 1991).

Therapie-induzierte Regression der Atherosklerose mit Verbesserung der eingeschränkten, endothel-vermittelten Dilatation

Durch Endothelschädigung mittels diätetisch induzierter oder genetischbedingter Atherosklerose kommt es zu einer fortschreitenden Abnahme der endothel-vermittelten Dilatation, wobei die Dilatation auf exogen zugeführte, NO-freisetzende Substanzen (Nitrovasodilatatoren) erhalten bleibt. Unter dieser Bedingung war bei Patienten z.B. mit Koronarsklerose eine flußabhängige (endothelvermittelte) Dilatation praktisch verschwunden. Bei konsequenter Therapie mit Lipidsenkern und forcierter diätetischer Behandlung konnte eine Verbesserung der flußabhängigen Dilatation an den Koronararterien schon nach 2 Monaten Therapie nachgewiesen werden (Vekshtein et al. 1989).

Ein Wiederauftreten einer rezeptorgekoppelten, endothel-vermittelten Dilatation nach diätinduzierter Regression der Atheromatose konnte auch in einer Reihe von Tierexperimenten bei Hunden und Affen und in In-vitro Experimenten an Koronargefäßsegmenten (Harrison et al. 1987) gut belegt werden. Wie in Abbildung 1 dargestellt, kommt es durch die experimentelle Atheromatose zu einer mehr als 50%igen Einschränkung der endothelvermittelten Dilatation. Nach einer 6-wöchigen Regressionsdiät kehrt die endotheliale Dilatation wieder auf den normalen Ausgangswert zurück, obwohl die anatomischen Verände-

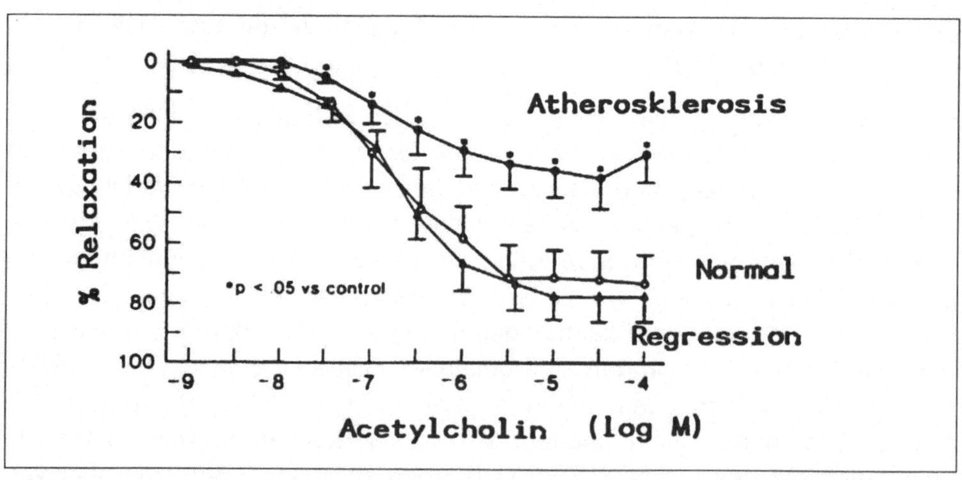

Abbildung 1:
Wiederauftreten der EDRF-induzierten Dilatation (durch Azetylcholin, ACh, stimuliert) nach Regression der Atheromatose durch therapeutische Diät in experimentell atherosklerotisch gemachten Affen. Offene Kreise repräsentieren normale, nicht erkrankte Kontrolltiere vor Atheromatose-Induktion. Dosis-Wirkungsbeziehungen von Gefäßsegmenten ±SD (nach Daten von Harrison et al. 1987).

rungen (besonders die Intimaverdickungen als Diffusionsbarriere) teilweise bestehen bleiben.

Kürzlich konnte allerdings gezeigt werden, daß die NO-Bildung in atheromatösen Gefäßen eher erhöht ist (Minor et al. 1991). Die bei der Atheromatose gleichzeitig erhöhte O_2-Radikalbildung (Lipidperoxidation) inaktiviert das gebildete NO aber sogleich, so daß die endothelvermittelte Dilatation reduziert ist. Wird die Radikalbildung abgefangen, so normalisiert sich die endothel-unabhängige Dilatation (Mügge et al. 1991 und 1992).

Gestörte endothelvermittelte Dilatation bei chronischer Hypertonie

Schon bei experimentell erzeugten akuten Hochdruckphasen - vergleichbar mit den Hochdruckkrisen bei Patienten - kommt es zu deutlichen Einschränkungen der endothelvermittelten Vasodilatation bzw. zu Agonist-induzierten Konstriktionen, besonders deutlich sichtbar bei Stimulation mit intraarteriellem Serotonin (Lamping et al. 1987). Wie auch nach Erzeugung von Atheromatose bei Affen zu beobachten ist, kommt es bei intra11arterieller Injektion von Serotonin zu ausgeprägten Gefäßkonstriktionen anstatt zu Dilatationen, wie bei normalen, nicht-atheromatösen Kontrolltieren (Heistad et al. 1987). Schon nach kurzen Phasen von experimenteller Hypertonie im Koronarsystem (Perfusionsdruck > 200 mm Hg) sind die endothelvermittelten Dilatationen weitgehend eingeschränkt, teilweise überwiegen auch die direkten HT_2-Rezeptor-vermittelten Konstriktionen. Das Ausmaß dieser Dilatationseinschränkung bzw. der daraus resultierenden Konstriktionen hängt deutlich sowohl von der Höhe des Blutdruckes als auch von der Dauer der Hypertonie ab (Lamping et al. 1987).

Auch chronische Hochdruckzustände führen zu einer starken Einschränkung der endothelvermittelten Vasodilatation im Tierexperiment wie in Abbildung 2 gezeigt (Lüscher et al. 1987a). Auch bei Hochdruckpatienten ist die endothelvermittelte Vasodilatation (z.B. in den Extremitäten) eingeschränkt (Linder et al. 1990). Nach einer konsequenten antihypertensiven Therapie kehrt die endothelvermittelte Dilatation wieder zurück (Lüscher et al. 1987b). Ob es sich bei einer mangelhaften EDRF/NO-Freisetzung um eine hochdruck-erzeugende Teilkomponente oder nur um eine Folge von Hypertonie handelt, ist noch nicht geklärt. Pharmakologische Hemmung der NO-Freisetzung durch stereospezifische Antagonisten führt nämlich zu hypertensiven Zuständen mit Zunahme des totalen, peripheren Gefäßwiderstandes (Übersicht bei Bassenge und Heusch 1990).

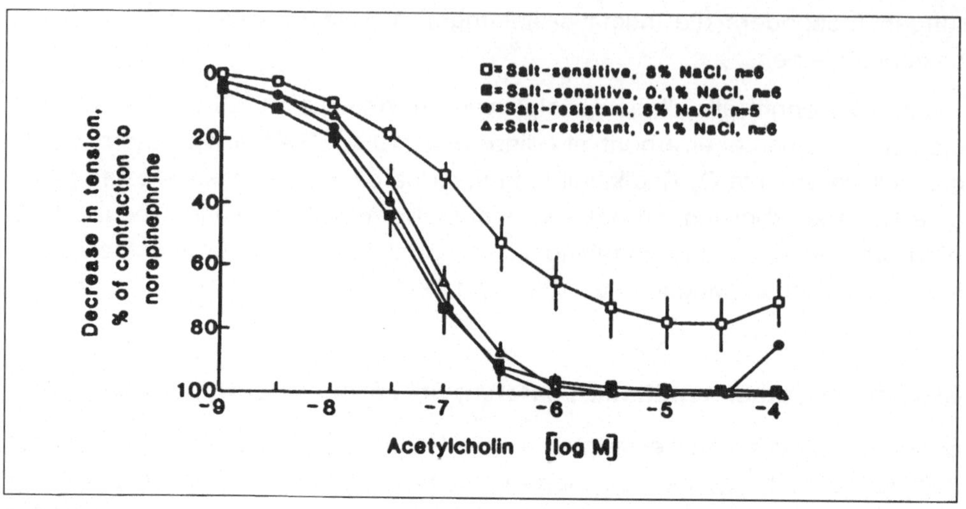

Abbildung 2:
Mangelhafte EDRF-induzierte (durch Azetylcholin, ACh, stimulierte) Dilatation (±SD) bei chronischer Hypertonie in Salz-empfindlichen, salzreich ernährten (8% NaCl, offene Quadrate) Dahl-Ratten. Bei Salz-unempfindlichen oder salzarm (0.1 % NaCl) ernährten Ratten ist die endothel-vermittelte Dilatation voll erhalten (vereinfachte Darstellung nach Daten von Lüscher et al. 1987b).

Die endothelvermittelte Dilatation ist nach Ischämie und Reperfusion durch Einwirken von Sauerstoff-Radikalen deutlich reduziert.

Nach Ischämiephasen kommt es durch verschiedene Mechanismen in der Reperfusionsphase (Reaktionen über Xanthinoxydase, Myeloperoxidase oder NADPH-Oxydase) u.a. durch die Aktivierung von Granulozyten zur Freisetzung von Sauerstoffradikalen im Gewebe wie z.B. im postischämischen Myokard und im Koronarsystem. Dann reichen die entsprechenden Abbauenzymaktivitäten (z.B. der Katalase und Superoxyd-Dismutase für die Umwandlung von O_2^-) nicht mehr aus, um die plötzlich verstärkt anfallenden Sauerstoff-Radikale rechtzeitig zu inaktivieren. Diese bewirken dann eine fast vollständige Einschränkung der endothelvermittelten Dilatation im Koronarsystem (Stewart et al. 1988). Neben Schädigungen am kontraktilen Apparat bzw. am sarkoplasmatischen Retikulum scheint es beim Reperfusionsschaden nach Ischämie also auch zu Perfusionsstörungen zu kommen, die sich auf diesen Verlust der endothelialen Dilatationskapazität zurückführen lassen und zu dem „no-reflow-Phänomen“ nach erfolgreicher therapeutischer Gefäßeröffnung (z.B. durch Streptokinase, Urokinase oder TPA) beitragen.

Diagnostische und therapeutische Aspekte einer gestörten Vasomotorik infolge Endothelzelldysfunktion

Die funktionelle Kapazität der endothelvermittelten Vasomotorik bzw. Dilatation kann am Patienten sinnvoll getestet werden. Durch intraarterielle Injektion oder Infusion kleinster Dosen von Azetylcholin (ACh), Bradykinin oder Substanz P (endothelabhängige Agonisten) kann das Endothel in einer rezeptorgekoppelten Reaktion stimuliert werden, EDRF bzw. NO freizusetzen. Die dadurch induzierte Gefäß-Dilatation kann dosisabhängig angiographisch gemessen werden (Übersicht bei Bassenge und Heusch 1990). Je nach endothelialer Funktionseinschränkung ist der Dilatationseffekt eingeschränkt; bei Stimulation mit steigenden Azetylcholin-Dosen kommt es schließlich zu Koronarkonstriktionen, weil die direkte, muskarinerg-vermittelte Wirkung (Konstriktion) von ACh auf die glatte Muskulatur (bei Menschen und Primaten besonders ausgeprägt) gegenüber der endothelvermittelten, NO-induzierten Dilatation überwiegt.

Die endotheliale EDRF/NO-Freisetzung im arteriellen System erfolgt aber nicht nur rezeptorgekoppelt durch verschiedene Agonisten, sondern auch mechanisch stimuliert über die wechselnde Scherkraft der an der Endotheloberfläche jeweils einwirkenden Blutströmung (Bassenge 1989). Diese strömungs- oder flußabhängige Dilatation bewirkt eine adäquate funktionelle Dilatation der zuführenden Gefäßabschnitte bei steigendem Sauerstoffbedarf der nachgeschalteten Gewebsabschnitte (Übersicht bei Bassenge und Münzel 1988). Bei fehlender oder mangelhafter Endothelfunktion während Koronargefäßerkrankung z.B. bleibt diese Regulation aus, vielmehr können die im Blut zirkulierenden Agonisten nun direkt (ohne die modulierende bzw. „abpuffernde“ Endothelfunktion) an der Gefäßmuskulatur angreifen und dort inadäquate Konstriktionen auslösen. Verstärkt wird diese Tendenz noch durch eine bei EDRF/NO-Mangel gleichzeitig auftretende, verstärkte Plättchenadhäsion und -aggregation, wobei konstriktive Agonisten (Serotonin, ATP, TXA_2, PAF, PDGF), die bei intakter Endothelfunktion erst gar nicht entstehen oder zumindest nicht wirksam werden können, dann direkt auf die angrenzende Gefäßwand einwirken.

Unter pathophysiologischen Verhältnissen kann sich hieraus ein circulus vitiosus ausbilden (siehe Abbildung 3) (Bassenge und Stewart 1988). Durch das Auftreten einer Gefäßstenose wird die Durchströmung abgedrosselt. Die scherkraftinduzierte ERDF- bzw. NO-Freisetzung sinkt ab, der damit verbundene Dilatationsstimulus entfällt. Gleichzeitig entfällt die NO-vermittelte Wirkung der Gefäßwand auf die Thrombozyten. Dabei vermindert sich ihr cGMP-Gehalt (Busse et al. 1987), sie werden adhäsiv, aggregieren und sezernieren konstriktive Agonisten (Bassenge et al. 1989), die die Leitfähigkeit des Gefäßsystems weiter herabsetzen, bis es zu einem Sistieren der Strömung kommen kann.

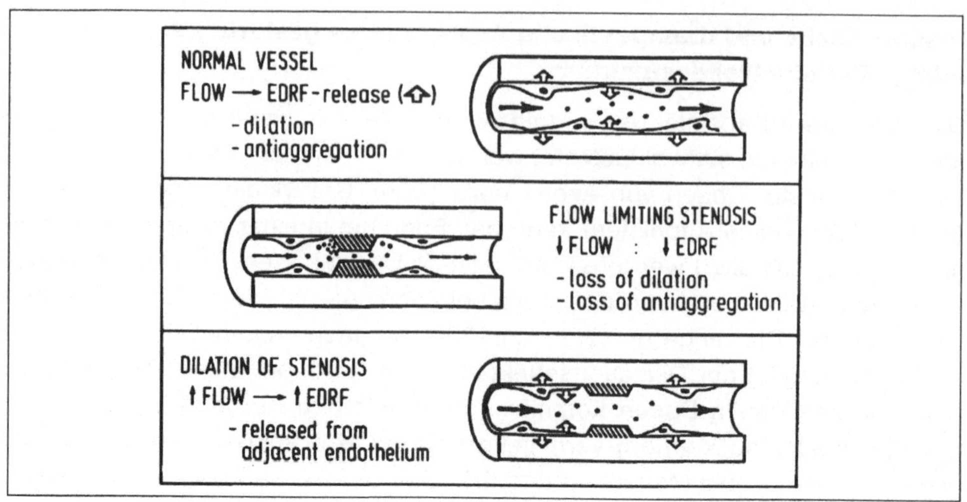

Abbildung 3:
Schematische Darstellung erhöhter Konstriktions- und Thrombozyten-Aggregationsbereitschaft in stenotisch erkrankten Gefäßsegmenten bei reduzierter Strömungsgeschwindigkeit und reduzierter mechanisch stimulierter (über die visköse Abscherung) EDRP/NO-Freisetzung. Bei Dilatation der Stenose kann dieser circulus vitiosus durchbrochen werden (Einzelheiten s. Text, nach Bassenge und Stewart 1988).

Therapeutisch sind die Nitrovasodilatatoren (besonders die direkt NO-freisetzenden Dilatatoren aus der Sydnonimin-Reihe wie Pirsidomine (Bohn et al. 1991, Bassenge et al. 1992, Bassenge 1994) oder SIN-1, der aktive Metabolit des Molsidomins) in der Lage, diesen circulus vitiosus zu durchbrechen. Sie können die fehlende NO-Freisetzung im Gefäß- und besonders im Koronarsystem teilweise substituieren (ohne jedoch die Bildung des biologisch bedeutenden NO-Speichers, eines Dinitrosyl-Eisenkomplexes zu verbessern) und bewirken eine Dilatation. Diese ist besonders ausgeprägt gerade in den Abschnitten, die eine deutliche Einschränkung der Endothelfunktion aufweisen (also besonders in den atheromatösen Abschnitten). In diese Richtung weisende Befunde wurden auch von Rafflenbeul und Mitarbeitern (1989) erhoben. Werden die stenotischen Abschnitte dilatiert (entweder pharmakologisch oder mechanisch mit dem Ballonkatheter), so kommt es durch die verstärkte Strömung zu einer vermehrten NO-Freisetzung im Gefäß- bzw. Koronarsystem und zu einer Verstärkung der Dilatation und der Antiaggregation. Wie in Abbildung 4 (Busse et al. 1989) gezeigt, haben die Nitrovasodilatatoren wie SIN-1 die Eigenschaft, Endothel-denudierte oder -geschädigte Gefäßsegmente (solange sie noch dehnbar sind) besonders stark zu relaxieren. Interessanterweise dilatieren also meistens gerade diejenigen atheromatösen Abschnitte (falls es sich nicht um fixierte, kalzifizierte Stenosen handelt), bei denen eine Dilatation therapeutisch besonders notwendig und erwünscht ist! Abschließend kann man also festhalten, daß die Kapazität der endothel-vermittelten Gefäßregulation sowohl

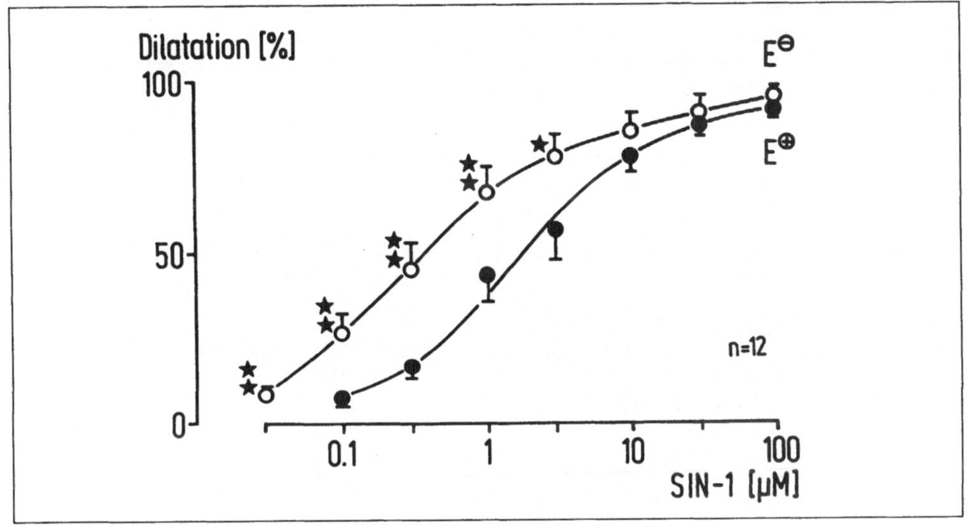

Abbildung 4:
Erhöhte Empfindlichkeit von Gefäßsegmenten mit geschädigtem oder fehlendem Endothel (E-) auf Nitrovasodilatatoren im Vergleich zu endothelintakten Gefäßsegmenten (E+). Dilatationsfähigkeit von Kaninchengefäßsegmenten bei steigenden Dosierungen von SIN-1 (± SD). Bei Gefäßen ohne Endothel (E-; o) sind die Dosis-Wirkungsbeziehungen signifikant nach links zu niedrigeren Dosen verschoben (nach Busse et al. 1989).

in den großen Leitungsarterien wie auch in den Widerstandsgefäßen analysiert werden kann. Therapeutisch sind eine Reihe von Ansätzen möglich (Normalisierung des Lipidprofiles bei Hypercholesterolämie und Arteriosklerose, Normalisierung des Blutdruckverhaltens bei Hypertonie, Argininsupplementierung bei Herzinsuffizienz mit myokardialer Ischämie etc.), die eine Verbesserung der Endothelfunktion und eine besser angepaßte Gefäßregulation ermöglichen.

Literatur

Bassenge E, Münzel T
Consideration of conduit and resistance vessels in regulation of blood flow
Am J Cardiol 62:40E-44E, 1988

Bassenge E, Stewart DJ Interdependence of pharmacologically-induced and endothelium-mediated coronary vasodilation in antianginal therapy
Cardiovasc Drugs 2:27-34, 1988

Bassenge E
Flow-dependent regulation of coronary vasomotor tone
Eur Heart J 10(Suppl F):22-27, 1989

Bassenge E
Coronary vasomotor responses: Role of endothelium and nitrovasodilators
Cardiovasc. Drugs Ther. 8:600-612, 1994

Bassenge E, Busse R, Pohl U
Hemmung der Thrombozytenaggregation und -adhäsion durch EDRF und deren pathophysiologische Bedeutung (Inhibition of platelet-aggregation and -adhesion by EDRF: pathophysiological significance)
Z Kardiol 78(Suppl 6):54-58, 1989

Bassenge E, Heusch G
Endothelial and neuro-humoral control of coronary blood flow in health and disease
Rev Physiol Biochem Pharmacol 116:77-165, 1990

Bassenge E, Huckstorf C, Münzel T
Pronounced coronary dilation by a new NO-releasing sydnonimine derivate during 5 day infusion
FASEB J 6(Part I):A1579, 1992

Bohn H, Beyerle R, Martorana PA, Schonafinger K
CAS-936, a novel sydnonimine with direct vasodilating and nitric oxide-donating properties - effects on isolated blood vessels
J Cardiovasc Pharmacol 18:522-527, 1991

Busse R, Lückhoff A, Bassenge E
Endothelium-derived relaxant factor inhibits platelet activation
Naunyn-Schmiedehergs Arch Pharmacol 336:566-571, 1987

Busse R, Pohl U, Mülsch A, Bassenge E
Modulation of the vasodilator action of SIN-1 by the endothelium
J Cardiovasc Pharmacol 14(Suppl.II):S81-S85, 1989

Clark MA, Chen MJ, Crooke ST, Bomalaski JS
Tumor necrosis factor (cachectin) induces phospholipase A2 activity and synthesis of a phospholipase A2-activating protein in endothelial cells
Biochem J 250: 125-132, 1988

Förstermann U, Schmidt HHHW, Pollock JS, Sheng H, Mitchell JA, Warner TD, Nakane M, Murad F
Isoforms of nitric oxide synthase: characterization and purification from different cell types
Biochem Pharmacol 42: 1849-1857, 1991

Freimann PC, Mithcell GG, Heistad DD, Armstron ML, Harrison DG
Atherosclerosis impairs endothelium-dependent vascular relaxation to acetylcholine and thrombin in primates
Circ Res 58:783-789, 1986

Furchgott RF, Zawadzki JV, Cherry PD
Role of endothelium in the vasodilator response to acetylcholine. In: Vasodilation. P.M. Vanhoutte and I Leusen, eds. Raven Press, New York, pp. 49-66, 1981

Galle J, Busse R, Bassenge E
Hypercholesterolemia and atherosclerosis change vascular reactivity in rabbits by different mechanisms
Arteriosclerosis Thrombosis 11: 1712-1718, 1991

Hallam TJ, Pearson JD, Needham LA
Thrombin-stimulated elevation of human endothelial cell cytoplasmic free calcium concentration causes prostacyclin production
Biochem J 251:243-249, 1988

Harrison DG, Armstrong ML, Freiman PC, Heistad DD
Restoration of endothelium-dependent relaxation by dietary treatment of atherosclerosis
J Clin Invest 80: 1808-1811, 1987

Heistad DD, Mark AL, Marcus ML, Piegors DJ, Armstrong ML
Dietary treatment of atherosclerosis abolishes hyperresponsiveness to serotonin: implications for vasospasm
Circ Res 61:346-351, 1987

Lamping KG, Dole WP
Acute hypertension selectively potentiates constrictor responses of large coronary arteries to serotonin by altering endothelial function in vivo
Circ Res 61 :904-913, 1987

Linder L, Kiowski W, Buhler FR, Luscher TF
Indirect evidence for release of endothelium-derived relaxing factor in human forearm circulation invivo - blunted response in essential hypertension
Circulation 81:1762-1767, 1990

Lüscher T, Raij L, Vanhoutte PM
Endothelium-dependent vascular responses in normotensive and hypertensive Dahl rats
Hypertension 9: 157-163, 1987a

Lüscher T, Vanhoutte PM, Raij L
Antihypertensive treatment normalizes decreased endothelium-dependent relaxations in rats with salt-induced hypertension
Hypertension 9(Suppl. III): III 193 -III 197, 1987b

Minor RL, Myers PR, Guerra R, Bates JN, Harrison DG
Diet-induced atherosclerosis increases the release of nitrogen oxides from rabbit aorta
J Clin Invest 86:2109-2116, 1990

Moncada S, Vane JR
Pharmacology and endogenous roles of prostaglandin endoperoxides, thromboxane A2 and prostacyclin
Pharmacol Rev 30:293-331, 1979

Moncada S, Palmer RMJ, Higgs EA
Nitric oxide - physiology, pathophysiology, and pharmacology
Pharmacol Rev 43: 109-142, 1991

Mügge A, Elwell JH, Peterson TE, Hofmeyer TG, Heistad DD, Harrison DG
Chronic treatment with polyethylene-glycolated superoxide dismutase partially restores endothelium- dependent vascular relaxations in cholesterol-fed rabbits
Circ Res 69:1293-1300, 1991

Mügge A, Heistad DD, Densen P, Piegors DJ, Armstrong ML, Lopez JAG
Activation of leukocytes with complement C5a produces constriction of large arteries in atherosclerotic primates in vivo
Circulation: 1992 (in press)

Mülsch A, Mordvintcev P, Vanin A, Bassenge E, Busse R
Storage of nitric oxide by dinitrosyl-iron complexes in vascular tissue
FASEB J 6(Part II):A1804, 1992

Münzel T, Stewart DJ, Holtz J, Bassenge E
Preferential venoconstriction by cyclooxygenase inhibition in vivo without attenuation of nitroglycerin venodilation
Circulation 78:407-415, 1988

Rafflenbeul W, Bassenge E, Lichtlen P
Competition between endothelium-dependent and nitroglycerin-induced coronary vasodilation (Konkurrenz zwischen endothelabhängiger und Nitroglycerin-induzierter koronarer Vasodilatation)
Z Kardiol 78(Suppl 2):45-47, 1989

Stewart DJ, Pohl U, Bassenge E
Free radicals inhibit endothelium-dependent dilation in the coronary resistance bed
Am J Physiol 255:H765-H769, 1988

Vekshtein VI, Yeung AC, Vita JA, Nabel EG, Fish RD, Bittl JA, Selwyn AP, Ganz P
Fish oil improves endothelium-dependent relaxation in patients with coronary artery disease
Circulation 80(Suppl.II):II-434, 1989 (abstract)

Verbeuren TJ, Jordaens FH, Zonnekeyr. LL, Van Hove CE, Herman AG
Effect of hypercholesterolemia on vascular reactivity in the rabbit. I.Endothelium-dependent and endothelium-independent contractions and relaxations in isolated arteries of control and hypercholesterolemic rabbits
Circ Res 58:552-564, 1986

Diskussion Vortrag Bassenge

Seidel:

Sie haben nur die zytosolische Guanylatzyklase dargestellt, es existiert natürlich noch die Membran-gebundene Guanylatzyklase, die durch die natriuretische Peptide ANP oder BNP aktiviert ist und die nach neueren Erkenntnissen auch noch in der Endothelzelle wirksam ist. Interessanterweise kommt es ja, im Unterschied zu der von Ihnen dargestellten zytosolischen Guanylatzyklase, zur Freisetzung von cGMP im Serum oder in die Flüssigkeiten überhaupt. Aber die Frage ist, ob nicht ein Teil der Effekte, die Sie haben, sich mit diesem System überlagert.

Bassenge:

Die Abgrenzung ist im Einzelfall bei sehr niedrigen Konzentrationen schwierig. Aber wenn man z.B. Blocker der NO-Synthase gibt, dann kann man sie ja meistens vollständig supprimieren und damit zeigen, daß die NO-abhängige Guanylatzyklaseaktivität der Haupteffekt gewesen sein muß.

Wenzel:

In eigenen Experimenten haben wir mit AVP-Antagonisten gefunden, daß sie keinen sehr starken Einfluß hatten. Sie mögen zwar beteiligt sein, aber das läßt sich in unseren Beispielen nicht so einfach aufzeigen.

Bassenge:

Ja, solche Unterschiede bestehen nicht nur zwischen den einzelnen Organen, sondern sogar zwischen den einzelnen Gefäßabschnitten: Z.B. venöses Endothel macht überraschenderweise sehr wenig Autakoide. Im allgemeinen findet man in der Literatur, daß die venösen Endothelien sehr wenig freisetzten, aber das stimmt nicht. Sie tun es durchaus, aber deutlich schwächer ausgeprägt. Das arterioläre Endothel läßt sich ganz gut in seiner Funktion vom arteriellen Endothel diskriminieren. Also haben diese verschiedenen Endothelabschnitte unterschiedliche Funktionen. In manchen Abschnitten wird aus irgendwelchen Gründen z.B. ganz wenig Prostaglandin gemacht, in manchen weniger NO, wie Sie sagten. Leider ist das in den einzelnen Spezies auch sehr unterschiedlich. Da gibt es eine Vielzahl von Möglichkeiten. Man müßte dann praktisch in einzelnen Gefäßsystemen mehrerer Spezies jeweils testen, was als Normalbefund zu gelten hat.

Seidel:

Ist die Bildung der Autakoide ein Maß für die NO-Freisetzung?

Bassenge:

In unseren Experimenten wurde die Hämodynamik konstant gehalten, vorgegeben durch die konstante Perfusion. Wir postulieren eine Veränderung in der Transmission der endothelialen Scherkräfte, die ihrerseits die NO-Synthese in der Zelle regulieren. In unserem Fall haben wir ja gar keine weiteren Agonisten gegeben. Den einzigen Parameter, den wir da geändert haben, war praktisch die strömungsabhängige auf die Endothelzellen einwirkende Scherkraft.

Seidel:

Sehen Sie eine Veränderung der Rezeptoren?

Bassenge:

Das wurde nicht getestet, und es wäre ja auch sehr schwierig, das zu testen, denn dann müßten Sie die einzelnen Rezeptoren praktisch darstellen und die Rezeptoraktivität nach der Neuramidaseeinwirkung austesten. Das ist wahrscheinlich äußerst schwierig.

Seidel:

Bei der extrakorporalen Zirkulation bei Operationen mit der Herz-Lungen-Maschine wird ja immer ein kontinuierlicher Blutfluß benutzt. Wenn man einen pulsierenden Blutfluß benutzt, dann sinkt der periphere Widerstand sehr stark. Ist das ein NO-Effekt evtl., das Absinken des peripheren Widerstandes bei pulsierendem Blutfluß?

Bassenge:

Das würde ich ganz klar auf eine verbesserte NO- und Prostacyclinfreisetzung zurückführen, wie von meinem Mitarbeiter U. Pohl gezeigt (J. Appl. Cardiol, 1986). Der NO-Inhibitor Hämoglobin hebt die pulsatil-induzierte Dilatation auf! Wie haben Sie sich diese Dilatation bisher erklärt?

Seidel:

Also den Effekt haben wir gesehen, auch gemessen, und wir haben die Katecholamine mitbestimmt. Sie sinken bei pulsierendem Blutfluß sehr stark ab, und wir haben das primär darauf zurückgeführt. Aber das könnte natürlich ein Effekt der Stickoxide sein.

Bassenge:

Daß die Katecholamine dann absinken, das wäre ja kein Gegenargument, denn das würde zeigen, daß die Organe besser perfundiert und weniger sympathische Gegenregulationen auslösen würden. Daß die schlechtere Perfusion eben eine stärkere Sympathikusstimulierung mit Noradrenalinfreisetzung macht, das wäre gerade als Ausdruck ihres „gestörten" peripheren Blutangebotes aufzufassen.

Seidel:

Ja, so haben wir das auch interpretiert. Kann man die Stickoxide auch im peripheren Blut messen?

Bassenge:

Am besten mißt man das Nitrit. Das NO ist ja ein Radikal, das sehr flüchtig ist, und dieser NO-Effekt dauert sozusagen nur 10tel Sekunden an. Es ist dann weg, weil sich NO u.a. auch an Hämoglobin bindet. Man findet dieses abgebaute NO als Nitrit, und man kann die Gesamtnitritkonzentration bestimmen. Im Rahmen dieser Gesamtnitritkonzentration kann man auch gewisse Änderungen der NO-Freisetzung sehen. Natürlich ist das eine sehr grobe Einschätzung, die keine genauere Angabe zur Freisetzungsrate zuläßt. Neuerdings gibt es eine NO-empfindliche Elektrode, mit der man tatsächlich genauere Verläufe messen kann (Malinski and Radomski, Endothelium 1, 1993).

Seidel:

Bei Ihren Serotoninexperimenten an den Cholesterol-gefütterten Kaninchen hatten Sie eine verstärkte Kontraktion. Handelt es sich dabei schon um atherosklerotische Veränderungen? Meine Frage wäre also, worauf ist dieser Serotonineffekt zurückzuführen. Haben Sie mehr Rezeptoren, oder welche andere Erklärung ist dafür zu geben, falls es sich eben wirklich um eine atherosklerotische Gefäßwand mit verminderter Flexibilität handelt.

Bassenge:

Das ist ein empirisches Phänomen, das schon seit 7 oder 8 Jahren beschrieben ist. Eine Rezeptoruntersuchung unter diesen Bedingungen liegt meiner Ansicht nach nicht vor. Man hat das Serotonin angewandt, weil man bemerkt hat, daß gerade diese Stimulierung – im Unterschied zu Noradrenalin und zu anderen Agonisten – nicht so einen starken Unterschied gezeigt hat. Aber diese Serotinineffekte sind immer als allererstes Phänomen deutlich differenzierbar. Eine Erklärung gibt es dafür noch nicht.

Baumann:

Das ist schwierig, weil es eben so viele Serotoninrezeptoren gibt. Es existiert keine Erklärung, außer diesem HT2-Rezeptorblock. Es gibt für die anderen HT-Rezeptoren keinen spezifischen und guten Blocker. Wahrscheinlich würde das daran scheitern, es so ganz einfach zu machen.

Ich habe eine Frage zu diesem Experiment mit dem Cholesterin-gefütterten Kaninchen. Nun weiß man ja, daß Lovastatin auch die Proliferation glatter Muskelzellen inhibiert, und es wäre jetzt interessant zu sehen, ob die Wirkung von Lovastatin bei den Cholesterin-gefütterten Kaninchen dadurch zustandekommt, daß sie eine geringere Hypercholesterinämie zeigen oder ob die Wirkung über die glatte Muskelzelle zustandekommt. Das könnte man annäherungsweise dadurch klären, indem man prüft, ob eine Dosis-Wirkungs-Beziehung bestand. War die Hemmung entsprechend der Konzentration des Cholesterins aufgehoben oder nicht aufgehoben?

Bassenge:

Das Cholesterin, da haben Sie recht, wurde nicht auf Normalwerte reduziert, aber es wurde immerhin ganz substantiell auf weniger als die Hälfte gesenkt. Um einmal Zahlen zu sagen, wir haben Normalspiegel beim Kaninchen von etwa 50, 60, 70 mg % und erreichen unter dieser 18wöchigen Fütterung eine Anhebung auf fast bis 2.000 mg %, also sehr hohe Spiegel. Bei Hemmung der HMG-CoA-Reduktase sehen wir Werte von 800 bis 700, also immer noch im schwerstpathologischen Bereich, aber in bezug auf die Funktion sehen wir eben ganz massive Unterschiede.

Müller-Berghaus:

Herr Bassenge, wie ist denn die lokale Beziehung zwischen der Endothelzelle, der NO-Freisetzung und der glatten Muskelzelle. Ist die glatte Muskelzelle unmittelbar unter der Endothelzelle betroffen oder wird das weitergetragen?

Bassenge:

Das wird weitergetragen. Dieses NO ist hoch diffusibel, also sehr lipidlöslich, und geht sehr schnell durch die Membran durch. Es ist sicher besser löslich als alles andere, auch als CO_2, und man kann nachweisen, daß eine NO-Freisetzung am Endothel auch in der Nähe der Adventitia noch ganz deutliche Effekte macht. Also das ist zu der Zugänglichkeit des NO's über die gesamte Gefäßwand zu sagen. Und jetzt speziell zu Ihrer Frage, wie stark der Abbau des NO's nun in der Gefäßwand erfolgt von den direkt betroffenen Schichten, die am Endothel liegen: In Richtung Adventitia gibt es keine Untersuchungen. Es gibt nur Untersuchungen, daß Sie das NO auf der adventitiellen Seite noch nachweisen können, also wenn es durch das Gefäß durchdiffundiert ist, und daß sämtliche Muskelschichten, auch also die abluminalen Muskelschichten, noch getroffen werden, das kann man sehr schön mit cGMP-Gehalten messen.

Müller-Berghaus:

Ich frage Sie deswegen, weil ja die meisten Endothelzellen der Mikrozirkulation im kapillaren Bereich sind. Und das NO, das dort gebildet wird, kann dort ja auch nicht wirken.

Bassenge:

Das spielt auch gar keine Rolle. Das kapillare Endothel synthetisiert wahrscheinlich verhältnismäßig wenig NO, und das venöse ebenso recht wenig! Die NO-Bildung ist wahrscheinlich im Bereich der Arterien und der Arteriolen, dort wo sie geregelt werden muß, viel ausgeprägter als in den distalen Gefäßen. Nees aus München hat kapillares Endothel separiert und hat gefunden, daß es deutlich andere Eigenschaften als arteriolares oder arterielles Endothel hat. Für kapillares Endothel haben wir keine Befunde.

Seidel:

Ja, es wäre wichtig, das zu klären. Es ist schwierig, kapilläre Endothelzellen zu bekommen?

Wie empfindlich ist die Endothelzelle bei der Synthese von NO, d.h. wenn sie geschädigt oder aktiviert wird. Z.B. frage ich das in bezug auf die Gefäße, die aus den Beinen entnommen werden und in die Koronarien angenäht werden. Sie werden ja vorher meistens schlecht behandelt! Sind diese Endothelien überhaupt noch in der Lage, NO zu bilden?

Bassenge:

Die NO-Bildung ist sehr empfindlich. D.h. irgendwelche Schädigungen des Endothels, ganz egal ob durch Ischämie, Hypoxie oder so, das manifestiert sich unter anderem zunächst an der mangelhaften NO-Bildung. Das geschieht als erster Schritt, obwohl dann überhaupt noch keine makroskopischen oder mikroskopischen Veränderungen des Endothels zu sehen sind. Die Chirurgen entnehmen ja meistens auch Venen für die Bypässe, und in den Venen ist NO von Anfang an sehr niedrig, und beim Herausstrippen ist die restliche Endothelfunktion immer mehr oder weniger beeinträchtigt.

Aber man könnte ja davon ausgehen, daß sich das Endothel dann wieder erholt und daß es nach einigen Monaten oder einigen Wochen wieder einen annähernd normalen Funktionszustand hat. Es ist nachgewiesen worden, daß sich dann das Endothel in diesen Bypässen in seiner Funktion verändert, und daß es dann mehr dem arteriolären oder arteriellen Muster angeglichen wird (stärkere PGI_2 und NO-Produktion).

Man kann messen, daß sich die Expression der Prostanoide im Endothel laufend verbessert. Das bedeutet, daß sich das venöse Endothel in diesen Bypässen schließlich in ein arterielles Endothel umwandelt.

Hütter:

Ich habe eine Frage zu den zusammenfassenden Dias. Sie zeigten zwei Pfeile, die fast gleich groß waren bei abluminaler und luminaler NO-Freisetzung. Wie kommt das eigentlich, oder gibt es nicht eigentlich eine Konkurrenz zwischen Hb und Thrombozytenerreichbarkeit.

Bassenge:

Das ist eine wichtige Frage, wobei man sagen muß, daß im Blut ja normalerweise kaum freies Hb vorkommt und daß sich die Bindung von NO nur auf das freie Hb bezieht. Aber die NO-Wirkung ist ja besonders stark eben an den Thrombozyten, die an der Grenzfläche zwischen Endothel und Blutströmung die Endothelien berühren. Da haben wir hohe NO-Konzentrationen an der endothelialen Oberfläche, und da kann das NO direkt in die Thrombozyten hineindiffundieren. Dort haben wir sicher einen sehr intensiven Kontakt mit praktisch komplettem Austausch zwischen NO-Konzentration im Endothel und den Thrombozyten.

Hütter:

Die NO-Synthase ist doch NADPH2-abhängig. Wieweit sind Messungen zum Redoxpotential im Zytosol von Endothelzellen gemacht worden? Wenn das eingeschränkt ist, müßte doch auch die NO-Synthese eingeschränkt sein.

Bassenge:

Ja, das ist deutlich der Fall. Dazu sind auch Messungen gemacht worden. Da gibt es aber noch andere wichtige Cofaktoren, z.B. Calcium-Calmodulin etc. die für die Synthese limitierend sein können.

Zur Pathobiochemie der extrazellulären Matrix des kardiovaskulären Systems

Helmut Greiling, Hans-Dieter Haubeck, Georg Stöcker und Helmut W. Stuhlsatz

Institut für Klinische Chemie und Pathobiochemie, Medizinische Fakultät der Rheinisch-Westfälischen Technischen Hochschule Aachen, Pauwelsstr. 30, D-52057 Aachen

Abkürzungen: CS Chondroitinsulfat, DS Dermatansulfat, GAG Glycosaminoglycan, HS Heparansulfat, KS Keratansulfat, PG Proteoglycan, IL Interleukin, TGF-β transformierender Wachstumsfaktor β, bFGF basischer Fibroblasten-Wachstumsfaktor, TNF Tumornekrose-Faktor

Struktur und Funktion der Proteoglycane

Das Bindegewebe ist das Zielorgan verschiedener Erkrankungen des kardiovaskulären Systems. Zahlreiche Befunde sprechen für eine Beteiligung der Proteoglycane der Extrazellulärmatrix an der Pathogenese der Arteriosklerose.

Proteoglycane bilden eine heterogene Gruppe von Makromolekülen, die aus einem Core-Protein mit kovalent daran gebundenen Glycosaminoglycan-Ketten aufgebaut sind. Prinzipiell können in Proteoglycanen die folgenden Glycosaminoglycan-Typen unterschieden werden: Chondroitin-4-sulfat, Chondroitin-6-sulfat, Dermatansulfat, Keratansulfat und Heparansulfat. Diese Glycosaminoglycan-Ketten sind aus repetitiven Disaccharid-Einheiten aufgebaut, die unterschiedlich modifiziert sein können. Tab. 1 gibt einen Überblick über die Eigenschaften und das Vorkommen wichtiger Proteoglycane.

Während in früheren Arbeiten der Schwerpunkt auf der Charakterisierung der Glycosaminoglycan-Ketten lag, die im wesentlichen die physikalisch-chemischen Eigenschaften der Proteoglycane bestimmen, wurden in den letzten Jahren, mit der Verfügbarkeit der modernen molekularbiologischen Methoden, die Core-Protein-Sequenzen einer Reihe von Proteoglycanen aufgeklärt. Aus diesen Sequenzen ließen sich funktionelle Domänen, z.B. die für die Interaktion mit Hyaluronan notwendige G1-Domäne des großen aggregierenden Knorpel-Proteoglycans, in diesen Core-Proteinen ableiten (Bonnet et al., 1985). Durch den Einsatz moderner analytischer Methoden konnte auch für Glycosaminoglycan-Ketten eine Domänenstruktur gezeigt werden. Eine solche Domänenstruktur wurde von uns erstmals für ein Cornea-Keratansulfat beschrieben (Abb. 1)

Tabelle 1:
Eigenschaften und Vorkommen einiger ausgewählter Proteoglycane
(modifiziert nach Kjellen and Lindahl, 1991)

Name und Herkunft	M_r des Core-Proteins [kDa]	Zahl und Art der GAG-Ketten
1. große Proteoglycane		
großes aggregierendes Proteoglycan (Aggrecan, PG-LA(Knorpel))	208 bis 221	mehr als 100 CS und 20 - 30 KS-Ketten
Proteoglycan 350 (Versican (Fibroblasten))	265	12 bis 15 CS-Ketten
2. kleine Proteoglycane		
kleines Dermatansulfat-Proteoglycan (PG-SII, Decorin, (Bindegewebe))	36	1 DS/CS-Kette
kleines Dermatansulfat-Proteoglycan (PG-SI, Biglycan, (Bindegewebe))	38	2 DS/CS-Ketten
kleines Keratansulfat-Proteoglycan des Bindegewebes (Fibromodulin)	41	1 KS-Kette
PG 100 (Osteosarcom-Zellen, Fibroblasten)	106	1 CS-Kette
Keratansulfat-Proteoglycane der Cornea	25; 37 bis 51	KS-Ketten
3. Basalmembran-assoziierte Proteoglycane		
Heparansulfat-Proteoglycane des EHS-Tumors	400 bis 450	2 bis 3 HS-Ketten
Heparansulfat-Proteoglycan (Perlecan)	150 bis 400	HS-Ketten
Heparansulfat-Proteoglycane von Endothelzellen	350	HS-Ketten
Heparansulfat-Proteoglycan aus humaner Aorta	24	HS-Ketten
4. Membran-ständige Proteoglycane		
Betaglycan (Fibroblasten)	100 bis 120	CS/HS-Ketten
Thrombomodulin (Endothelzellen)	58 bis 60	1 CS-Kette
Transferrin-Rezeptor (Fibroblasten)	2 x 90	4 bis 6 HS-Ketten
5. intrazelluläre Proteoglycane		
Serglycin	17 bis 19	CS-, DS-, HS- oder Heparin-Ketten

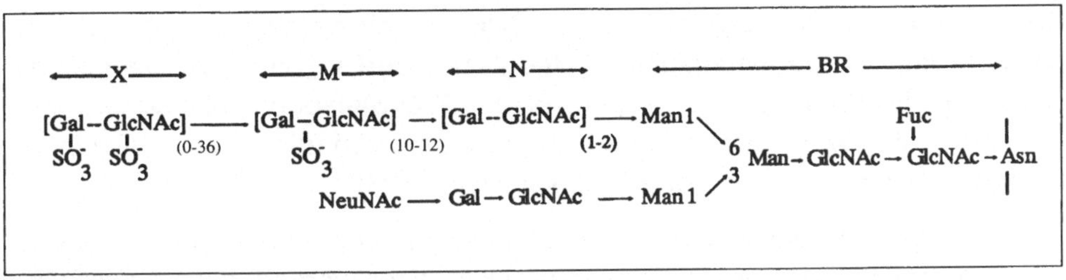

←X→ ←M→ ←N→ ←BR→

[Gal–GlcNAc] —— [Gal–GlcNAc] → [Gal–GlcNAc] → Man1 ↘6 Man→GlcNAc→GlcNAc→Asn

SO_3^- SO_3^- (0-36) SO_3^- (10-12) (1-2) Fuc

NeuNAc → Gal → GlcNAc → Man1 ↗3

Abbildung 1
Domänenstruktur des cornealen Keratansulfates (Schwein).
BR = Bindungsregion; N = unsulfatierte Region; M = monosulfatierte Region; X = disulfatierte Region

(Oeben et al. 1987). Die Aufklärung einer Domänenstruktur ist für das Verständnis von Struktur und Funktion der Proteoglycane von entscheidender Bedeutung. Ein charakteristisches Beispiel einer solchen funktionellen Domäne stellt eine spezifische Pentasaccharid- Sequenz im Heparin (Lindahl et al.,1984) dar, an welche die Bindung von Antithrombin III bei der antikoagulatorischen Wirkung von Heparin erfolgt. Im Rahmen der Kontrolle von Zell-Wachstum und -Differenzierung kommt der Bindung von Wachstumsfaktoren und Cytokinen an Proteoglycane eine entscheidende Bedeutung zu. Ein bekanntes Beispiel ist die Bindung von bFGF an die Glycosaminoglycan-Kette des Heparansulfat-Proteoglycans (Burgess and Maciag, 1989). Durch die Bindung an Heparansulfat-Proteoglycan werden die Wachstumsfaktoren vor dem proteolytischen Abbau geschützt. Aus dieser Bindung können sie durch die Wirkung von Heparinasen oder Plasmin in aktiver Form freigesetzt werden (Saksela and Rifkin, 1990). Die Bindung von Wachstumsfaktoren kann aber auch an den Core-Protein-Anteil erfolgen. Dies wurde z.B. für die Bindung von TGF-β an Betaglycan gezeigt (Andres et al., 1991). Für ein Verständnis der Proteoglycan-Funktion sind die Interaktionen mit zahlreichen weiteren Komponenten der Extrazellulär-Matrix, z.B. mit verschiedenen Kollagen-Typen, Laminin und Fibronectin, essentiell. Die Wechselwirkungen von Proteoglycanen mit anderen Komponenten der Extrazellulärmatrix können auch hierbei sowohl über das Core-Protein als auch über die Glycosaminoglycan-Ketten erfolgen.

Proteoglycane des kardiovaskulären Systems

Unterschiedliche Proteoglycan-Verteilungsmuster wurden in den verschiedenen Geweben bzw. Organen in Abhängigkeit von der jeweiligen Funktion gefunden. Änderungen dieser Proteoglycan-Verteilungsmuster lassen sich auch im Rahmen von Gewebeveränderungen bzw. -schädigungen nachweisen.

In der humanen Aorta wurden von verschiedenen Arbeitsgruppen die folgenden Proteoglycane nachgewiesen: quantitativ als Hauptkomponente ein großes

Chondroitinsulfat-Proteoglycan, das zur Bildung von Aggregaten mit Hyaluronan fähig ist, ein Dermatansulfat-Proteoglycan und in geringen Mengen ein Heparansulfat-Proteoglycan (Oegema et al., 1979, Salisbury and Wagner, 1981, Stöcker et al., 1989, 1991). Darüber hinaus wurde von uns Keratansulfat in der humanen Aorta nachgewiesen (Stuhlsatz et al., 1982).

Quantitative und qualitative Unterschiede im Glycosaminoglycan-Gehalt wurden in normalem arteriellen und arteriosklerotisch verändertem Gewebe für Chondroitinsulfat/Dermatansulfat (Stuhlsatz et al., 1982; Salisbury et al., 1985; Ylä-Hertula et al., 1986; Murata and Yokoyama, 1988; Greiling et al., 1989; Radhakrishnamurthy et al. 1990, Cherchi et al. 1990) und Heparansulfat (Murata and Yokoyama, 1989) beschrieben. Diese Unterschiede können u.a. zu einer veränderten Bindung von LDL (low density lipoproteins) führen und damit an der Entstehung der arteriosklerotischen Plaques maßgeblich beteiligt sein (Berenson et al., 1986 a,b; Wegrowski et al., 1986; Wight et al., 1987; Cherchi et al., 1990).

Keratansulfat-Proteoglycane

Hinweise auf eine Beteiligung des Keratansulfats an den pathogenetischen Prozessen der Arteriosklerose ergaben sich bereits aus unseren früheren Arbeiten über die altersabhängigen Veränderungen des Glycosaminoglycan- Musters in der humanen Aorta (Stuhlsatz et al., 1982). In diesen Untersuchungen konnte gezeigt werden, daß mit zunehmendem Alter der Gehalt an Keratansulfat in der humanen Aorta ansteigt, während der Heparansulfat- und Chondroitin-6-sulfat-Anteil abnimmt (Tab. 2). Ein Vergleich der verschiedenen Gefäßabschnitte zeigte, daß der höchste Anteil von Keratansulfat im Bereich der Bifurcatio Aortae gefunden wird (Stuhlsatz et al., 1982). In neueren Untersuchungen konnte von uns das Keratansulfat-Proteoglycan isoliert und näher charakterisiert werden. In der SDS-PAGE mit anschließender immunchemischer Detektion mit Hilfe von Keratansulfat-spezifischen monoklonalen Antikörpern wurde für dieses Keratansulfat-Proteoglycan eine Molmassenverteilung von ca. 100-350 kDa nachgewiesen. In der Biotinylierungsanalyse zeigte sich ein Core-Protein im Größenbereich von 45 kDa (Greiling et al. 1989). Von Funderburgh konnte kürzlich aus boviner Aorta ein Keratansulfat-Proteoglycan isoliert und N-terminal ansequenziert werden (Funderburgh et al., 1991). Im tierexperimentellen Modell der Arteriosklerose der Taube konnte Keratansulfat auch in den arteriosklerotischen Plaques nachgewiesen werden (Robbins et al., 1992).

Tabelle 2:
Topographische Verteilung der Glycosaminoglycane (µmol/g Trockengewicht) in der humanen Aorta in Abhängigkeit vom Alter. Daten in Klammem: mol/100 mol der Gesamt-Glycosaminoglycane des jeweiligen Aortensegments. A = Aortenbogen, B = Aorta im Abgangsbereich der Arteria renalis, C = Bifurcatio Aortae

	Topographisches Segment	Altersgruppe 31 - 38 Jahre	Altersgruppe 69 - 76 Jahre
Hyaluronan	A	1,2 (10,8)	0,6 (4,6)
	B	1,8 (10,6)	1,4 (9,9)
	C	2,0 (11,2)	4,3 (29,5)
Heparansulfat	A	1,4 (12,6)	3,5 (25,3)
	B	3,3 (19,4)	2,4 (16,8)
	C	4,7 (26,3)	2,0 (13,8)
Keratansulfat	A	0,5 (4,5)	0,8 (6,0)
	B	0,7 (4,1)	1,0 (7,4)
	C	1,0 (5,6)	1,6 (10,9)
Dermatansulfat	A	1,9 (17,1)	1,7 (12,2)
	B	2,7 (15,9)	2,1 (15,0)
	C	1,6 (8,9)	1,9 (13,1)
Chondroitin-4-sulfat	A	3,1 (27,9)	2,4 (17,6)
	B	3,0 (17,6)	4,6 (32,9)
	C	3,3 (18,4)	2,4 (16,7)
Chondroitin-6-sulfat	A	3,0 (27,1)	4,8 (34,3)
	B	5,5 (32,4)	2,5 (18,0)
	C	5,3 (29,6)	2,3 (16,0)

Chondroitinsulfat-/Dermatansulfat-Proteoglycane

Für das große Chondroitinsulfat-Proteoglycan, das zur Aggregation mit Hyaluronan fähig ist, wurde ein gehäuftes Vorkommen in arteriosklerotischen Plaques beschrieben (Wight, 1989). Daneben wurde ein erhöhter Anteil an Dermatansulfat in den arteriosklerotischen Plaques nachgewiesen (Ylä-Hertula et al., 1986; Cherchi et al., 1990).

Die Ablagerung von Lipiden in den arteriosklerotischen Plaques wird als pathogenetischer Mechanismus der Arteriosklerose diskutiert. Der Transport von Lipiden, insbesondere von Cholesterin, in die peripheren Gewebe erfolgt im wesentlichen über Lipoproteine niedriger Dichte (LDL). LDL werden durch Polyanionen, z.B. Glycosaminoglycane bzw. Proteoglycane, gebunden und präzipitiert. Für Dermatansulfat- und Chondroitinsulfat-Ketten wurde eine Bindung an LDL beschrieben (Cherchi et al., 1990). Veränderte Glycosaminoglycan-Muster könnten daher an der Ablagerung von Lipiden in der Gefäßwand im Verlauf des arteriosklerotischen Prozesses beteiligt sein.

Von uns wurde aus der humanen Aorta ein neues kleines Dermatansulfat-Proteoglycan isoliert und charakterisiert. Abb. 2 zeigt das Aufarbeitungsschema

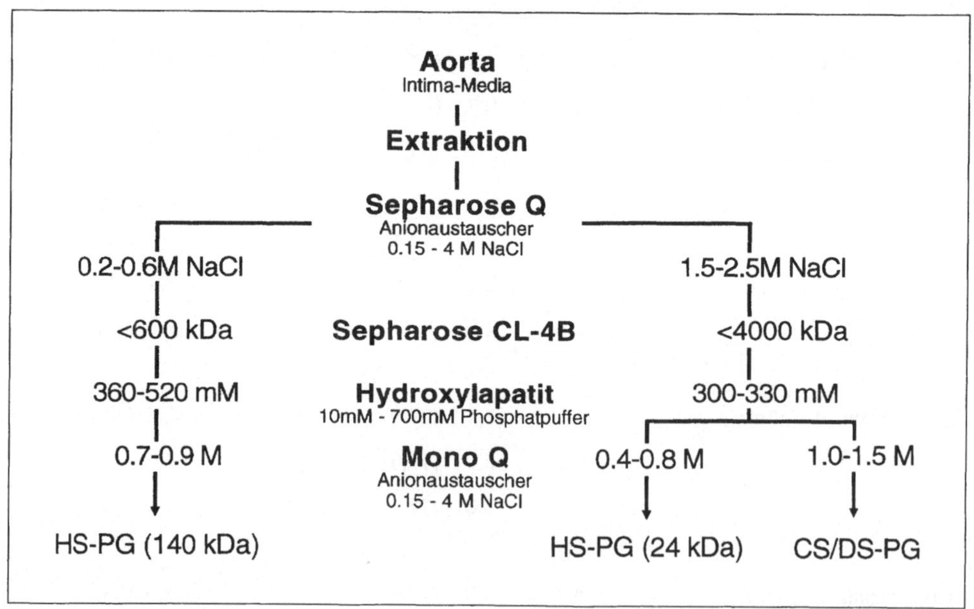

Abbildung 2:
Aufarbeitungsschema für die Proteoglycane der humanen Aorta.
Die Proteoglycane aus der humanen Aorta wurden mit 4 M Guanidiniumchlorid extrahiert und über die angegebenen chromatographischen Schritte gereinigt. HS-PG (140 kDa) bzw. HS-PG (24 kDa): Heparansulfat-Proteoglycane mit einem Core-Protein von 140 kDa bzw. 24 kDa nach Heparinase/Heparitinase-Behandlung. HS-PG (24 kDa) wurde zur Herstellung der monoklonalen Antikörper eingesetzt. CS/DS-PG: Chondroitinsulfat-/Dermatansulfat-Proteoglycan mit einem Core-Protein von 15 kDa nach Chondroitinase AC/ABC-Behandlung.

für die Isolierung der Proteoglycane aus der humanen Aorta. Die Molmassenverteilung des nativen Dermatansulfat-Proteoglycans lag im Bereich von 100-300 kDa. Für das Core-Protein konnte eine relative Molmasse (Mr) von nur 15 kDa gezeigt werden. Für das Core-Protein dieses Dermatansulfat-Proteoglycans wurde durch N-terminale Aminosäuren-Sequenzanalyse eine Homologie zu dem aus humanem Knochen isolierten PG-S1 gezeigt (Tab. 3). Im Gegensatz zu dem von Fisher et al. (1989) klonierten PG-S1 mit einem Core-Protein von Mr 38000 weist das aus humaner Aorta isolierte Core-Protein des Dermatansulfat-Proteoglycans mit einem Mr von 15000 eine deutlich geringere Molmasse auf. Ob es sich bei dem kleineren Core-Protein um ein unabhängiges Genprodukt handelt oder ob dieses durch alternatives Spleißen eines gemeinsamen Gens entsteht, muß durch weitere Untersuchungen geklärt werden.

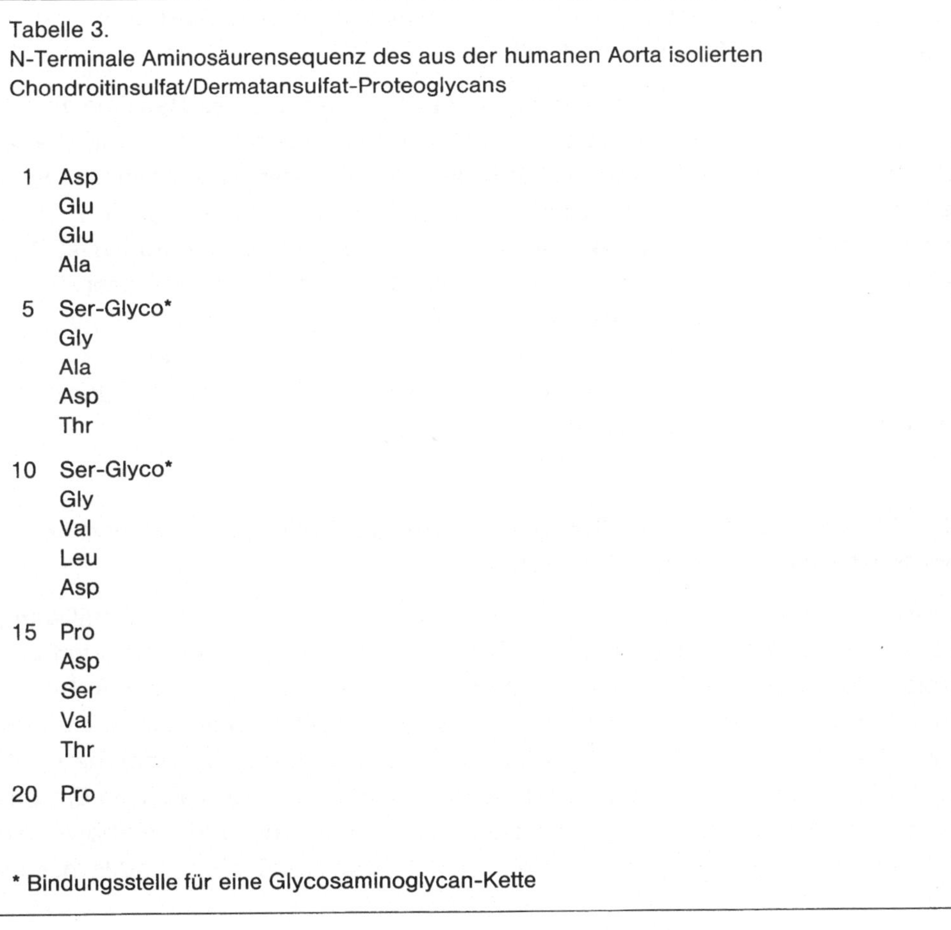

Tabelle 3.
N-Terminale Aminosäurensequenz des aus der humanen Aorta isolierten Chondroitinsulfat/Dermatansulfat-Proteoglycans

1	Asp
	Glu
	Glu
	Ala
5	Ser-Glyco*
	Gly
	Ala
	Asp
	Thr
10	Ser-Glyco*
	Gly
	Val
	Leu
	Asp
15	Pro
	Asp
	Ser
	Val
	Thr
20	Pro

* Bindungsstelle für eine Glycosaminoglycan-Kette

Heparansulfat-Proteoglycane

Heparansulfat-Proteoglycane kommen Zellmembran-assoziiert, Basalmembran-assoziiert und in der Extrazellulär-Matrix vor. Ihre besondere Bedeutung in der Pathogenese der Gefäßwandveränderungen bei der Arteriosklerose ergibt sich u.a. aus ihrem Einfluß auf die Proliferationskontrolle z.B. der glatten Muskelzellen der Gefäßwand. Neben einem direkten Effekt von Heparansulfat-Proteoglycanen auf die Zellen können Heparansulfat-Proteoglycan-gebundene Wachstumsfaktoren, z.B. bFGF, hieran beteiligt sein (Bashkin et al., 1989).

Heparansulfat-Proteoglycane wurden aus der Aorta verschiedener Spezies von mehreren Arbeitsgruppen isoliert und charakterisiert (Schmidt et al., 1988; Kinsella and Wight, 1988). Für die humane Aorta lagen bisher lediglich Untersuchungen zu den Heparansulfat-Ketten vor (Ylä-Hertula et al.,1986; Murata and Yokoyama, 1989; Cherchi et al., 1990; Radhakrishnamurthy et al., 1990).

Ein großes, humanes Basalmembran-assoziiertes Heparansulfat-Proteoglycan mit einem Core-Protein von 467 kDa wurde kürzlich kloniert und sequenziert (Kallunki and Tryggvason, 1992).

Von uns wurde aus der humanen Aorta ein neues kleines Basalmembran-assoziiertes Heparansulfat-Proteoglycan isoliert und charakterisiert (Stöcker et al. 1994). Das native Heparansulfat-Proteoglycan weist eine Molmassenverteilung von 80-200 kDa auf. Das Core-Protein dieses Heparansulfat-Proteoglycans besitzt ein Mr von 24 kDa (Abb. 3). Gegen dieses Heparansulfat-Proteoglycan wurden von uns spezifische monoklonale Antikörper hergestellt und für die immunchemische Charakterisierung des Heparansulfat-Proteoglycans eingesetzt (Abb. 3). Immunhistochemische Untersuchungen zeigten, daß dieses neue kleine Heparansulfat-Proteoglycan Basalmembran-assoziiert in der Aorta, der Niere, aber auch der Cornea vorkommt.

Cytokin-vermittelte Regulation der Endothelzellfunktion und Interaktion mit Heparansulfat-Proteoglycanen

Lange Zeit wurden Endothelzellen als passive Auskleidung der Gefäßwand angesehen, deren Hauptaufgabe die Bereitstellung einer inerten, antithrombotischen Oberfläche ist. Eine wichtige Rolle für diese antithrombotischen Eigenschaften spielen Membran-ständige Heparansulfat-Proteoglycane der Endothelzellen. Untersuchungen der letzten Jahre haben gezeigt, daß Endothelzellen nach Aktivierung durch Cytokine und andere Mediatoren auch aktiv an Entzündungs- und Immunreaktionen, am Gerinnungsvorgang und an der Pathogenese der Arteriosklerose beteiligt sind (Pober and Cotran, 1990; Libby and Hansson,

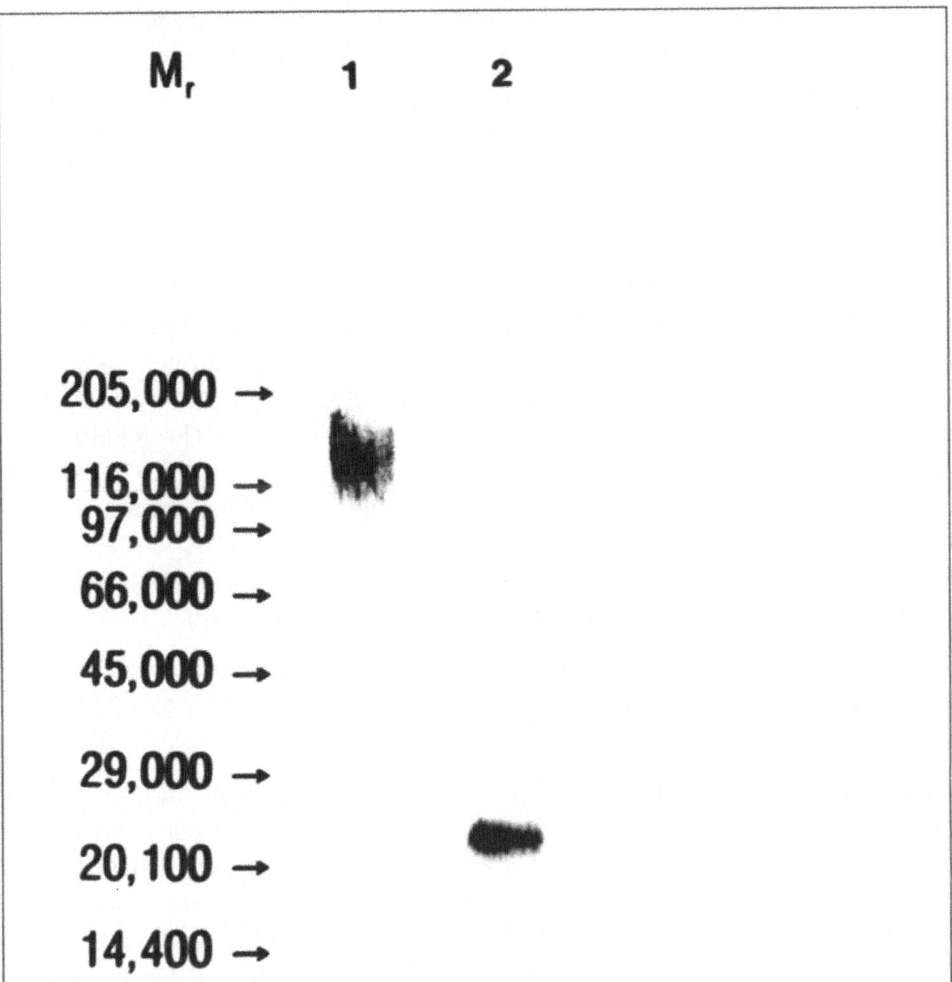

Abbildung 3:
Immunchemische Analyse des kleinen Basalmembran-assoziierten Heparansulfat-Proteoglycans (HS-PG, 24kDa).
Das kleine Heparansulfat-Proteoglycan (HS-PG, 24 kDa) wurde elektrophoretisch in der SDS-PAGE aufgetrennt und durch einen Diffusions-Blot auf eine Nylonmembran übertragen. Der immunchemische Nachweis erfolgte mit dem HS-PG (24 kDa)-spezifischen monoklonalen Antikörper 1F10. Bahn 1: natives HS-PG (24 kDa), Bahn 2: HSPG (24 kDa) nach Abbau mit Heparinase/Heparitinase. Der mAk 1F10 erkennt das 24 kDa-Core-Protein.

1991; Mantovani et al., 1992). Neben der schnellen Aktivierung (innerhalb von Sekunden bis Minuten) durch Mediatoren wie Histamin und Thrombin können Endothelzellen auch durch Polypetid-Mediatoren, d.h. Cytokine und Wachstumsfaktoren, im Verlauf von mehreren Stunden aktiviert werden. Diese Aktivierung führt zu tiefgreifenden Änderungen der Gen-Expression und zu relativ langanhaltenden Veränderungen der Endothelzellfunktion. Die Endothelzellen sind nicht nur Zielzellen von Cytokinen, sondern auch selbst aktiv an diesen

Prozessen über die Synthese und Sekretion von Cytokinen beteiligt. Im folgenden soll nur die Funktion von Cytokinen, die für die Interaktion von Endothelzellen und Leukozyten von Bedeutung sind, im Vordergrund stehen, während die ebenfalls wichtigen Fibroblasten-Wachstumsfaktoren (FGF), die Blutplättchen-Wachstumsfaktoren (PDGF) und auch die Familie der transformierenden Wachstumsfaktoren (TGFβ) nicht berücksichtigt werden.

Die proinflammatorischen Cytokine Interleukin-1 (IL-1) und Tumornekrose-Faktor (TNF), aber auch bakterielle Lipopolysaccharide (LPS) beeinflussen die antithrombotischen Eigenschaften der Endothelzellen negativ und sind damit für die Blutgerinnung und für thrombotische Prozesse von großer Bedeutung (Libby and Hansson, 1991). IL-1 und TNF führen über die Induktion der Synthese und Freisetzung von Thromboplastin zu einer gesteigerten Thrombinbildung an der Endothelzelloberfläche (Bevilacqua et al., 1984). Durch IL-1 und TNF wird auch das antithrombotische Protein C /Thrombomodulin-System gehemmt (Nawroth and Stern, 1986). Darüber hinaus wird die fibrinolytische Aktivität der Endothelzellen über die Induktion von Plasminogen-Aktivator-Inhibitor 1 (PAI-1) in den Endothelzellen negativ beeinflußt (Mantovani et al., 1992).

Der Gefäßtonus wird durch die IL-1- und TNF-induzierte Freisetzung von Stickstoffmonoxid (NO) und Endothelin aus Endothelzellen verringert (Mantovani et al., 1992).

Die proinflammatorischen Cytokine IL-1 und TNF besitzen darüber hinaus eine Schlüsselrolle bei der Akkumulation und Extravasation von Leukozyten, d.h. Granulozyten, Monozyten und Lymphozyten, im Rahmen von Entzündungsprozessen und Immunreaktionen. IL-1 und TNF induzieren in Endothelzellen die Expression von zwei Familien von Zelladhäsionsmolekülen (Springer, 1990). Neben den Mitgliedern der Immunglobulin-Supergenfamilie ICAM-I (Interzelluläres Adhäsionsmolekül), ICAM-2, V-CAM-1 (vaskuläres Zelladhäsionsmolekül) wird durch IL-1 und TNF auch die Expression von Selectinen, z.B. E-Selectin bzw. ELAM-1 (Endothelzell-Leukozyten-Adhäsionsmolekül), induziert (Mc Ever, 1991). Liganden dieser Adhäsionsmoleküle sind die Mitglieder der Integrin-Genfamilie, z.B. LFA-1 (Leukozyten-Funktions-Antigen) auf den Leukozyten. Einige dieser Zelladhäsionsmoleküle sind spezifisch für bestimmte Leukozytensubpopulationen, z.B. V-CAM-1 für Lymphozyten (Osborn et al., 1989). Neben diesen Adhäsionsmolekülen sind zusätzlich chemotaktische Faktoren bzw. Cytokine wie das Granulozyten-spezifische Interleukin-8 (IL- 8) und der Monocyten-spezifische chemotaktische Faktor (MCF) an der Akkumulation und Aktivierung dieser Zellen beteiligt (Abb. 4). IL-8 und MCF werden nicht nur von den Entzündungszellen sondern auch von Endothelzellen und den glatten Muskelzellen der Gefäßwand nach Aktivierung durch die proinflammatorischen

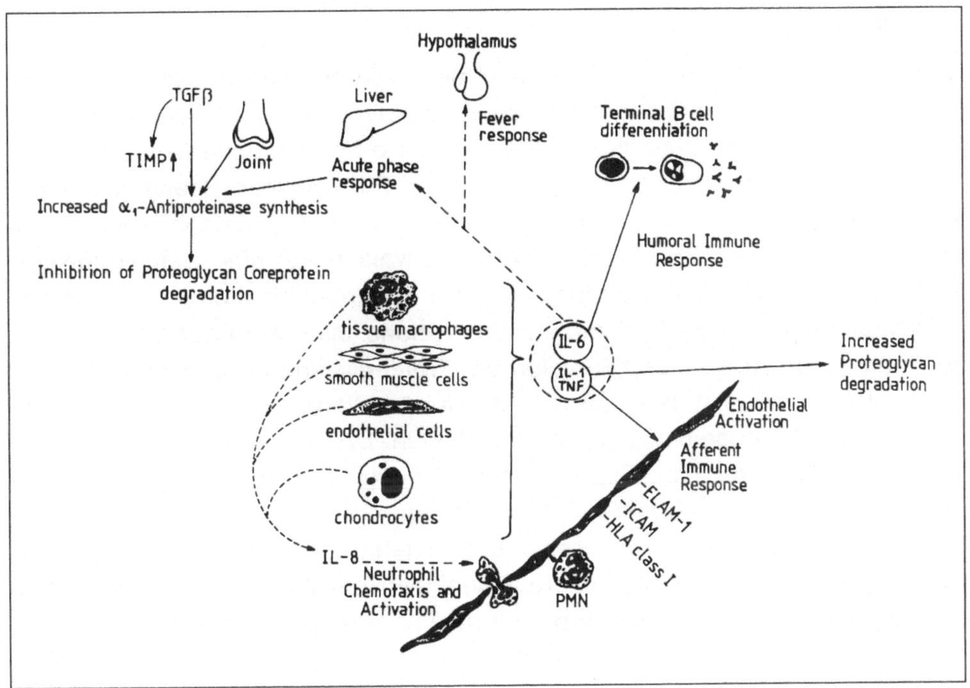

Abbildung 4:
Cytokin-vermittelte Regulation der Endothelzellfunktion.
(Modifiziert nach Warren, 1990).

Cytokine IL-1 und TNF gebildet (Mantovani et al., 1992). Die Aktivierung von Granulozyten und Monozyten/Makrophagen führt zur Freisetzung von zahlreichen Proteasen und Sauerstoff-entstammenden Radikalen, die zur Schädigung der Extrazellulär-Matrix der Gefäße beitragen. Die lokale Begrenzung der Gewebsschädigung erfolgt u.a. über Protease-Inhibitoren, die einerseits aus dem Serum stammen, z.T. aber auch durch Zellen der Gefäßwand selbst gebildet werden. Die Synthese von Protease-Inhibitoren wird durch Interleukin-6 (IL-6) im Rahmen der systemischen Akut-Phase-Antwort der Leber induziert (Andus et al., 1988; Heinrich et al., 1990) oder als „lokale Akut-Phase-Antwort" am Entzündungsort selbst. Eine solche „lokale Akut-Phase-Antwort", d.h. eine IL-6-abhängige Induktion der Synthese und Freisetzung von Protease-Inhibitoren, z.B. al-anti-Trypsin, über einen autokrinen Mechanismus, wurde von uns für Chondrozyten des humanen Gelenkknorpels gezeigt (Bender et al., 1990; Fischer et al., 1994). Da sowohl Endothelzellen als auch glatte Muskelzellen IL-6 synthetisieren (Mantovani et al., 1992), liegt es nahe, auch für die Endothelzellen und glatten Muskelzellen einen ähnlichen protektiven Mechanismus zu postulieren. Hier liegt möglicherweise ein Schutzmechanismus gegen die Protease-vermittelte Schädigung der Endothelzellschicht über eine Hemmung des Coreproteinabbaus des Heparansulfat-Proteoglycans vor.

Ausblick

Untersuchungen zur Pathogenese der Arteriosklerose haben gezeigt, daß die Extrazellulär-Matrix, insbesondere die Proteoglycane, an diesem komplexen Prozeß beteiligt sind. Quantitative und qualitative Unterschiede wurden sowohl im Glycosaminoglycan-Gehalt als auch auf der Proteoglycan-Ebene für normales arterielles und arteriosklerotisch verändertes Gewebe beschrieben. Diese Veränderungen der Proteoglycanverteilung weisen auf eine Beteiligung der Proteoglycane an der Pathogenese der Arteriosklerose hin. Für ein Verständnis der Pathomechanismen auf molekularer Ebene sind weiterführende Untersuchungen zur Struktur und Funktion der Proteoglycane notwendig, insbesondere solche, die der Aufklärung der Struktur funktioneller Domänen der Core-Proteine und Glycosaminoglycanketten dienen. Darüber hinaus werden auch Untersuchungen zur Gen-Expression und Regulation der Proteoglycane zu einem vertieften Verständnis der Pathogenese der Arteriosklerose beitragen. Die Myocardfibrose ist ein weiteres unbearbeitetes Gebiet. Die Umprogrammierung der Proteoglycane und der Kollagentypen der glatten Muskelzellen des Myocard als auslösender Faktor der Fibrose harrt der Aufklärung.

Literatur

Andres, J.L., L. Rönnstrand, S. Cheifetz, and J. Massague (1991)
Purification of the transforming growth factor ß (TGFß) binding proteoglycan betaglycan.
J. Biol. Chem. 266: 23282-23287

Andus, T., T. Geiger, T. Hirano, T. Kishimoto, T.A. Tran-Thi, K. Decker, and P.C. Heinrich (1988)
Regulation of synthesis and secretion of major rat acute-phase proteins by recombinant human interleukin-6 (BSF-2/IL-6) in hepatocyte primary cultures.
Eur. J. Biochem. 173: 287-293

Bashkin, P., S. Doctrow, M. Klagsbrun, C.M. Svahn, J. Folkman, and I. Vlodavsky (1989)
Basic fibroblast growth factor binds to subendothelial extracellular matrix and is released by heparitinase and heparin-like molecules.
Biochemistry 28: 1737- 1743

Bender, S., H.-D. Haubeck, E. van de Leur, G. Dufhues, X. Schiel, J. Lauwerijns, H. Greiling, P.C. Heinrich (1990)
Interleukin-1ß induces synthesis and secretion of interleukin-6 in human chondrocytes.
FEBS Let. 263: 321-324

Berenson, G.S., B. Radhakrishnamurthy, S.R. Srinivasan, and P. Vijayagopal (1986a)
Arterial wall proteoglycans - Biologic properties related to pathogenesis of atherosclerosis.
In Atherosclerosis Vol. VII, N.H. Fidge and P.J. Nestel, editors, Elsevier/North Holland, Amsterdam: 417-422

Berenson, G.S. (1986b)
Low density lipoprotein retention by aortic tissue. Contribution of extracellular matrix.
Atherosclerosis 62: 201-208

Bevilacqua, M.P., J.S. Pober, G.R. Majeau, R.S. Cotrane, and Gimbrone, M.A. (1984)
Interleukin-1 induces biosynthesis and cell surface expression of procoagulant activity in human vascular endothelial cells.
J. Exp. Med. 160: 618-623

Bonnet, F., D.G. Dunham, and T.E. Hardingham (1985)
Structure and interactions of cartilage proteoglycan binding region and link protein.
Biochem. J. 228: 77-85

Cherchi G.M., R. Coinu, P. Demuro, M. Formato, G. Sanna, M. Tidore, M.E. Tira, and G. De Luca (1990)
Structural and functional modifications of human aorta proteoglycans in atherosclerosis.
Matrix 10: 362-372

Fischer, D.-C., L. Graeve, H.-D. Haubeck, M. Günther, E. van de Leur, P.C. Heinrich, and H. Greiling (1994)
Interleukin-6 induced synthesis and secretion of al-antitrypsin in human articular chondrocytes.
Manuskript zur Veröffentlichung eingereicht

Funderburgh, J.L., M.L. Funderburgh, M.M. Mann, and G.W. Conrad (1991)
Arterial Lumican: Properties of a corneal type keratan sulfate proteoglycan from bovine aorta .
J. Biol. Chem. 266: 24773-24777

Greiling, H., H.J. Löffler, and H.W. Stuhlsatz (1989)
Distribution of keratan sulphate-containing proteoglycans in human aorta and their possible role in the calcification of aorta.
In: Keratan Sulphate, Greiling, H. and Scott, J.E., eds, The Biochemical Society, London: pp. 226-238

Heinrich, P.C., J.V. Castell, and T. Andus (1990)
Interleukin-6 and the acute phase response.
Biochem. J. 265: 621-636

Kallunki, P., and K. Tryggvason (1992)
Human basement membrane heparan sulfate proteoglycan core protein: a 467 kDa protein containing multiple domains resembling elements of the low density lipoprotein receptor, laminin, neural cell adhesion molecules and epidermal growth factor.
J. Cell Biol. 116: 559-571

Kjellen, L. and U. Lindahl (1991)
Proteoglycans: structures and interactions.
Annu. Rev. Biochem. 60: 443-475

Libby, P. and G.K. Hansson. (1991)
Biology of disease. Involvement of the immune system in human atherogenesis: current knowledge and unanswered questions.
Lab. Invest. 64: 5-15

Mantovani, A., F. Bussolino, and E. Dejana (1992)
Cytokine regulation of endothelial cell function.
FASEB J. 6: 2591-2599

Mc Ever, R.P. (1991)
Selections: novel receptors that mediate leukocyte adhesion during inflammation.
Thromb. Haemostasis 65: 223-228

Murata, K., and Y. Yokoyama (1988)
High Hyaluronic Acid and Low Dermatan Sulfate Contents in Human Pulmonary Arteries Compared to in the Aorta.
Blood Vessels 25: 1-11

Murata, K., and Y. Yokoyama (1989)
Acidic glycosaminoglycans in human atherosclerotic cerebral arterial tissues.
Atherosclerosis 78: 69-79

Nawroth, P.P. and D.M. Stern (1986)
Modulation of endothelial cell hemostatic properties by tumor necrosis factor.
J. Exp. Med. 163: 740-745

Osborn, L., C. Hesslon, R. Tizard, C. Vassallo, S. Luhowskyj, G. Chi-Rosso, and R. Lobb (1989)
Direct expression cloning of vascular cell adhesion molecule 1, a cytokine induced endothelial protein that binds to lymphocytes.
Cell 59: 1203-1211

Pober, J. and R.S. Cotran (1990)
Cytokines and endothelial cell biology.
Physiol. Rev. 70: 427-451

Radhakrishnamurthy, B., S.R. Srinivasan, H.A. Ruiz, E.R. Dalferes jr., and G.S. Berenson (1990)
Variations in the composition of arterial wall isomeric chondroitin sulfate proteoglycans among different animal species.
Comp. Biochem. Physiol. 97B: 355-362

Robbins, R.A., W.D. Wagner, T.C. Register, and B. Caterson (1992)
Demonstration of a keratan sulfate-containing proteoglycan in atherosclerotic aorta.
Arteriosclerosis and Thrombosis 12:83-91

Saksela, O. and D.B. Rifkin (1990)
Release of basic fibroblast growth factor-heparan sulfate complexes from endothelial cells by plasminogen activator-mediated proteolytic activity.
J. Cell Biol. 110: 767-775

Salisbury, B.G., D. P. Hajjar, and C.R. Minick (1985)
Altered Glycosaminoglycan Metabolism in Injured Arterial Wall
Exp. Mol. Pathol. 42: 306-319

Springer, T.A. (1990)
Adhesion receptors of the immune system.
Nature 346: 425-434

Stöcker, G., J. Lückge, H. Greiling, and C. Wagener (1989)
Characterization of biotinlabeled proteoglycans by electrophoretic separation on minigels and blotting onto nylon membranes prior and after enzymatic digestion.
Anal. Biochem. 179: 245-250.

Stöcker, G., and D.-C. Fischer (1990)
Isolation and characterization of proteoglycans from different tissues.
J. Chromat. 521: 311-324.

Stöcker, G., H.E. Meyer, C. Wagener, and H. Greiling (1991)
Purification and N-terminal amino acid sequence of a chondroitin sulfate/dermatan sulfate proteoglycan isolated from intima-media preparations of human aorta.
Biochem. J. 274: 415-420.

Stöcker, G., K. Wilgenbus, C. Wagener, H. Greiling and H.-D. Haubeck (1994)
Biochemical and immunochemical characterization of small basement-membrane associated heparan sulfate proteoglycans from human aorta and kidney.
Zur Veröffentlichung eingereicht

Stuhlsatz, H. W., H. Löffler, V. Mohanaradhakrishnan, S. Cosma, and H. Greiling (1982)
Topographic and age dependant distribution of the glycosaminoglycans in human aorta.
J. Clin. Chem. Clin. Biochem. 20: 713-721

Turnbull, J.E., and J.T. Gallagher (1990)
Molecular organization of heparan sulphate from human skin fibroblasts.
Biochem. J. 265: 715-724

Wang, J.M., A. Sicca, G. Peri, S. Walter, I.M. Padura, P. Libby, M. Ceska, I. Lindley, F. Colotta, and A. Mantovani (1991)
Expression of monocyte chemotactic protein and interleukin-8 by cytokine activated human vascular smooth muscle cells.
Arterioscler. Thromb. 11: 1166-1174

Warren, J.S. (1990)
Interleukins and tumor necrosis factor in inflammation.
Crit. Rev. Clin. Lab. Sci. 28: 37-59

Wegrowski, J., M. Moczar, and L. Robert. (1986)
Proteoglycans from pig aorta. Comparative study of their interactions with lipoproteins
Biochem. J. 235: 823-831

Wight, T.N. (1985)
Proteoglycans in pathological conditions: Atherosclerosis
Fed. Proc. 44: 381-385

Wight, T.N., M.W. Lark, and M.G. Kinsella (1987)
Blood vessel proteoglycans, in:
Biology of proteoglycans, Wight, T.N. and Mecham, R.P., editors, Academic Press, pp. 267-295

Wight, T. (1989)
Cell biology of arterial proteoglycans.
Arteriosclerosis 9: 1-20

Ylä-Herttuala, S., H. Sumuvuori, K. Karkola, M. Möttönen, and T. Nikkari (1986)
Glycosaminoglycans in Normal and Atherosclerotic Human Coronary Arteries.
Lab. Invest. 54, 402-407

Diskussion Vortrag Greiling

Dargel:

Sie haben gezeigt, daß bestimmte Aminosäurensequenzen des Coreproteins für die Anheftung der Glycosaminoglycanketten von Bedeutung sind. Gibt es Regulationsfaktoren? Gibt es dafür Hinweise?

Greiling:

Das geschwindigkeitsbestimmende Enzym für die Anheftung der Glycosaminoglycanketten z. B. für Chondroitinsulfat, Dermatansulfat, Heparansulfat ist die Xylosyltransferase. Enzymaktivitätsänderungen im positiven wie im negativen Sinn aktivieren oder inhibieren die Proteoglycansynthese. Wir wissen heute, daß eine Reihe von Cytokinen, besonders das TGF β, die Proteoglycan- und Glycosaminoglycansynthese regulieren und damit auch die Zellregulation. Wie Sie wissen, binden auch Proteoglycan-Coreproteine an die TGF ß-Rezeptoren.

Jaroß:

Die Dresdener streiten sich um den Platz an der Sonne. Herr Greiling, eine Schwierigkeit für die Kliniker, vor allem derjenigen, die sich mit der Atherosklerose befassen, ist immer wieder die Frage, gibt es ein Meßsystem für die Progression, die Regression und die Ausprägung? Meine Frage ist deshalb: Gibt es Signale im Blut, die diese Fragestellung erfassen. Glauben Sie, daß es aus Ihrem Bereich Signale gibt, die zur Beantwortung dieser Frage führen, z.B. ein Glycosaminoglycanmuster oder eine Enzymbestimmung, die diese Fragen beantworten könnten.

Greiling:

Wir konnten zeigen, daß bei der Entstehung der Atherosklerose möglicherweise die Konzentration der Keratansulfat-Proteoglycane in der Aorta von Bedeutung ist. Die Bezirke mit den höchsten Ablagerungen von Calciumphosphat im Bifurcatio aortae haben die höchsten Keratansulfat-Proteoglycan-Konzentrationen. Unser Bestreben war es deshalb, monoklonale Antikörper gegen Keratansulfat-Proteoglycane herzustellen, um die Konzentration des Keratansulfat-Proteoglycans im Blutserum zu bestimmen.

Die Schwierigkeit besteht darin, daß das Keratansulfat-Proteoglycan verschiedene Epitope besitzt. Die monoklonalen Antikörper sind einmal gegen die Keratansulfat-Seitenkette gerichtet, zum anderen auch gegen das Coreprotein. Bisherige Versuche haben jedoch zu keiner klaren Aussage geführt, d.h. bei der Atherosklerose findet man keine signifikanten Unterschiede im Proteoglycanverteilungsmuster des Blutserums.

Wenzel:

Herr Greiling, Sie haben für die Keratansulfatsynthese bei der Ischämie eine Stimulierung diskutiert. Dafür wäre die UDP-Glucose von Bedeutung, und meine Frage ist: Spielen für diese Regulationen nicht die UDP-Glycosyltransferasen eine Rolle?

Greiling:

Die Biosynthese des Keratansulfats ist abhängig von der Sauerstoff-Konzentration im Gewebe. In tieferen Schichten des Skelettknorpels wird bei geringerer Sauerstoff-Konzentration mehr Keratansulfat-Proteoglycan synthetisiert. John Scott konnte dies eindeutig auch für die Cornea zeigen. Nach Balduini ist die UDP-Glucose-Dehydrogenase ein geschwindigkeitsbestimmender Faktor und das NAD/NADH-Verhältnis. Auch die zelluläre Konzentration der UDP-Xylose ist von Bedeutung.

Wenzel:

Welche Bedeutung haben die unterschiedlich sulfatierten Domänen im Keratansulfat-Proteoglycan? Welche Bedeutung haben die Sulfotransferasen und die Sulfatasen für die Biosynthese der sulfatierten Glycosaminoglycane? Könnte dies für die Calcium-Akkumulation von Bedeutung sein?

Greiling:

Es gibt verschiedene Glycosaminoglycan-Sulfotransferasen, aber auch spezifische Glycosaminoglycan-Sulfatasen. Die letzteren kommen besonders in der lysosomalen Fraktion vor und konnten auch isoliert werden. Auch in den Leukozyten sind sie vorhanden. Meine Hypothese ist, daß der Sulfatierungsgrad der Glycosaminoglycane für den Calcifizierungsgrad der atherosklerotischen Gewebe von Bedeutung ist.

Mittermaier:

Ich habe eine praktische Frage: Die Differentialdiagnose der Gefäßerkrankung ist morphologisch bisher schwierig. Es gibt große Überlappungszonen zwischen Atherosklerose, Nekrose, Vaskulitis, Vaskulitiden, die durch Sepsis bedingt sind. Ich frage deshalb die Pathobiochemie: Ist eine ernstzunehmende Differentialdiagnose durch stoffliche Analyse möglich? Das hätte eine große Konsequenz. Die Operateure wollen definitiv wissen, ob eine Nekrose in der Aorta vorliegt oder eine Atherosklerose. Könnte die Nekrose auch in den peripheren Gefäßen als Indikator diagnostisch genutzt werden?

Greiling:

Ich würde konkret folgendes für die nächsten 10 Jahre sagen: Eine Differentialdiagnostik mit Hilfe der Bindegewebsanalytik, z.B. durch Bestimmung der Proteoglycane und anderer Bindegewebsbestandteile ist, zur Zeit nicht möglich. Wir sind jetzt erst in der Phase, daß wir über diese Substanzen chemisch und molekularbiologisch eine Menge wissen, jedoch haben wir dann noch nicht das Problem der Organspezifität gelöst. Wenn ich diese Moleküle im Plasma nachweise, dann weiß ich noch lange nicht, ob sie aus der Intima kommen oder anderen Bindegewebstypen. Vielleicht kommt man in Zukunft mit dem sog. Epitop-Mapping der Proteoglycane weiter.

Mittermaier:

Könnte man nicht das Problem der Differentialdiagnose auf 2 Krankheitsbilder beschränken, die eng morphologisch beieinander liegen, z.B. die altersbedingte Atherosklerose vom dilativen Typ, bei dem die Gefäße einfach auseinandergehen ohne Sklerose, ohne Plaques oder von einer anderen Gefäßerkrankung?

Greiling:

Das wäre sicherlich ein guter Vorschlag, doch bin ich pessimistisch, da man spezifische Bindegewebstypen, was ihre Isolierung und Charakterisierung betrifft, nicht einfach auf den Tisch legen kann.

Vielleicht kommt man bei der morphologischen und biochemischen Differenzierung der Herzhypertrophie weiter, wobei es histomorphologisch zu einem Ersatz des Herzmuskelgewebes durch Bindegewebe kommt. Allerdings liegen hierbei erst histochemische Untersuchungen vor. Ich finde, das ist ein interessantes Gebiet für den Pathobiochemiker in Zukunft. Vielleicht könnte Herr Baumann dazu noch Stellung nehmen.

Baumann:

Die Fibrose des Myocards z. B. im dilativen Endstadium ist keine Myopathie. Interessanterweise wurde im letzten Monat vermehrt, besonders von Herr Zauch von der Stanford Universität, berichtet, daß Angiotensin-Converting-Enzyme-Inhibitoren einen antifibrotischen Effekt haben. Wo könnte man die Angiotensin-Converting-Enzyme-Inhibitoren in Ihrem Interleukin-Schema unterbringen?

Greiling:

Meine Antwort kann nur hypothetisch sein. Die Angiotensin-Converting-Enzyme-Inhibitoren sind Antiproteasen. Sie könnten den Proteoglycan-Coreprotein-Abbau inhibieren, was auch zu einer Fibrose-Hemmung führen könnte.

Bassenge:

Sie haben einen Zusammenhang zwischen den Veränderungen der extrazellulären Matrix und der Calcifizierung dargestellt. Herr Fleckenstein hat in zahlreichen z. T. sehr umstrittenen Publikationen dargelegt, daß, egal welcher Ursache auch immer, diese Calcifizierung mit Calciumantagonisten zu unterdrücken ist. Wo sehen Sie den Zusammenhang zwischen den Calciumkanälen und der Calcifizierung der extrazellulären Matrix?

Greiling:

Bisher fehlt eine exakte chemische Charakterisierung der Ionenkanäle. Es gibt Hinweise, daß es sich dabei um anionische Glycoproteine handelt. Aber auch Glycosaminoglycane können dabei eine Rolle spielen. Möglicherweise spielen anionische Moleküle hier die Rolle eines Transportfaktors.

Seidel:

Wenn Sie die Änderung der Proteoglycan-Matrix bzw. der extrazellulären Matrix bei der Alterung betrachten, ist dies ein unabänderbares Geschehen oder gibt es theoretische Ansätze, die Syntheserate so zu verändern oder zu verlangsamen, so daß es zu keiner Kristallisation von Calciumphosphat in den Gefäßen kommt?

Greiling:

Das Bindegewebe, und das betrifft auch die Biosynthese und den Abbau der Proteoglycane und Kollagene, werden einerseits über Cytokine und Wachstumsfaktoren reguliert, andererseits sind sie genetisch programmiert. Ich könnte mir vorstellen, daß man eines Tages gentherapeutisch in diesen Vorgang eingreifen kann. Das bedeutet, daß man hypothetisch in das Anionen-Gleichgewicht eingreift, damit es nicht zur Präzipitation von Calciumphosphat kommt. Auch die Ossifikation wird durch die Veränderung des Proteoglycan-Verteilungsmuster eingeleitet. Wir wissen, daß auch die Ossifikation altersabhängig und genetisch programmiert ist.

Koronare Herzerkrankung und akuter Herzinfarkt – Aktuelle Aspekte der Pathogenese, Symptomatologie und des klinischen Verlaufs

Bernhard Maisch, Michael Stellwaag und Bernd C. Simon

Abt. Innere Medizin-Kardiologie des Zentrums Innere Medizin der Philipps-Universität, Baldingerstr.; Postfach 2360, D-35033 Marburg

Unter den klinischen Manifestationen der koronaren Herzerkrankung ist der akute Myokardinfarkt für Patient und Arzt gleichermaßen die dramatischste Erscheinungsform. Wie der plötzliche Herztod, die symptomatische und asymptomatische (stumme) Myokardischämie gehört er zu den ischämischen Syndromen. Die Herzinsuffizienz nach Myokardinfarkt ist dagegen ein Folgezustand nach abgelaufener transmuraler Ischämie. Rhythmusstörungen können sowohl während akuter ischämischer Ereignisse als auch nach abgelaufenem Infarkt auftreten und haben ihren Ursprung meist im arrhythmogenen Substrat, d.h. den noch nicht vernarbten, häufig noch ischämischen Randzonen von Infarkten. Wenn es sich dabei um anhaltende Kammertachykardien oder um Kammerflimmern handelt, sind sie die Ursache des plötzlichen Herztodes.

Der Myokardinfarkt ist die Folge einer längerdauernden Myokardischämie, die über eine permanente oder passagere Unterbrechung der Koronardurchblutung zur Ausbildung einer Myokardnekrose führt. Nicht nur eine vollständige Unterbrechung sondern auch eine subkritische Reduktion der Koronardurchblutung kann zum Infarkt führen, der pathologisch-anatomisch und klinisch als transmuraler Infarkt von einem nichttransmuralen subendokardialen Infarkt unterschieden werden kann. Letzterer bezieht überwiegend die „letzte Wiese" der Koronardurchblutung mit ein und ist im Elektrokardiogramm durch das Fehlen von Q-Zacken aber vorhandenen Endstreckenveränderungen in Kombination mit dem typischen Verlauf „infarktspezifischer" Enzyme (CK-MB, Troponin T, GOT, LDH) charakterisiert.

Epidemiologie

In Deutschland erleiden ca. 250 000 Menschen pro Jahr einen Herzinfarkt. Das sind ca. 3300 Infarkte pro eine Million Einwohner oder ca. 700 Menschen pro Tag, überwiegend Männer, die „mitten im Leben stehen". Ca. 35 % dieser Infarkte verlaufen tödlich. Nach den Ergebnissen der Heidelberger Studie (Mörl

1981) sterben 75 % der Patienten, die im ersten Jahr nach einem Herzinfarkt zu Tode kommen, in den ersten 4 Wochen. Von ihnen verstirbt ein Drittel in den ersten 15 Minuten, ein weiteres Drittel in den ersten 6 Stunden und ein weiteres Drittel in den nachfolgenden 28 Tagen. Mehr als die Hälfte der tödlichen Infarkte ereignen sich noch vor der Klinikaufnahme. Dies ist teilweise der Patienten-, teilweise auch der Arztverzögerung zuzuschreiben.

Mit der Einführung kardiologischer Intensivstationen konnte die Infarktsterblichkeit während des Klinikaufenthaltes von 30 % auf etwa 12 % gesenkt werden. Wichtigste Todesursachen sind auch heute die medikamentös und elektrisch nicht beherrschbaren malignen Rhythmusstörungen, die Ventrikeltamponade oder die Ausbildung einer progredienten, medikamentös nicht beherrschbaren Herzinsuffizienz. Weitere 20 % der Patienten, die einen akuten Infarkt überleben, versterben in den nachfolgenden 12 Monaten. Akuter Myokardinfarkt, maligne Kammerarrhythmien und infarktassoziierte Herzinsuffizienz tragen entscheidend dazu bei, daß die Herzkreislauferkrankungen mit ca. 50 % in allen westlichen Ländern die führende Todesursache darstellen. Nach den Untersuchungen der Framingham-Studie verlaufen bis zu 40 % der Infarkte stumm, sind also Zufallsbefunde im Rahmen einer späteren elektrokardiographischen Nachkontrolle. In einer Metaanalyse verschiedener epidemiologischer Untersuchungen wird die Zahl klinisch nicht erkannter Infarkte etwas niedriger angesetzt und liegt zwischen 15 und 20 %. Dabei dürften stumme Infarkte bei Patienten mit Diabetes mellitus, vielleicht auch mit arterieller Verschlußkrankheit oder nach aorto-koronarer Bypasschirurgie mit der Denervierung des Herzens besonders häufig sein.

Betrachtet man die Erscheinungsformen der KHK unter dem Gesichtspunkt, welche als erste vom Patienten oder vom Arzt erkannt wird, dann ist der Herzinfarkt in ca. 25 %, der plötzliche Herztod in 20 % der Fälle das erste Ereignis. Häufiger sind als Erstmanifestationen die chronische Angina pectoris in ca. 50 % der Fälle. Die stumme Ischämie ist als Erstmanifestation meist eine Zufallsentdeckung (Abb. 1).

Ätiologie und Pathogenese von koronarer Herzerkrankung und Myokardinfarkt

Morphologisches Korrelat der Koronarsklerose ist ein atheromatöser Plaque. In seltenen Fällen sind es vaskulitisch veränderte epikardiale Leitgefäße (z. B. beim Kawasaki-Syndrom, Lupus erythematodes) und entzündlich veränderte Arteriolen 1. und 2. Ordnung. Beim akuten Myokardinfarkt rupturiert in der Regel der atheromatöse Plaque und führt so zur Thrombosierung des Gefäßes

(Tabelle 1). Als weitere bedeutsame pathogenetische Faktoren kommen eine Intimaschädigung mit nachfolgender Störung der Endothelfunktion, Thrombozytenadhäsion und Leukozyteninvasion und ein Koronarspasmus (dynamische

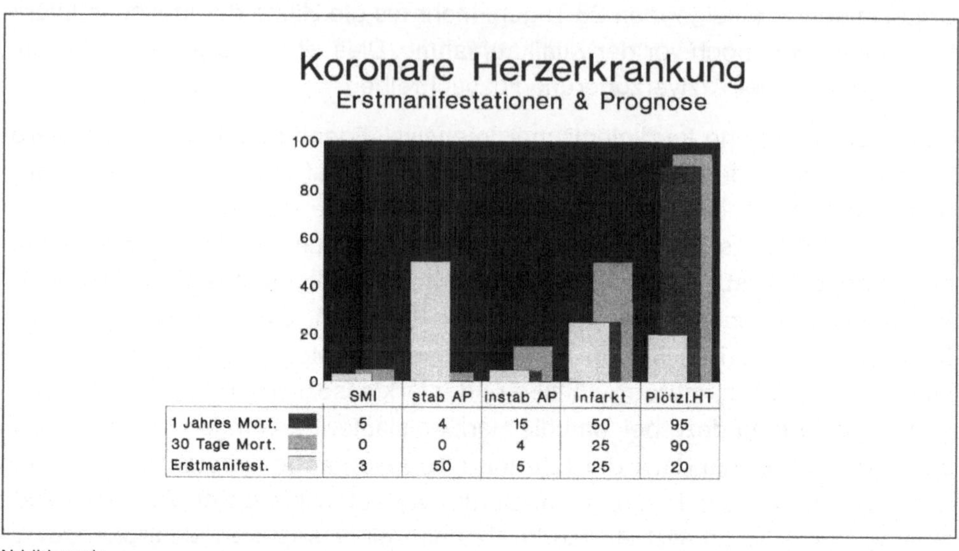

	SMI	stab AP	instab AP	Infarkt	Plötzl.HT
1 Jahres Mort.	5	4	15	50	95
30 Tage Mort.	0	0	4	25	90
Erstmanifest.	3	50	5	25	20

Abbildung 1:
Häufigkeit der Erstmanifestation verschiedener Erscheinungsformen der koronaren Herzerkrankung (stumme Ischämie, chronische(stabile) Angina pectoris, instabile Angina pectoris, akuter Myokardinfarkt und plötzlicher Herztod), ihre Einmonats- und Einjahresmortalität als Hinweis auf die prognostische Relevanz.

Tabelle 1
Pathogenetische bedeutsame Faktoren für die Entwicklung eines thrombotischen Koronarverschlusses

Pathogenetischer Faktor	**Folgeerscheinung**
Koronare Atherosklerose	- Kritische Lumeneinengung - Plaqueruptur - luminale Thrombenbildung
Dynamische Koronarstenose	- Koronarspasmus mit hochgradiger Lumeneinengung ohne (seltene nächtliche Prinz-Metal-Angina) oder mit begleitender Koronarsklerose (das noch reagible nicht-sklerotische Segment verursacht eine kritische Perfusionsminderung) -erhöhter Gefäßtonus ohne kritische Lumeneinengung
Intimaschädigung	-Störungen der Endothelfunktion -Thrombozytenadhäsion & nicht obstruktive Thrombenbildung -Leukozyten(Monozyten und Makrophagen)aktivität -Einfluß vasoaktiver Substanzen (Thromboxan, Leukotriene, 5-Hydroxytryptamin)

Koronarstenose) hinzu (Tabelle 1).

Neuere Aspekte zur Entstehung der Koronarsklerose

Die Ätiopathogenese der Atherosklerose ist ein komplexer Vorgang. In ihr Entwicklungstempo, Ausmaß und in die Folgen gehen viele zum Teil noch nicht ausreichend gut analysierte „Risikofaktoren“ ein. Zum gegenwärtig akzeptierten Risikofaktorenkonzept (Tabelle 2) gehört, daß Nikotinabusus, männliches Geschlecht und zunehmendes Alter, arterielle Hypertonie, die Fettstoffwechselstörung und hier insbesondere die Erhöhung der Low Density Lipoproteine (LDL) aber auch des selbständigen Risikofaktors Lp(a)- bzw. die Plasmaviskosität und die pathologische Hyperfibrinogenämie wichtige Mosaiksteine des Ursachengebildes sind. Stellt man eine Hierarchie der hauptsächlichen Ursa-

Tabelle 2:

Risikofaktorenkonzept in der Entstehung der Koronarsklerose

Klassische Risikofaktoren 1. Ordnung	
1. Fettstoffwechselstörung:	Cholesterin(>220mg% bei Männern)-erhöhtes Risiko LDL(>190 mg%)-Hochrisikogruppe (Ein HDL > 55mg% bei Männern und >65mg% bei Frauen geht mit einem erniedrigten KHK-Risiko einher) Lp(a) (> mg%) stellt ev. einen unabhängigen Risikofaktor dar
2. Nikotinabusus	3-fach erhöhtes KHK-Risiko bei einem Konsum von >20 Zigaretten/Tag. Spätere Nikotinabstinenz vermindert aber normalisiert das koronare Risiko nicht. Raucherinnen über 30 Jahre mit Antikonzeptiva haben ein überadditives Infarktrisiko.
3. Arterielle Hypertonie	Prävalenz zwischen 10-20%; überadditives Risiko, wenn mit anderen Risikofaktoren 1. Ordnung kombiniert
4. Diabetes mellitus	gesichert für manifesten Diabetes mellitus, noch umstritten für die pathologische Glukosetoleranz(metabolisches Syndrom), meist als diffuse KHK, gehäufte stumme Infarkte und asymptomatische Ischämien
Klassische Risikofaktoren 2. Ordnung und neuere Risikofaktoren	
1. Adipositas	nur in Kombination mit anderen Risikofaktoren bedeutsam
2. Hyperurikämie	isoliert selten, in Kombination mit anderen Faktoren wichtig
3. Hyperfibrinogenämie	erhöht zusammen mit der Hyperlipoproteinämie die Plasmaviskosität
4. Psychosozialer Stress	vom Patienten meist überschätzt, umstritten als eigenständiger Faktor
5. Genetische Prädisposition	z.B. ACE-Polymorphismus

chen der KHK bei Männern unter 60 Jahren zusammen, dann stellt Nikotinabusus in über 30 %, eine Hypercholesterinämie in 20-25 %, die arterielle Hypertonie, eine familiäre Prädisposition und andere Polymorphismen in je ca 5 % die Hauptursache dar (Oliver 1990 und 1991). Bei einem Drittel der Patienten ist keine eindeutige Primärursache bei den klassischen (behandelbaren) Risikofaktoren zu finden. Dies gilt in besonderem Maße für die familiäre Prädisposition (genetischer Faktor), das männliche Geschlecht und das Alter. Bemerkenswert ist, daß ein Polymorphismus des endogenen und lokalen ACE-Sytems als angeborener Prädispositionsfaktor eine Rolle spielen könnte (Cambien et al 1992, Soubrier et al 1992). Gleichfalls einer neuen Einschätzung bedürfen Gerinnungsfaktoren und die Hyperfibrinogenämie. Deshalb wurden und werden noch immer weniger gut belegte oder nicht so bedeutsame Risikofaktoren zweiter Ordnung (z.B. Adipositas, Streßfaktoren, Stoffwechsel, Insulinresistenz/ Hyperinsulinämie) abgegrenzt.

Zur Validierung des Risikofaktorenkonzepts haben Primär- und Sekundärpräventions- sowie Regressionsstudien wesentliche Informationen beigetragen (Tabellen 3, 4a, b; 5). Sie konnten zeigen, daß eine Verhinderung der Progression der KHK und gelegentlich auch eine echte Regression zu einer Reduktion des koronaren Risikos beitragen. Bei der FATS-Studie (Tabelle 3) ergab sich in beiden Therapiegruppen eine Regression der Stenosen in 32 bzw. 39 % und eine signifikante Verminderung des Herzinfarktrisikos. Dies gilt auch für die Marburger Regressionsstudie (Stellwaag et al 1992), bei der Cholesterin und insbesondere das LDL-Cholesterin sowie das HDL/LDL-Verhältnis bei den

Tabelle 3:
Regression und Reduktion des koronaren Risikos am Beispiel der FATS-Studie (Brown et al 1990) (Vergleich vor / nach Therapie)

	Placebo oder Colestipol 30g/d	Lovastatin 40 mg/d +Colestipol 30g/d	Nikotinsäure 4g +Colestipol 30g/d
n	52	46	48
Cholesterin(mg%)	262/253	275/182	270/209
LDL-Cholesterin(mg%)	175/162	196/107	190/129
HDL-Cholesterin(mg%)	37.8/40.1	25.1/40.9	38.9/58.8
Apo B	149/142	159/103	155/111
Progression(%)	46	21	25
Regression(%)	11	32	39
Myokardinfarkt(%)	19.2	6.5	4.2

erfolgreich behandelten Patienten signifikant vermindert werden konnte (Tabelle 4).

In der Entstehung der atheromatösen Plaques stellt die Sequenz der Endothelschädigung, der anschließenden Lipidablagerung in gelben Fettstreifen („Fatty Streaks"), die Ausbildung des Lipidplaques und die Umformung in fibröses Material einen langsamen, in der Regel asymptomatischen Prozeß dar. Auf ihn können andere Prozesse (z.B. Diabetes mellitus, Gicht) Einfluß nehmen. Neben der Cholesterinhypothese werden darüber hinaus die Virushypothese und die Autoreaktivitäts- und Entzündungshypothese für die Entstehung der Koronarsklerose diskutiert.

Tabelle 4a:
Übersicht ausgewählter Studien zur Primärprävention durch Cholesterinsenkung
(modifiziert nach Oliver 1990 und Assmann 1990)

Studie (Behandlung mit)	n	Δ Plasma-Cholesterin	Δ nicht tödl. Infarkte	Δ tödlicher Infarkte	Δ alle KHK Ereignisse	Δ nicht kardiovask. Mortalität
Los Angeles VA (Diät) (Dayton et al.1969)	846	-13	-32%ns	-18%ns	-23%ns	+12%*
Helsinki Ment.Hosp. (Diät) (Frick et al 1987)	922	-15%	-81%***	-51%ns	-67%*	+21%
WHO(Clofibrate) (Committee of principal investigators 1978)	15745	-9%	-26%*	+6%ns	-20%*	+32%***
LRC-CPPT(Cholestyramin) (Lipid Research Clinics Coronary Primary Prevention Trial(1984)	3806	-13%	-19%ns	-24%ns	19%*	+33%ns
Helsinki Heart Study (Gemfibrozil)(Frick et al 1987)	4081	-7%	-36%ns	-36%ns	-34%**	+21%ns

*P<0.05; **P<0.02; ***P<0.01

Tabelle 4b:
Metaanalyse von 6 Studien zur Sekundärprävention durch Cholesterinsenkung
(Muldoon et al 1990)

Mortalität	Relatives Verhältnis	CI	P
Kardiovaskulärer Tod	0.88	0.77-0.99	<0.05
Krebs	0.75	0.46-1.23	ns
Andere Todesursachen	2.1	1.33-3.44	0.001
Alle nicht kardiovaskulärenTodesursachen	1.3	0.93-1.83	ns
Gesamtmortalität	0.91	0.82-1.02	ns

Tabelle 5:
Marburger Regressionsstudie mit 250 mg Fenofibrat/d und fakultativer Einnahme von Colestipol bis 4 Beutel/d: Zuordnung der Koronarmorphologie zu den Cholesterin- bzw. LDL-Werten in Abhängigkeit vom Behandlungserfolg (Regression vs keine Änderung vs Progression; n=36; Stellwaag et al 1992)

Angiographiebefund:	Regression		keine Änderung		Progression	
Anzahl Patienten	3		21		12	
% aller Patienten	8.33		58.33		33.33	
Zeitpunkt(*T=Therapie)	vor T*	nach T*	vor T*	nach T*	vor T*	nach T*
Cholesterin(mg%)	318	236	251	220	257	238
LDL-Cholesterin(mg%)	212	159	193	158	202	184
HDL-Cholesterin(mg%)	58.2	62.2	41.6	44.7	34.6	42.7
HDL/LDL-Ratio	3.95	2.65	4.95	3.7	6.03	4.40
Triglyzeride(mg%)	170	106	183	143	230	284

1. Cholesterin- bzw. Lipidhypothese und oxidiertes LDL („oxLDL“)

Die pathogenetische Bedeutung des Cholesterins und der Lipoproteine sind seit den großen Konsensuskonferenzen weitgehend akzeptiert (Assmann 1991), ihr wirklicher Stellenwert und die tatsächliche pathogenetische Bedeutung von Grenzwerten bleibt in der Diskussion: Nach bisherigen Studien erhöhen Cholesterinwerte über 220 mg% und LDL-Werte über 190 mg% zwar das koronare Risiko, allerdings steigt das koronare Risiko wirklich disproportional bedeutsam nach Meinung anderer(Oliver 1991 a und b) erst bei Cholesterinwerten über 280-300mg% an .

Die Lipidhypothese geht von 4 Grundannahmen aus:

1. Nahrungsfette beeinflussen das Plasmacholesterin.
2. Hohes Plasmacholesterin erhöht das Risiko einer KHK.
3. Die Senkung der Aufnahme von gesättigten Fettsäuren und Cholesterin mit der Nahrung führt zu einer Senkung des Plasmacholesterinspiegels.
4. Die Senkung des Plasmacholesterinspiegels verringert das KHK-Risiko.

Die Evidenzen aus tierexperimentellen Untersuchungen, von familiären Dyslipoproteinämien, aus epidemiologischen Untersuchungen und Interventionsstudien werden – vereinfacht – nachfolgend als Thesen unter **Pro** und **Contra** diskutiert.

Schlußfolgerungen aus Primär- und Sekundärpräventionsstudien für die Pathogenese und Therapie (I): Pro Senkung auch mäßig erhöhter Cholesterinwerte (< 300 mg%)

Als eine aus der Framingham-Studie (Kannel und Abbot 1984) abgeleiteten Faustregel gilt, daß der Anstieg des Gesamtcholesterins um 1 % mit einer 2 %igen Zunahme des koronaren Risikos verbunden ist. Diese Regel hat auch für Patienten im höheren Lebensalter Geltung.

Die LRC-Studie zur Primärprävention der KHK (Lipid Research Clinics Coronary Primary Prevention Trial 1984) belegt den Rückgang des koronaren Risikos bezüglich tödlich verlaufender Infarkte um 24 %, der nicht tödlich verlaufenden Infarkte um 19 %, eine Reduktion der Angina pectoris-Anfälle um 21% und der aorto-koronaren Bypasschirurgie um 21 %, wenn der Cholesterinwert um 8 % absinkt. Auch die Oslo-Studie (Hjermann et al 1981) ergab (Tabelle 4a), daß eine 13 %ige Cholesterinsenkung die Myokardinfarktinzidenz um 40 % vermindern kann. Untersuchungen zur Änderung der Ernährungsgewohnheiten (Ornish et al 1990) belegen gleichfalls eine Regression der koronaratheromatösen Plaquebildung.

Quantitative koronarangiographische Sekundärpräventionsstudien(Metaanalyse Tab. 4a) so z.B. die CLAS-Studie (Blankenhorn et al 1987); die FATS-Studie (Tab. 3; Brown et al 1990) und die Marburger Regressions-Studie (Tab. 5; Stellwaag et al 1992) belegen, daß eine Regression und damit eine Verminderung des koronaren Risikos möglich ist. In der CLAS-Studie kam es in der Interventionsgruppe zu einer Regression der koronaren Herzerkrankung in 16,2 % im Vergleich zur Spontanregression von 2,4 % der Kontrollgruppe. Neue quantitativ koronarographisch nachweisbare Läsionen waren in der Behandlungsgruppe an den nativen Herzkranzgefäßen nur in 10 %, im Vergleich zu 22 % der Kontrollgruppe und an den Bypassgrafts in nur 18 % im Vergleich zu den 30 % der Kontrollgruppe nachweisbar. In der FATS-Studie (Brown et al 1990) zeigte die Kombination des HMG-Reduktasehemmers Lovastatin (40 mg) mit Colestipol und die Kombination von Nikotinsäure (4 mg/Tag) mit Colestipol 30 g/Tag die beste Wirkung auf die LDL- und Apo-B-Reduktion (Tabelle 3). Auch in der Marburger Regressionsstudie (Tab. 5; Stellwaag et al 1992) in der Behandlung mit 250 mg Fenofibrat und der fakultativen Einnahme von Colestipol bis zu 4 Beutel/Tag ergab sich eine Reduktion der koronaren Plaques oder eine Verhinderung der Progression bei unveränderter Koronarmorphologie nur bei den Patienten, deren Cholesterin und insbesondere deren LDL-Cholesterin sowie ihr HDL/LDL-Verhältnis signifikant vermindert werden konnte (Tabelle 5). So konnten wir eine Regression einer vormals 80 %igen Stenose des Ramus interventrikularis anterior (RIVA) bei einem 53jährigen Patienten nach einer

42monatigen Behandlung mit 250 mg Fenofibrat und Diät bei gleichzeitiger deutlicher Reduktion von Cholesterin und LDL-Cholesterin auf 20 % nachweisen.

Schlußfolgerungen aus den Primär- und Sekundärpräventionsstudien (II): Contra Lipidsenkende Therapieformen verändern die Gesamtmortalität nicht

In einigen Primärstudien nimmt bei meist signifikanter Erniedrigung des koronaren Risikos das nicht koronare Risiko gegensinnig z.T. signifikant zu (z.B. Los Angeles Veterans Administration Study (Dayton et al 1969), WHO Clofibrat Studie (Committee of Principal Investigators 1978), n = 15 745) z.T nur tendenziell (LRC-CPPT(Behandlung mit Cholestyramin; n = 3806 (1984); Helsinki Heart Study (Frick et al 1987) mit Gemfibrozil; n = 4081) (Tabelle 4a und b). Damit bleibt die Gesamtmortalität (Tab. 4a und b) meist unverändert. Muldoons (1990) retrospektive Metaanalyse (Tab. 4b) der Primärpräventionsstudien ergab, daß mehr als doppelt soviele Patienten in der Behandlungsgruppe an nicht kardialen Todesursachen verstarben wie Unfälle, Selbstmorde oder Gewalttaten ($P < 0.004$). Die Metaanalyse von 6 großen Sekundärpräventionsstudien ergab zwar bei erwarterter Verminderung der kardiovaskulär bedingten Todesfälle eine signifikante Zunahme nicht kardiovaskulärer Todesfälle (aber nicht getrennt analysiert wurden die durch Karzinome bedingten), so daß wiederum die Gesamtmortalität sich nicht signifikant änderte. Die Zunahme nicht kardiovaskulärer Todesfälle ist komplex und wahrscheinlich nicht, wie zunächst vermutet, auf eine Ursache z.B. eine Erhöhung der Karzinomhäufigkeit oder auf „Gewalttaten" zurückzuführen. Die erniedrigten LDL-Spiegel bei Karzinomträgern dürfte eher in umgekehrter Form kausal zusammenhängen: Karzinome exprimieren mehr LDL-Rezeptoren, so daß die LDL-Senkung nur Folge, nicht Ursache der Neoplasien sein dürfte.

Andererseits weist die Lipidhypothese eine Reihe von in jüngster Zeit wieder besonders intensiv diskutierter Schwachstellen auf (Berger 1993, Gurr 1992, Ramsay et al 1991):

1. Analogschlüsse aus tierexperimenteller Evidenz (cholesterinreich ernährte Kaninchen etc) sind zumindest bezüglich der Gefäßpathologie nicht hinreichend vergleichbar. Zwar sind Plaques im Gefäßsystem, aber nicht Herzinfarkte, im Tiermodell durch die cholesterinreiche Ernährung ausreichend gut reproduzierbar.

2. Der Analogschluß, daß die familiäre Hypercholesterinämie (FH), die sich progressiv zur KHK fortentwickelt, der beste Beleg für die Lipidhypothese sei,

wird dadurch eingeschränkt, daß die Pathologie der landläufigen KHK nicht der KHK bei FH entspricht.

3. Die weiter vorne aufgeführte epidemiologische Evidenz hat auch ihre nicht selten verschwiegenen Widersprüche: So ist die KHK in Frankreich trotz starkem Konsum gesättigter Fettsäuren niedrig; in Deutschland ging die KHK-Rate während einer Periode ansteigenden Butterverbrauchs zurück.

   In einigen Ländern sind Abwärtstrends bei der KHK-Mortalität, aber nicht der KHK-Inzidenz, vorhanden (z.B. USA). Die verminderte Mortalität steht ohne sicheren zeitlichen Zusammenhang zur Qantität oder Qualität der Nahrungsfette und ist z.B. durch die verbesserte intrahospitale Infarkttherapie und chirurgische und interventionelle Maßnahmen (z.B. PTCA) besser zu erklären.

4. Das größere Risiko der Männer gegenüber den Frauen, ebenso das erhöhte Risiko der Frauen nach der Menopause, werden durch die Cholesterinhypothese nur unzureichend erklärt.

5. Verglichen mit den Gerinnungsfaktoren und Viskositätsparametern (Fibrinogen) ist das Plasmagesamtcholesterin nur ein schwacher Prädiktor für die KHK.

6. Dabei ist der stärkste Risikofaktor für einen erhöhten Serumcholesterinspiegel nicht das Nahrungsfett sondern die Vererbung.

7. Das bisherige Konzept der modizifierbaren Risikofaktoren (Fettstoffwechselstörung (Hypercholesterinämie, pathologisch erhöhtes LDL, familiäre Hypercholesterinämie), Nikotin, Hypertonie, Hyperfibrinogenämie, Diabetes mellitus, Hyperurikämie) zielt auf weniger als die Hälfte des heute aus Studien bekannten koronaren Risikopotentials. Mindestens drei Faktoren, die einen starken Einfluß auf das KHK-Risiko haben, können nicht modifiziert werden (nicht modifizierbare Risikofaktoren):

   - männliches Geschlecht
   - zunehmendes Alter
   - familiäre Prädisposition.

8. Die Übertragung von Interventionsstudien, die Blutlipide bei Patienten mit hohem koronarem Risiko senken sollten, auf Ernährungsempfehlungen für die ganze Bevölkerung im Sinn einer Populationsstrategie, wie sie von nationalen und internationalen Consensuskonferenzen z.T. gefordert wurden, ist problematisch und wird nach anfänglicher Euphorie heute zurückhaltend skeptisch beurteilt.

9. Eine diätetische Senkung erhöhter Cholesterin- und LDL-Werte für Patienten,

die ihr persönliches hohes Risiko kennen, ist theoretisch sinnvoll. Aber nur mit sehr stringenten Diäten ist eine wirkliche Senkung von Plasma-Cholesterin und -LDL möglich (Ornish et al 1990). Die Akzeptanz eines solchen individualstrategisch sinnvollen Ansatzes für die möglicherweise gefährdete Bevölkerung ist nicht zu erwarten.

Praktische Schlußfolgerungen

Es bleibt unbestritten ein klarer Zusammenhang zwischen gravierenden Fettstoffwechselstörungen (z.B. der Hyperlipoproteinämie II a oder Cholesterinwerten über 280 mg%) und einem erhöhten kardiovaskulären Risiko bestehen. Es wäre verfehlt, aus der unveränderten Gesamtmortalität der Primär- und Sekundärpräventionsstudien falsche Schlußfolgerungen zur Pathogenese abzuleiten. Vergleichbares gilt auch für die Therapie von Patienten mit hohem kardiovaskulärem Risiko: Hier wäre es falsch, wie mancherorts behende formuliert, „Freispruch für einen Schurken" zu fordern. Es erscheint aber sinnvoll, nicht jeden Cholesterinspiegel über 220 mg% schon als behandlungsbedürftig anzusehen, sondern die Behandlungsbedürftigkeit vom angiokardiographisch dokumentierten kardiovaskulären Risikoprofil und den gemessenen Cholesterin-, LDL- und HDL-Werten abhängig zu machen.

Lipoprotein a und andere Risikofaktoren

Das Lipoprotein a stellt wahrscheinlich einen unabhängigen zusätzlichen Risikofaktor dar. Dagegen sind HDL-Werte über 55 mg% bei Männern und über 65 mg% bei Frauen mit einem erniedrigten koronaren Risiko vergesellschaftet (Tabelle 3). Wenn zur Fettstoffwechselstörung noch ein weiterer Risikofaktor erster oder zweiter Ordnung tritt (Nikotinabusus, arterielle Hypertonie, Diabetes mellitus (Tabelle 2)), ergibt sich ein in der Regel überadditives, zum Teil exponentielles Risikoprofil. Innerhalb der Low Density Lipoproteine sind bestimmte Komponenten von besonders hohem pathologischem Wert, so das Lipoprotein (a), die Intermediate Density Lipoproteine (IDL), Apolipoprotein B und das LDL III, letzteres in der Postmenopause, bei abdomineller Fettsucht und gleichzeitig bestehenden hohen Triglyzeridwerten. Im Sinne des „metabolischen Syndroms" kommen bei diesen Risikofaktoren nicht selten eine relative Insulinresistenz oder Hyperinsulinämie hinzu. Auch dies dürfte vorwiegend mit den Ernährungsgewohnheiten (kohlenhydratreich mit hohem Glukoseanteil) zusammenhängen.

Daß die Triglyzeride ein selbständiger Risikofaktor sind, ist dagegen noch umstritten, obgleich die letzte Nachuntersuchung im Rahmen der Framingham-Studie hierzu Hinweise gibt. Erhöhte Triglyzeridwerte gehen allerdings ungewöhnlich häufig mit Störungen anderer Lipoprotein- und Lipidklassen einher. Die Hypertriglyzeridämie spielt deshalb sicher eine Rolle als kumulativer Risikofaktor. Der Diabetes mellitus stellt einen gesicherten koronaren Risikofaktor dar und spielt bei epidemiologischen Untersuchungen eine größere Rolle beim weiblichen als beim männlichen Geschlecht.

Vom Fatty Streak zum atheromatösen Plaque

In der Entstehung der atheromatösen Plaques stellt die Sequenz der Endothelschädigung, der anschließenden Lipidablagerung in gelben Fettstreifen („fatty streaks"), die Ausbildung des Lipidplaques und die Umformung in fibröses Material einen langsamen, in der Regel asymptomatischen Prozeß dar, der Jahrzehnte dauert und auf den sich dann in Minuten bei Ruptur des Plaques ein thrombotischer Verschluß mit heftigster Angina pectoris und nicht selten nachfolgendem Myokardinfarkt oder plötzlichem Herztod aufpfropfen kann.

Die Rolle der Makrophagen in der Pathogenese der Koronarsklerose

Auf dem langen Weg vom gelben Fettstreifen bis zum rupturierenden Plaque kommt den Monozyten und den aus ihnen sich entwickelnden Makrophagen (Abb. 2) in der Akkumulation veränderten LDLs (oxydiertes LDL) für die Plaqueentstehung eine besondere Bedeutung zu (Literaturübersicht bei Witztum und Steinberg 1991, Schmitz 1989). Makrophagen spielen ohnehin eine bedeutende Rolle bei Entzündungsreaktionen, indem sie Enzyme sezernieren und im Rahmen des Leukozytoseprozesses als „Müllschlucker"-Zellen (Scavenger-Zellen) Sekretionsprodukte und toxische Stoffe aufnehmen und abbauen. Daneben kommt ihnen in der Atherogenese bereits im Initialstadium besondere Bedeutung zu.

Die von der Leber synthetisierten, ins Plasma sezernierten triglyzeridreichen „Very Low Density" Lipoproteine (VLDL) werden intraplasmtisch verstoffwechselt und in cholesterinreiche „Low Density" Lipoproteine (LDL) überführt, die den Organismus mit Cholesterin versorgen. Der Einbau des LDL in die Zelle erfolgt über Rezeptoren, die den zellulären Cholesterinbedarf regeln. Daneben synthetisiert fast jede Körperzelle ihr eigenes Cholesterin. Da in der Peripherie Cholesterin nicht mehr verstoffwechselt werden kann, muß überschüssiges Cholesterin wieder zur Leber zurücktransportiert werden, dort zu Gallensäuren umgebaut und ausgeschieden werden („Reverser Cholesterintransport"). Für

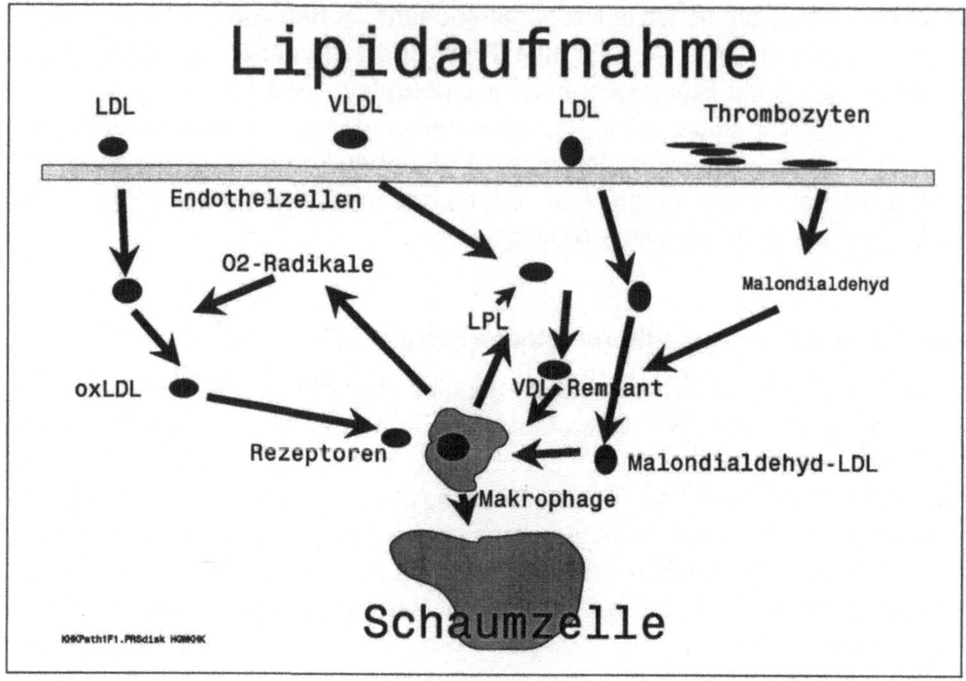

Abbildung 2:
Phase 1: Chemotaktische Faktoren aus der Gefäßwand (z.B. PDGF, oxidiertes LDL, Komplementfaktoren) führen zu einer vermehrten Monozytenrekrutierung aus dem Blutpool in die subendotheliale Intima.
Phase 2: Der Monozyt differenziert zum Makrophagen in der Gefäßwand.
Phase 3: Mit der Anhäufung von Lipoproteinen verändern sich die Makrophagen zu Schaumzellen.
Phase 4: Die aus Makrophagen und Schaumzellen freigesetzten Sekretionsprodukte (Tabelle 5) führen ihrerseits zur Endothelschädigung und zur Proliferation glatter Muskelzellen.

die Elimination des Cholesterin aus den Zellen und den Rücktransport spielt das HDL eine wesentliche Rolle (siehe später).

Für die Cholesterinhomöostase kommt den Makrophagen eine besondere Bedeutung zu (Abb. 2). Ist der Rücktransportmechanismus gestört oder ist der Cholesterineinstrom in den Makrophagen größer als der oben beschriebene Cholesterinauswärtstransport, antwortet der Makrophage darauf mit einer Steigerung der Synthese und Sekretion zahlreicher Protein- und nicht Proteinprodukte (Tabelle 7). Diese stimulieren die Proliferation und Sekretion der benachbarten Fibroblasten und glatten Muskelzellen, die dann den eigentlichen atherosklerotischen Prozess fortführen. Einzelstationen dieses pathogenetischen Prozesses lassen sich heute experimentell gut nachvollziehen:

In den atherosklerotischen frühen Läsionen, den Fettstreifen, bilden cholesterinreiche Makrophagen als Schaumzellen einen wesentlichen zellulären Bestandteil. Diese Schaumzellen stammen von Blutmonozyten ab, die sich bereits sehr früh während des Arterioskleroseprozesses an das Gefäßendothel

Tabelle 6:
Mögliche atherogene Pathomechanismen des oxidierten LDL (ox-LDL)
Vermehrtes ox-LDL

1. bewirkt eine vermehrte Aufnahme von LDL in Makrophagen,
2. ist chemotaktischer Faktor für zirkulierende Monozyten(Monozytenrekrutierung),
3. inhibiert die Motilität gewebsständiger Makrophagen,
4. ist zytotoxisch,
5. ändert die Genexpression benachbarter Zellen und induziert so MCP-1 (macrophage C? P?) und CSF(colony stimulating factor),
6. ist immunogen und kann Autoantikörper induzieren
7. kann die Gerinnungskaskade gegensinnig modifizieren
8. kann die Gefäßvasomotion der Koronararterien ändern

ansetzen (Gerrity 1981). Diese Rekrutierung der Monozyten in die Intima kann experimentell durch eine Hyperlipidämie verstärkt werden. Tierexperimentelle Untersuchungen zeigen, daß eine nur zwölftägige Hypercholesterinämie eine Adhäsion der Monozyten an Prädilektionsstellen des Endothels, die sich später zu atherosklerotischen Plaques entwickeln, verursachen (Faggiotto et al 1984). Die Monozyten sind in der Lage, durch die Intima hindurch in die Gefäßwand einzuwandern und sich dort zu Makrophagen zu differenzieren. Zur Einwanderung bedarf es bestimmter Signale aus der Arterienwand. Den dafür verantwortlichen chemotaktischen Faktoren, wie z. B. der Plättchenwachstumsfaktor (PDGF), Komplementfaktor 5, oxydiertes LDL und zahlreichen anderen Mediatoren wurden migrationsfördernde Eigenschaften über die Monozytenrekrutierung und Differenzierung in Makrophagen zugeschrieben (Abb. 3a-b). Die Verhinderung der Monozytenmigration könnte eine frühe Präventionsmöglichkeit zur Verhinderung arteriosklerotischer Wandveränderungen darstellen.

Oxidiertes und chemisch verändertes LDL(oxLDL) und Schaumzellbildung

Zu den paradoxen, erst heute richtig verstandenen, experimentellen Beobachtungen gehörte, daß in Zellkulturexperimenten Makrophagen, die mit nativem LDL inkubiert wurden, keine Cholesterinakkumulation aufwiesen und deswegen auch keine Schaumzellbildung auftrat. Die Dichte von Rezeptoren für natives LDL auf den Oberflächen der Makrophagen ist in der Tat sehr niedrig. Wurden die Makrophagen allerdings mit chemisch modifiziertem, acetyliertem oder oxydiertem LDL inkubiert, führte dies zu einer Cholesterinakkumulation (Goldstein

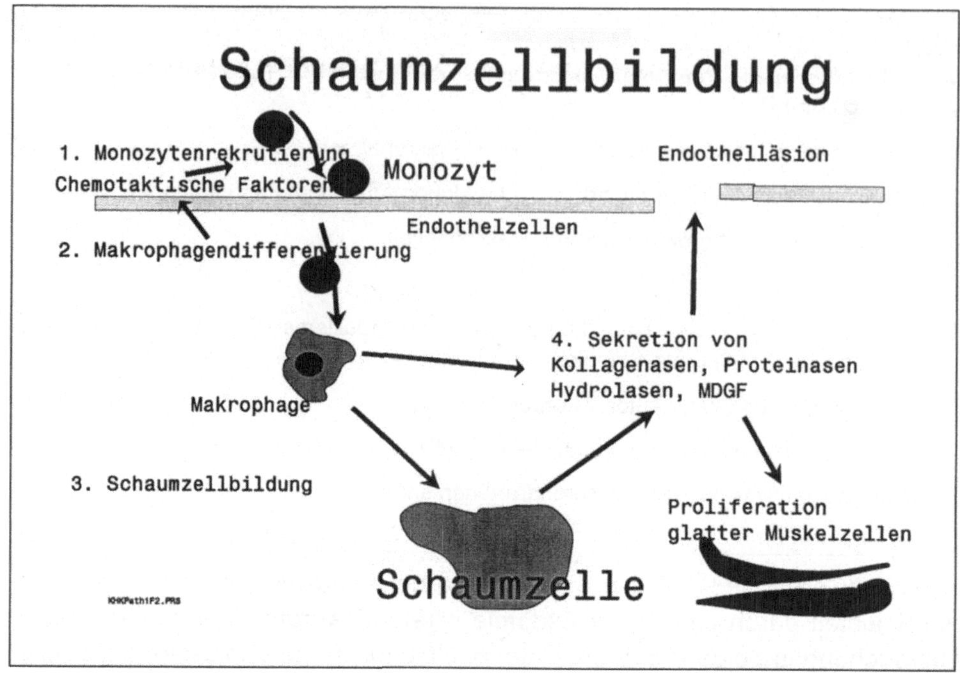

Abbildung 3:
In der Arterienwand wird natives LDL durch Sauerstoffradikale aus Endothelzellen, glatten Muskelzellen und Monozyten/Makrophagen (in Gegenwart von Cu^{2+}-Ionen) zu oxidiertem LDL umgewandelt und damit so modifiziert, daß es über die Scavenger-Rezeptoren der Makrophagen aufgenommen und intrazellulär akkumuliert werden kann (Steinberg et al 1989). Während in vitro Antioxidanzien diese Modifikation des LDL nahezu völlig unterbinden, ist die Wirkung von Antioxidanzien in vivo noch nicht gesichert. Auch die Modifikation von LDL durch aus Blutplättchen freigesetztem, in die Gefäßwand diffundierendem Malondialdehyd in Malondialdehyd-LDL beschleunigt die Aufnahme des so veränderten LDLs über Acetyl-LDL - Rezeptor der Makrophagen. Durch die Lipoproteinlipase, ein Sekretionsprodukt von Makrophagen, werden triglyzeridreiche Lipoproteine(ß-VLDL) abgespalten. Der dabei entstandene VLDL-Remnantpartikel kann gleichfalls rezeptorvermittelt von Makrophagen aufgenommen werden(Lindquist et al 1983, Goldstein et al 1980)

et al 1979 und Brown und Goldstein 1983). Neben der Acetylierung bewirken auch andere chemische Modifikationen wie das Malondialdehyd (Fogelman et al 1980) in vitro eine Bildung von Schaumzellen aus Makrophagen (Abb. 2). Während im Blut freie Sauerstoffradikale durch Radikalfänger abgepuffert werden, können in der Arterienwand Sauerstoffradikale LDL oxidieren und zu oxydiertem LDL verändern. Ähnlich wird aus angelagerten Blutplättchen sezerniertes Malondialdehyd an LDL gebunden. Oxidiertes LDL und Malondialdehyd-LDL werden über spezifische Rezeptoren von Makrophagen aufgenommen. Gleiches geschieht mit durch Lipoproteinlipase, einem Sekretionsprodukt von Makrophagen, verändertem VLDL, dessen „Remnants" gleichfalls über spezielle Rezeptoren von den Makrophagen aufgenommen werden können (Abb. 2). Daß oxidiertes LDL nicht nur in vitro generiert wird, sondern auch in vivo in arteriosklerotischen Plaques vorliegt, konnte durch die Injektion von radioaktiv

Tabelle 7:
Sekretionsprodukte von Makrophagen mit möglichem Einfluß auf die Atherogenese
(nach Fowler et al 1986 , Nathan 1987, Takemura und Werb 1984)

Proteinsekretionsprodukte von Makrophagen:

Neutrale Hydrolasen:	Kollagenasen I-V Elastase	Lipoproteinlipase Plasminogenaktivator	
Saure Hydrolasen:	Proteasen Bindungsproteine: Fibronectin	Nukleasen Transferrin	Phosphatasen Apolipoprotein E
Komplementfaktoren:	C 1-C5	Faktoren B,D,H,I	Properdin
Gerinnungsfaktoren:	Faktoren V, VII, IX, X		
Andere:	AGF(angiogenesis factor) MDGF(macrophage-derived growth factor)		CSF(colony stimulating factor)

Nichtprotein-Sekretionsprodukte von Makrophagen:

Reaktive O_2-Metaboliten:	Hydrogenperoxid	Hydroxylradikale	Superoxidanionen
Bioaktive Lipide:	Prostaglandin E2 Leukotriene Plättchenaktivierungsfaktor	Prostazyklin Hydroxyeikosatetraensäure	Thromboxan B2

markiertem LDL in cholesteringefütterte Kaninchen und durch die Identifizierung von oxidiertem LDL mit Hilfe von Antikörpern in der Läsion nachgewiesen werden (Yla-Herttuala et al 1989). Potentielle Mechanismen, über die das oxidierte LDL atherogen wirken könnte, sind in Tabelle 6 enthalten.

Die Sekretionsprodukte aus Makrophagen (Tab. 7) und die Akkumulation von Lipiden in den Gefäßmakrophagen dürfte, obgleich dies bislang im einzelnen noch ungeklärt ist, die Sekretion von Wachstumsfaktoren, mitogenen atoxischen Substanzen aus Makrophagen und anderen Zellen beeinflussen. Tabelle 7 faßt Faktoren und Substanzen zusammen, die als Proteinsekretionsprodukte von Makrophagen oder als Nichtproteinsekretionsprodukte dieser Zellen einen möglichen Einfluß auf die Atherogenese nehmen. Diese Wachstumsfaktoren wie PDGF und MDGF dürften als mitogene Substanzen die Proliferation glatter Muskelzellen begünstigen. Kollagenasen, Proteasen und Hydrolasen könnten Veränderungen an der Zellwand bewirken, die ihrerseits über eine Endothelverletzung (Abb. 2) zur Thrombozytenadhäsion und zur Oxydation und Malonaldehydbindung von LDL führen. Makrophagen setzen darüber hinaus freie Sauerstoffradikale und freie Fettsäuren frei, die die extrazelluläre Matrix und die benachbarten Endothelzellen so verändern, daß sie wiederum Monozyten und Blutplättchen anlagern und sich der Prozeß so als Circulus vitiosus darstellt.

HDL und Cholesterinrücktransport

Mit Hilfe intrazellulärer Enzyme können die Makrophagen aufgenommene Lipide abbauen und die Abbauprodukte z.B. freies Cholesterin und freie Fettsäuren wieder freisetzen. In vitro ist dies abhängig von vorhandenen Akzeptoren für freies Cholesterin, wobei gezeigt werden konnte, daß HDL ein solcher Akzeptor für freies Cholesterin ist, das nach Abbau intrazellulärer Cholesterinester aus Schaumzellen freigesetzt wird.

HDL kann nämlich über spezifische Rezeptoren an die Zelloberfläche gebunden und in die Zelle aufgenommen werden. Dort werden die „high density" Lipoproteine in der Regel nicht von Lysosomen abgebaut, sondern gelangen auf ihrer transzellulären Route über Endosomen an die zytoplasmatischen Fettröpfchen und bilden zusammen mit den lamellären Strukturen einen Komplex, der wieder aus der Zelle sezerniert werden kann und zum reversen Cholesterintransport geeignet ist (Schmitz 1989).

Die in der Epidemiologie festgeschriebene antiatherogene Wirkung von HDL findet so eine plausible kausale Erklärung: Erhöhte HDL-Konzentrationen im Plasma fördern den Cholesterinrücktransport aus den Gefäßmakrophagen in die Leber. Schaumzellen wären dann wieder rückbildungsfähig zu Makrophagen (Ho et al 1980).

Eine weitere Möglichkeit stellt die antioxidative Wirkung von HDL dar: In experimentellen Untersuchungen konnte gezeigt weden, daß HDL die oxidative Umwandlung von LDL verhindern kann und über diesen Mechanismus antiatherogen wirken könnte.

Das hier zusammengefaßte Konzept stellt eine Verknüpfung der beiden Schulen einer überwiegend zellulären Proliferation nach einem Endothelschaden (Verletzungshypothese) und der Lipidakkumulationshypothese dar.

Atherogene Wirkung des Lipoproteins (a)

Die Plasmakonzentrationen von Lipoprotein a (Lp (a)) variieren zwar mit hoher Streubreite, aber erhöhte Lp (a)-Konzentrationen finden sich bevorzugt bei Patienten mit zunehmender Koronarsklerose. Aufgrund struktureller Untersuchungen zeigt sich Lp (a) als ein dem LDL ähnliches Partikel, der ein spezielles Glykoprotein, das APO A, enthält, das eine ausgedehnte Homologie mit Plasminogen besitzt. Das APO A-Stück von Lp (a) setzt sich an das Carboxylende der Heparin-bindenden Domäne des Fibronektins, ein Bestandteil der extrazellulären Matrix. Der molekulare Mechanismus, der Lp (a) mit der Atherogenese verknüpft, ist bislang noch weitgehend ungeklärt. Allerdings konnte gezeigt werden, daß Lp (a) in arteriosklerotischen Arterien nachweisbar ist, ebenso wie Fibronektin in Plaques nachgewiesen werden konnte. Es ist wahrscheinlich, daß Monozyten einen Fibronektin-Rezeptor exprimieren können. Die Interferenz von Lp (a) mit der Fibronektinbindung von Monozyten könnte für den atherogenetischen Prozeß von Bedeutung sein. Die Aggregatbildung von Lp (a) mit Fibronektin und Heparin und die vermehrte Aufnahme dieser Komplexe in Makrophagen, die zur Schaumzellbildung führen, stellt eine weitere Erklärungsmöglichkeit für die Mitwirkung des Lp (a) in der Atherogenese dar. Außerdem könnte Lp (a) den endogenen fibrolytischen Prozeß deshalb behindern, weil es die Bindung des Plasminogens an Endothelzellrezeptoren vermindert und damit eine schwächere Ausprägung der endogenen Fibrolyse bewirkt.

2. Autoreaktivitäts- und Immunhypothese der Atherosklerose

Bereits Rudolf Virchow (1856) hat auf morphologische Analogien zwischen atherosklerotischem Plaque und einer chronischen Entzündung hingewiesen. Minick und Murphy (1973) zeigten im Tierexperiment cholesterinreich ernährter Kaninchen die proatherogene Wirkung zirkulierender Immunkomplexe. Die Bedeutung immunologischer Mechnismen in the Pathogenese der Atherosklerose des Menschen ist dagegen weniger klar.

Makrophagen und T-Lymphozyten

Mit Hilfe monoklonaler Antikörper gegen Leukozytensubpopulationen konnte in den letzten Jahren gezeigt werden (Aqel et al 1984; Hansson et al 1984; Jonasson et al 1986; Vedeler et al 1984), daß in der Plaqueformation 3 Zelltypen mit unterschiedlicher Verteilung dominieren (Abb. 4): Die glatten Muskelzellen in der fibrösen Capstruktur, die Makrophagen im lipidreichen Plaquezentrum (60 % CD14-positive Makrophagen, 9 % T-Lymphozyten) und die Lymphozyten und Makrophagen mit nahezu gleicher Verteilung von 24 % bzw. 18 % in der Capstruktur (Hansson et al 1989). Die Differenzierung von Monozyten in Makrophagen ist durch Phorbolester und durch oxLDL, aber nicht durch LDL, zu induzieren. Gleiches gilt für die Expression von Adhäsionsmolekülen. Neben der bereits oben dargelegten Funktion der Makrophagen, LDL und oxLDL aufzunehmen, besitzen Makrophagen auch die Funktion der Antigenpräsentation gegenüber T-Lymphozyten. Antigenfragmente und die an der Oberfläche der Makrophagen exprimierten MHC Klasse I und II Antigene bilden einen makromolekularen Komplex, der zur Antigenpräsentation notwendig ist. Makrophagen binden an verletztes Endothel u.a. über den Fc-Rezeptor der Makrophagen und über an zytoskeletales Intermediärfilament adsorbiertes IgG. Die IgG-Fixation

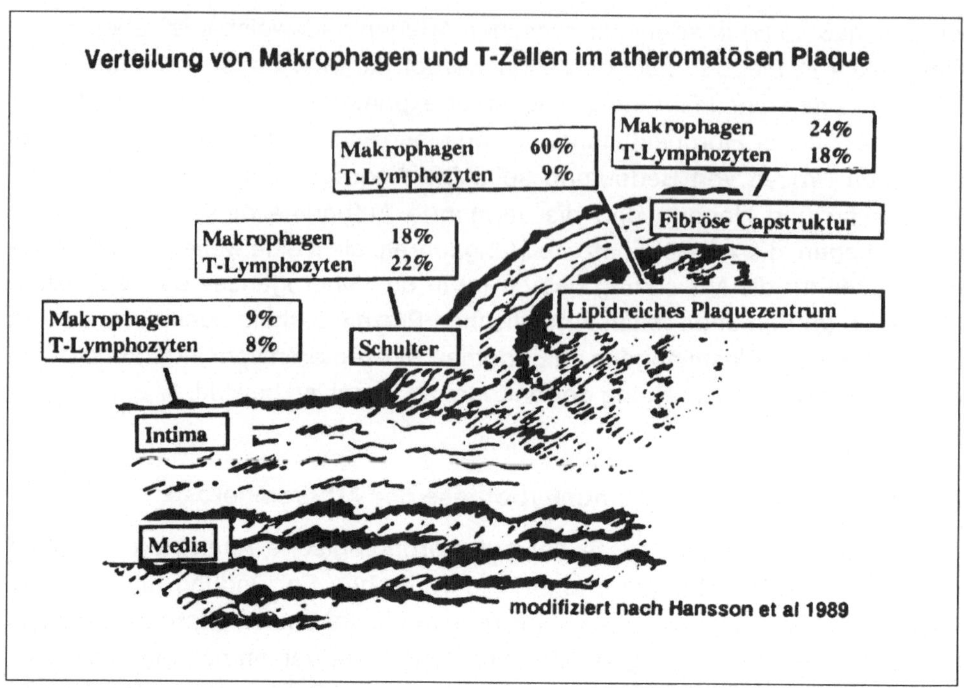

Abbildung 4:
Verteilung von Makrophagen und T-Lymphozyten an unterschiedlichen Teilen des fibromatösen Plaques am Beispiel der Atherosklerose der A. carotis. Die prozentualen Angaben beziehen sich auf die Gesamtzahl der Zellen einschließlich ortständiger glatter Muskelzellen, Endothelzellen und Fibrozyten. Es sind in der Abbildung nur die Makrophagen und T-Lymphoyten in % angegeben (modiziert nach Hansson et al 1989).

an die Intermediärfilamente aktiviert die Komplementkaskade u.a. zur Bildung der Komplementstufe C5a, die weitere Monozyten und Granulozyten anzieht. Nach Hansson et al (1989) könnte die Aktivierung und die Leukozytenrekrutierung nach einer Endothelläsion dem Ablauf von Abb. 5 entsprechen.

Tierexperimentelle Untersuchungen an Carotisplaques (Jonasson et al 1986) zeigen bei der Analyse der CD3-positiven Lymphozytenpopulation sowie im peripheren Blut überwiegend CD4-positive T-Lymphozyten (T-Helfer- und Regulatorzellen) in allen Anteilen älterer Plaques, während in den jüngeren Plaques und gelben Fettstreifen CD8-positive Lymphozyten (T-Suppressor- und zytotoxische Lymphozyten) häufiger sind. Letztere könnten deshalb auch an der Entstehung der Plaques aktiven Anteil nehmen. Die Tatsache, daß auch CD3-positive T-Lymphozyten, aber keine natürlichen Killerzellen oder B-Lymphozyten, in quantitativ bedeutsamer Zahl im Bereich der Plaqueschulter und der Capregion (Abb. 4) nachgewiesen werden konnten (Jonasson et al 1988), unterstreicht ihre mögliche Bedeutung, beweist aber noch keine zelluläre Immunreaktivität im Plaque. Erst mit dem Nachweis zellulärer Aktivitätsmarker (HLA-DR und VLA

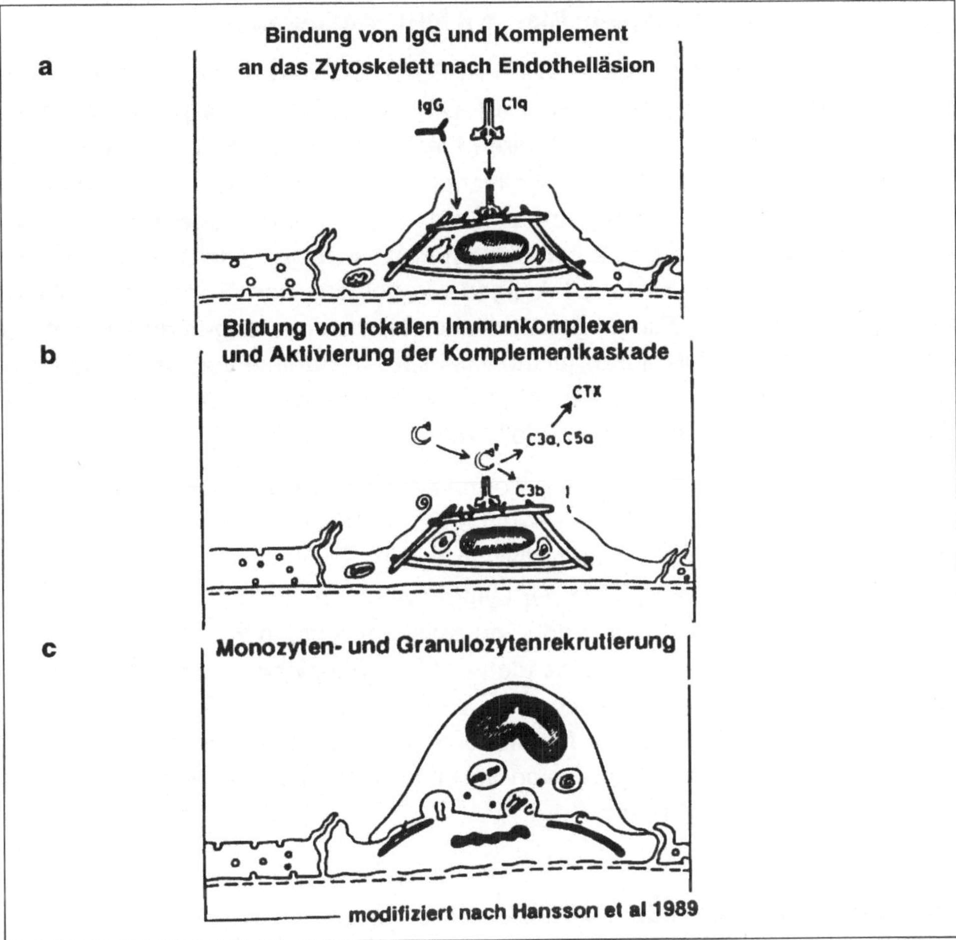

Abbildung 5a-c:
Hypothetische Vorstellung zur Komplementaktivierung und Leukozytenrekrutierung bei einer Endothelläsion (nach Hansson et al 1989): a) Mit der Ruptur der Plasmamembran und des Endothels haben Makromoleküle wie die Immunglobuline und Komplementfaktoren Zugang zum Zytosol der Endothelzellen. Diese binden sich mit hoher Affinität an zytoskeletale Intermediärfilamente und Mitochondrien. Dabei werden Komplexe aus IgG und Matrixproteinen in Gegenwart von C3b gebildet. b) Es kommt zur Aktivierung der Komplementkaskade und u.a. zur Bildung von Anaphylatoxin(C5a). c) Diese Faktoren rekrutieren, weil sie chemotaktisch wirksam sind, Monozyten und Granulozyten, die zur Phagozytose der Zellfragmente in der Lage sind.

(very late activation antigen) -1 bei einem Drittel und noch seltener von IL-2 bei den CD-3 positiven Lymphozyten des Plaque konnte gezeigt werden, daß sie keine „innocent bystanders" sein dürften (Hansson et al. 1989). Welche pathogenetische Rolle sie tatsächlich spielen und ob sie Zeichen einer Immunreaktion gegen eine Plaquekomponente darstellen, bleibt gegenwärtig spekulativ.

Aberrierende Expression von Klasse II MHC-Antigenen

Exprimierte Klasse I-Antigene (HLA-A,-B,-C) aktivieren die CD8-positiven T-Lymphozyten, Klasse II-Antigene (HLA-DR,-DQ,-DP) die CD4-positiven T-Helfer- und Regulatorlymphozyten. Während fast alle Zellen zur de novo oder vermehrten Expression von Klasse I-Antigenen in der Lage sind, ist die Klasse II-Expression im Organismus beschränkt und kommt überwiegend bei Abstoßung, Entzündung und autoreaktiven Prozessen vor. Allerdings exprimiert das Kapillarendothel Klasse II-Antigene regelhaft, das Endothel größerer Gefäße dagegen nicht. Für die entzündlichen Herzerkrankungen dürfte deshalb die Antigenpräsentation durch mikrosvaskuläres Endothel von großer Bedeutung sein, ebenso auch bei Vaskulitiden. Ihre pathogenetische Rolle bei der Entwicklung der Koronarsklerose bleibt offen.

Glatte Muskelzellen exprimieren normalerweise gleichfalls keine Klasse II-Antigene, können dies aber im Rahmen des Atheroskleroseprozesses tun (Jonasson et al 1988). Die Immunisierung von T-Lymphozyten mit glatten Muskelzellen erzeugt bei Reinjektion der Lymphozyten im Tierexperiment eine Vaskulitis. Die gemeinsame Expression von Klasse II-Antigenen auf Makrophagen und glatten Muskelzellen bei vorhandenen T-Lymphozyten deutet auf eine zytokingesteuerte Klasse II-Expression hin, z.B. über Interleukine, Interferon oder Tumornekrosefaktor (TNF). Die funktionellen pathogenetischen Konsequenzen der vermehrten Klasse II-Expression im atherosklerotischen Plaque bedürfen allerdings weiterer Abklärung.

Humorale Autoreaktivität

Immunglobulinablagerungen im atheromatösen Plaque sind schon lange bekannt (Hollander et al 1979, Hansson et al 1979). Die Beobachtung wird durch den Nachweis von Komplementfaktoren, so für C3 (Hansson et al 1984) und für den terminalen C5b-9-Komplex (Vlaicu et al 1985; Niculescu et al 1985), in der Capstruktur und im lipidreichen Plaquezentrum unterstrichen. Im Modell der cholesteringefütterten Kaninchen zeigt sich bereits vor der Entwicklung der „fatty streaks“ eine Komplementaktivierung (Seifert et al 1989). Bemerkenswerterweise findet sich im Stadium des Myokardinfarkts mit Nekrosebildung erneut eine deutliche Komplementaktivierung mit positivem C5b-9-Komplex (Bhakdi et al. 1990). Ein indirekter Hinweis auf die Präsenz von Komplementfaktoren ergibt sich auch aus der Tatsache, daß glatte Muskelzellen einen die C3/C5-Konvertase inhibierenden Faktor enthalten (Seifert et al 1988).

Zirkulierende Immunkomplexe und Autoantikörper

Serumkrankheit und wiederholte Injektion von Antigenen üben in lipidreich ernährten Versuchstieren einen synergistischen Effekt auf die Atherogenese aus. Immunkomplexe aktivieren die Komplementkaskade und vermitteln so den Endothelschaden, der Ausgangspunkt für die Atherogenese sein kann.

Cerilli et al (1985) konnten zeigen, daß die Immunreaktion gegen Gefäßendothel mit dem Ausmaß der arteriellen Verschlußkrankheit korreliert, und sehen in antiendothelialen Antikörpern einen Kofaktor. Bei Vaskulitis, Abstoßungsreaktion (Brasil et al 1985, Maisch et al 1989) und Myokarditis (Maisch et al 1989) konnten z.T. zytotoxische, z.T. blockierende Antikörper nachgewiesen werden, die belegen, daß das Gefäßendothel in die Immunantwort nicht nur als antigenpräsentierende Zelle sondern auch als Autoantigen einbezogen werden kann.

Eine Übersicht der für eine Antikörperantwort verantwortlichen Antigene, die in der Entstehung der Atherosklerose Bedeutung haben könnten, ergibt sich aus Tabelle 8. Hierzu gehören auch antikörperabhängige und lymphozytotoxische Reaktionen gegen die Viren, für die, wie z.B. bei den Herpesviren, eine Assoziation zur Atherogenese postuliert wird (Minick et al 1978, Benditt et al 1983, Yamashiroya et al 1988).

Auf Beaumont und Beaumont (1977), Kodama et at (1972), Ho et al (1976), Baudet et al 1980) und Kilgore et al (1985) geht die Beobachtung zurück, daß gehäuft Antikörper gegen Lipoproteine bei Atherosklerose nachweisbar sind. Eine immunpathogenetische Hypothese nimmt an, daß Antikörper gegen alteriertes z.B. glykosiliertes (Witztum et al 1984) Lipoprotein vom körpereigenen Immunsystem als Auto- oder Neoantigen wahrgenommen wird und zur Bildung von Antilipoproteinantikörpern Anlaß gibt. Diese Anti-Lp-Antikörper bilden zusammen mit den alterierten Lipoproteinen Immunkomplexe (Wiklund et al 1987), die von den Makrophagen Fc-Rezeptor-vermittelt aufgenommen und in den Schaumzellen (Griffith et al 1988) und in der Arterienwand als immunologische Läsion nachgewiesen werden können (Abb. 4). Hollander et al(1990) konnte ergänzend zeigen, daß unter reduzierenden Bedingungen im Plaque Antikörper gegen Apo B vorliegen oder gebildet werden.

Von Antikörpern gegen einige Lipidkomponenten atheromatöser Plaques, gegen Phospholipide und gegen Cardiolipin (Hamsten et al 1986) vor oder nach Herzinfarkt, von Infiltraten um atherosklerotische Plaques (Mitchinson 1972, Parums et al 1986; Schwartz und Mitchell 1962, Stratford et al 1986), ev. gerichtet gegen oxidizierte Lipide (Mitchinson 1972), von Antikörpern und T-lymphozytären Reaktionen bei Atherosklerose (Gerö et al 1975) und arterieller Hypertonie (Gudbrandsson et al 1981) wird vermutet, daß sie den Gefäß-

Tabelle 8:
Übersicht über die Antigene, gegen die Antikörper nachgewiesen werden konnten und für die ein Zusammenhang mit der Atheroskleroseentwicklung postuliert wird

Antigen	Klinisches Bild	Literaturangabe
Endotheliale Antigene	Abstoßungsreaktion KHK	Brasil et al 1985, Maisch et al. 1989 Cerilli et al 1985
Spermien	Vasektomie (Affen)	Clarkson and Alexander 1980
Herpesviren	Virusinfektionen	Minick et al 1979; Benditt et al 1983; Yamashiroya et al 1988
Lipoproteine	Atherosklerose ?	Beaumont & Beaumont 1977; Kodama et al 1972; Ho et al 1976; Baudet et al 1980, Kilgore et al 1985
Glykosilierte Lipoproteine	Diabetes mellitus	Witztum et al 1984; Griffith et al 1988
	Atherosklerose ?	Wiklund et al 1987
Cardiolipin	Herzinfarkt ?	Hamsten et al 1986
Oxidierte Lipide	Aortensklerose ?	Mitchinson 1972
	Periaortitis ?	Parums et al 1986
	Atherosklerose	Schwartz & Mitchell 1962; Stratford et al 1986
Gefäßwandantigene	Maligne Hypertonie	Gerö et al 1975; Gudbrandsson et al 1981
Milcheiweiß	KHK ?	Davies et al 1969; Annand 1986

schaden verstärken können. Aber neben einer antikörpervermittelten Zytolyse ist auch eine Abschwächung lymphozytotoxischer Reaktionen und reparativer Prozesse der Membranabdichtung als Pathomechanismen vorstellbar (Maisch et al 1989) .

Zytokine

Zytokine, insbesondere die Interleukine 1-6, Interferon-alpha, -beta, -gamma, Tumornekrosefaktor alpha und beta und der plättchenabhängige Wachstumsfaktor zählen zu den Zellprodukten, die Makrophagen, T-Lymphozyten und glatte Muskelzellen und Endothelzellen bei ihrer Aktivierung sezernieren können, die eine Entzündungsreaktion amplifizieren können, und zur Angiogenese beitragen und im Atheroskleroseprozess mitwirken könnten. Tabelle 9 faßt die wichtigsten Zytokine und ihre Wirkung auf das Gefäßsystem zusammen. Dabei sind die vaskulären Wirkungen von Interleukin 1, Interferon-gamma und Tumor-

Tabelle 9:
Zytokine und Ihre Wirkung auf das Gefäßsystem

Zytokin	Produkt von Makrophagen	Wirkung im Gefäßsystem auf Endothelzellen:	Literaturangabe
Interleukin 1(a+β)			
	Endothelzellen	-Reorganisation endothel.Monolayer	Montesano et al 1985
	glatte Muskelz.	-gerinnungsfördernd	Bevilacqua et al 1984
		-adhäsionsfördernd (Adhäsionsmolek)	Bevilacqua et al 1984
			Cavender et al 1986
		- IL-1 Sekretion als pos. Feedback	Warner et al 1987
		- proliferationsanregend	Ooi et al 1982
		- permeabilitätssteigernd	Martin et al 1988
		glatte Muskelzellen:	
		- IL-1 Sekretion als pos. Feedback	Warner et al 1987
		- proliferationsanregend	Libby et al 1988
		- induziert Synthese von wachstumsinhibierenden Prostaglandinen	Albrightson et al 1985 Libby et al 1988,
		- induziert PDGF-Sekretion	Raines et al 1989
Interleukin-2	T-Lymphozyten	} auf Endothel,	Cotran et al 1987
Interleukin-3	T-Lymphozyten	glatte Muskulatur,	
Interleukin-4	T-Lymphozyten	Monozyten/Makrophagen	
Interleukin-5	T-Lymphozyten		
Interleukin-6	T-Lymphozyten		
Interferone:			
Interferon-alpha	Leukozyten		
Interferon-gamma	T-Lymphozyten	Endothel:	
		Reorganisation der Monolayer	Stolpen et al 1986
		proliferationsinhibierend	Friesel et al 1987
		induziert MHC Klasse I-Antigene	Lapierre et al 1988
		induziert MHC Klasse II-Antigene	Pober et al 1982, 1983
		induziert Neoantigene (Kawasaki Erkr)	Martin et al 1988
		permeabilitätsfördernd	Martin et al 1988
		inhibiert PDG und IL-1 Expression	Suzuki et al 1989
		glatte Muskelzellen:	
		proliferationsinhibierend	Hansson et al 1988, Stemme et al 1990
		induziert MHC Klasse I-Antigene	Lapierre et al 1988
		induziert MHC Klasse II-Antigene	Jonasson et al 1988 Hansson et al 1988 Libby et al 1986
Tumornekrosefaktoren:			
TNF-alpha	Makrophagen	- Wirkung vergleichbar mit IL 1	
		- kontrolliert Lipolyse über Suppression der Lipoproteinlipase	Chalt et al 1982 Mahoney et al 1982
	Endothelzellen	Reorganisation endothel.Monolayer	Stolpen et al 1986
		- gerinnungsfördernd	Bevilacqua et al 1984

Fortsetzung Tabelle 9:

		- adhäsionsfördernd (Adhäsionsmolek)	Cavender et al 1987
			Pober et al 1986
		- proliferationshemmend in vitro	Pfizenmaier 1987
		- induziert Angiogenese	Collins etal 1985
		- induziert MHC-Genexpression	Pfizenmeier et al 1987
			Warner et al 1989
	glatte Muskelz.	- induziert Klasse I MHC-Genexpression	Stemme et al 1990
		- moduliert IFN-gamma-induzierte Klasse II-MHC Genexpression	Stemme et al 1990
	Monozyten		
Lymphotoxin(TNF-β)	T-Lymphozyten		vergleichbar, s.o.
Plättchenwachstumsfaktor:			
(PDGF)	Monozyten		
	Endothelzellen		
	glatte Muskelzellen		
	Plättchen/Megakaryozyten		

nekrosefaktor am bedeutsamsten. Neben der Fähigkeit, Adhäsionsmoleküle und MHC-Klasse II-Antigenexpression auf dem Endothel zu exprimieren, nehmen die Interleukine an einer positiven Rückkopplung ihrer Produktion („positive feedback loop“) teil und sind mit dem Gerinnungssystem ebenso wie mit dem Prostaglandin- und Leukotriensystem eng verflochten (Tabelle 9). Hierbei ergeben sich direkte Bezugspunkte zur später besprochenen endothelabhängigen und - unabhängigen Vasomotion.

Hitzeschock- und Streßproteine (HSP)

Hitzeschock- und Streßproteine werden von zahlreichen pro- und eukaryotischen Zellen bei „Streß“, Zytokinexposition und Hitze gebildet und stellen u. a. einen Schutzmechanismus (Erhaltung von Zellproteinen in ihrer Sekundär- und Tertiärstruktur) dar. Sie besitzen eine „Haushalter-Funktion“ (Hsp 70 und Hsp 60), d.h. sie sind für die korrekte Verteilung anderer Proteine in der Zelle mitverantwortlich. In dieser Funktion stellen sie „ein zweischneidiges Schwert“ dar, da sie auch von Bakterien sezerniert werden können und weil Sequenzhomologien zwischen HSP, Bakterien und anderen Organismen bestehen. Damit sind auch die Voraussetzungen zur Entstehung autoreaktiver Mechanismen gegeben, wie sie z.B. bei rheumatoider Arthritis (Karlsson-Parra et al 1990), Lupus erythematodes (Minota et al 1988 a und b) und insulinabhängigem Diabetes mellitus (Jones et al 1990) nachgewiesen wurden.

Von besonderer Bedeutung ist im Zusammenhang mit Ischämie ihre kardioprotektive Funktion bei experimentell induzierter Ischämie (Currie et al 1988;

Donelly et al 1992). Möglicherweise besteht ein Zusammenhang zur Infarktgrößenreduktion nach „preconditioning" (d.h. einer kurzen ischämischen Vorphase vor der endgültigen experimentellen Koronarokklusion im Tierexperiment), für die es analoge Episoden im natürlichen Verlauf des Infarkts gibt. Außerdem dürften sie eine Funktion bei der Antigenpräsentation wahrnehmen, bei der Endothel und immunkompetente Zellen mit HSP interagieren. (Shimizu et al 1992).

3. Virushypothese

Die Freisetzung von Mediatoren aus Endothelzellen, glatten Muskelzellen und Makrophagen ist prinzipiell nicht nur durch oxydiertes LDL induzierbar, sondern auch durch zirkulierende Immunkomplexe oder durch in Endothelzellen und extrazellulärer Matrix sowie in interstitiellen Zellen residente Viren. Bereits Burch et al (1973) wies in einer umstrittenen, heute besser erklärbaren Veröffentlichung auf die Möglichkeit einer Assoziation von Virusinfektionen in der Aorta und frühen atherosklerotischen Veränderungen in der Hauptschlagader hin. So wurde unter anderem die Assoziation von Chlamydien, dem TWAR, und KHK und Myokardinfarkt aufgezeigt (Saikku et al 1988). Die Persistenz von Herpesviren (Fabricant et al 1978) im Tiermodell und beim Menschen (Benditt et al 1983) in den Gefäßen oder die Persistenz von CMV in atheromatösen Plaques der Aorta in 20 % und 40 % mit Hilfe der In situ-Hybridisierung zeigen überzufällig häufig die Assoziation von Viren mit einem Gefäßschaden, auch wenn dies zumindest beim Menschen dem Bild einer Vaskulitis ähnelt. Auch eigene Untersuchungen (unveröffentlicht) belegen in den Endomyokardbiopsien von Patienten mit unklaren pektanginösen Beschwerden bei koronarographisch unauffälligen epikardialen Leitgefäßen eine signifikante Häufung der Persistenz von CMV-DNA in den kleinen Gefäßen.

Nach Campbell et al (1978), Loria et al (1976), Ilbäck et al (1990) kommt es auch im Modell der cholesterinreich ernährten Coxsackie B3-infizierten Maus zu atheroskleroseähnlichen Veränderungen. Ilbäck konnte mit C14-markiertem Cholesterin zeigen, daß es bei diesen Tieren neben der Myokarditis zur vermehrten Lipidaufnahme ins perivaskuläre Interstitium kommt, während nicht infizierte, aber cholesterinreich ernährte Tiere keine Aufnahme von Cholesterin ins Interstitium zeigten. Da die Tiere akut an einer Myokarditis verstarben, verblieb für einen chronischen Atheroskleroseprozeß nicht genügend Zeit. Diese Untersuchungen zeigen jedoch, daß Virusinfektion und immunkompetente NK-Zellen die Entstehung atherosklerotischer Veränderungen mitauslösen können. Auch die durch die Herpesviren verursachte Marek'sche Erkrankung in Hühnern geht mit einer ausgeprägten Gefäßsklerose einher (Fabricant et al

1978). Vergleichbare Beobachtungen liegen auch bei Patienten mit Abstoßungsreaktion nach Herztransplantationen vor, die häufig zur beschleunigten Arteriosklerose in transplantierten Herzen neigen. Die pathogenetische Bedeutung dieser deskriptiven Befunde könnte in einer Verminderung der Koronarreserve an kleinen, nicht epikardialen Koronargefäßen liegen. Sie könnten damit für die Erkrankung der kleinen Gefäße (small vessels) ein erstes morphologisches Korrelat darstellen.

Endothel- und Gefäßtonus

Die innere Oberfläche der koronaren Blutgefäße wird von einer einschichtigen Endothelzellage ausgekleidet, die als Trennschicht zwischen Blut und Gewebe fungiert und von zentraler Bedeutung für die Regulation des Stoffaustausches ist. Zusätzlich zu einem marginalen Filamentband sind arterielle Endothelzellen mit langgestreckten Aktinfilamentbündeln, den sogenannten Streßfasern, ausgestattet, die sich unter ADP-Verbrauch verkürzen können. Ihre funktionelle Bedeutung dürfte als Schutzvorrichtung zur Ablösung durch die Scherkräfte des Blutstroms zu sehen sein.

Endothel und Gefäßtonus bei intakter Arterienwand und intaktem Endothel

Im unversehrten Koronargefäß mit intaktem Endothel kann sich der Durchmesser der Koronargefäße entsprechend den metabolischen Anforderungen dynamisch verändern. Die physiologische koronare Vasomotion wird durch neuronale, humorale, metabolische und myogene Faktoren kontrolliert und moduliert (Bayliss 1902).

So können Scherkräfte als hydrodynamische Faktoren und zirkulierende Agonisten am intakten Endothel verschiedene lokale Hormone (Autakoide) freisetzen. Zu ihnen gehört der Endothelium-derived relaxing factor (EDRF), der mit dem NO-Radikal, Stickoxid (NO) identisch sein dürfte (Furchgott und Zawadzki 1980; Furchgott 1983, Palmer, Ferrige & Mancada 1987).

Ebenso konnte gezeigt werden, daß neben den adrenergen, cholinergen und neuronalen Kontrollmechanismen eine Reihe von Peptiden, die als Neurotransmitter wirksam werden können, wie z.B. der Vasokonstriktor Endothelin, eine Rolle spielen.

Dabei scheint es klinisch sinnvoll zu sein, den reinen Koronarspasmus, d.h. die überwiegend nächtlich auftretende Prinzmetal Angina an einem strukturell weitgehend intakten Koronargefäß, von der Koronarkonstriktion bei bereits kritischer Lumeneinengung (dynamische Koronarstenose) abzugrenzen. Diese Tonusänderungen sind dann von besonderer Bedeutung, wenn eine diffuse Intimaverdickung vorliegt, die Koronarstenose aber noch nicht fixiert ist, oder wenn exzentrische Koronarstenosen mit reagiblen Teilsegmenten vorliegen. Bei der fixierten konzentrischen Koronarstenose können dynamische Tonusänderungen den Stenosegrad praktisch nicht mehr beeinflussen.

Die Regulation des Gefäßtonus an sklerotischen Koronararterien

Seit den Untersuchungen von Ludmer et al (1986) ist offensichtlich, daß der endothelabhängige Vasodilatator Acetylcholin, der indirekt über eine Freisetzung von ERDF (NO) zur Erschlaffung der glatten Gefäßmuskulatur führt, an sklerotischen Koronararterien kaum bzw. sogar paradox wirkt. Daraus läßt sich ableiten, daß an arteriosklerotischen Gefäßen ein ERDF- bzw. NO-Mangel und darüber hinaus ein Prostazyklinmangel besteht, der die fehlende Adaptation des Gefäßlumens an die Ischämie erklärt und ein Überwiegen der Vasokonstriktion im sklerotischen Bezirk begünstigt. So kann z.B. der endothelabhängige Vasodilatator Acetylcholin an denudierten, vom Endothel befreiten Koronararterien in vitro eine Konstriktion hervorrufen. Abb. 6 zeigt die Wirkung endothelabhängiger Faktoren zur Regelung des Gefäßtonus (Bassenge 1991). Bei intakter Endothelauskleidung (Abb. 6 rechts) ergeben die Hämostasefaktoren (z.B. ADP, ATP, 5-Hydroxytryptamin(Serotonin), der plättchenaktivierende Faktor (PAF) und Thrombin), die Neurotransmitter Acetylcholin, Bradykinin, Substanz P, das vasoaktive intestinale Polypeptid (VIP) und die Calcitonin-Gene-Related-Peptides (CGRP), die Hormone Angiotensin II, Vasopressin, Noradrenalin, Adrenalin und Histamin sowie hydrodyname Faktoren eine meist endothelgesteuerte Vasodilatation oder abgeschwächte Konstriktion. Träger der Vasodilatation sind das luminal und abluminal freigesetzte EDRF und das nur luminal liberierte PGI2. Träger der Konstriktion sind das Endothelin, das gleichfalls luminal und abluminal freigesetzt wird, vasokonstriktorisch wirkende Prostaglandine, wie das Thromboxan A2 und Endoperoxide oder die Katecholamine, die bei Ischämie und Infarkt lokal freigesetzt werden (Schömig et al 1984). Ist das Endothel nun funktionell gestört, wie es in arteriosklerotischen Koronararterien der Fall ist, kommt es zu einer verminderten Wirkung endothelialer Faktoren (Abb. 6 links). Als Nettoeffekt überwiegt dann meist eine Abschwächung der Dilatation oder eine Vasokonstriktion (Bassenge 1991).

Über den genauen Mechanismus einer verminderten EDRF/NO-Freisetzung in atherosklerotischen Gefäßen ist noch wenig bekannt. Allerdings konnte gezeigt werden, daß oxidiertes LDL, das eine Schlüsselrolle in der Atherogenese einnimmt, zu einer Hemmung der EDRF-Freisetzung führt und selbst sogar

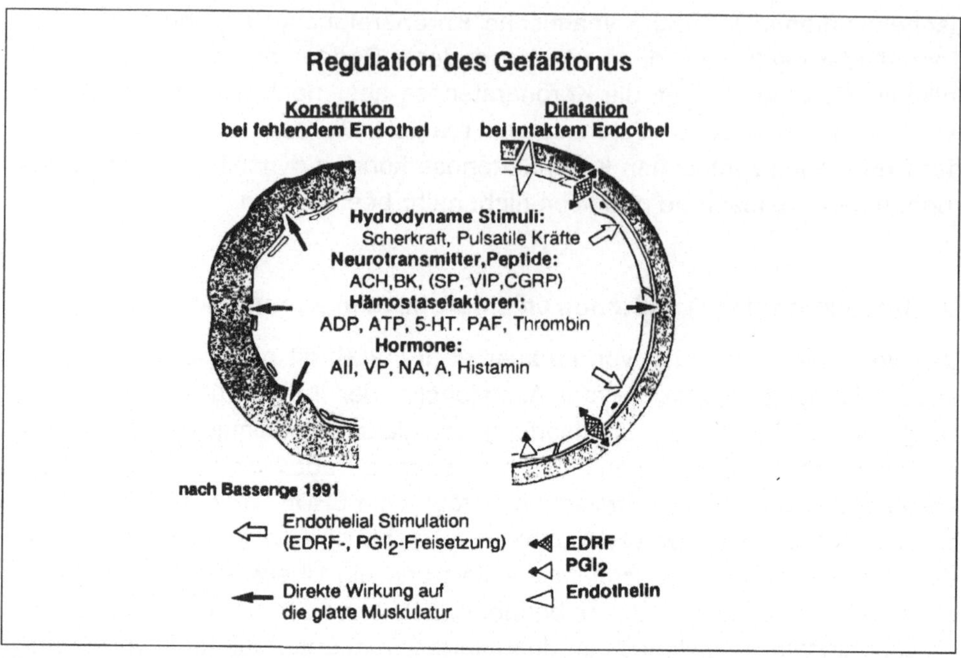

Abbildung 6:
Bei intakter Endothelauskleidung (rechts) induzieren hydrodyname Faktoren (Scherkraft auf das Endothel), die Hämostasefaktoren wie ADP, ATP, 5-Hydroxytryptamin (Serotonin), der plättchenaktivierende Faktor (PAF) und Thrombin, die Neurotransmitter Acetylcholin, Bradykinin, Substanz P, das vasoaktive intestinale Polypeptid (VIP) und die Calcitonin-Gene-Related-Peptides (CGRP), die Hormone Angiotensin II(A II), Vasopressin, Noradrenalin, Adrenalin und Histamin eine meist endothelgesteuerte Vasodilatation oder abgeschwächte Konstriktion. Träger der Vasodilatation sind das luminal und abluminal freigesetzte EDRF und das luminal liberierte PGI2. Träger der Konstriktion ist u.a. das Endothelin (E), das gleichfalls luminal und abluminal freigesetzt wird. Fehlen diese endothelialen Faktoren (links), überwiegt als Nettoeffekt meist eine Abschwächung der Dilatation oder eine Vasokonstriktion (modifiziert nach Bassenge 1991).

eine Vasokonstriktion bewirkt (Simon et al. 1990).

Luminal freigesetztes EDRF diffundiert in die Blutplättchen und bewirkt zusätzlich eine Hemmung der Thrombozytenadhäsion und -aggregation (Busse et al 1987).

Neuere Untersuchungen zur induzierbaren und konstitutiven NO-Synthetase in Koronargefäßen legen nahe, daß Vasokonstriktion bzw. fehlende Relaxation durch Hemmung oder fehlende Expression der beiden NO-Synthetasesysteme verursacht werden können.

Myokardstoffwechsel unter den Bedingungen der Ischämie

Ischämie, definiert als reversibles Sauerstoffungleichgewicht im Herzmuskel und bedingt durch eine unzureichende Koronardurchblutung, führt zur vermehrten anaeroben Glykolyse(Pasteureffekt) und Glykogenolyse. Das Endergebnis ist die Bildung von Laktat, dem metabolischen Standardindikator der Ischämie. Die gesteigerte Glykolyse läßt sich nichtinvasiv auch mit F18-Desoxyglucose in der Positronen-Emissions-Tomographie darstellen. Im Routine- oder Langzeit-EKG kommt es zu ST-Streckenveränderungen, die meist Ergebnis eines Verlustes von Kaliumionen durch das Sarkolemm und einer lokalisierten Depolarisation sind.

In exemplarischen Untersuchungen zur Perfusion des isolierten Herzens mit einem anoxischen Medium zeigt sich der Pasteureffekt in einer beschleunigten Aktivität des Schlüsselenzyms, der Phosphofruktokinase. Der gesteigerte Glykogenabbau wird über die Stimulation der Phosphorylase vermittelt. Das bei der Glykolyse entstehende Pyruvat kann, da NADH2 nicht mehr ausreichend oxidiert werden kann, nicht in den Zitronensäurezyklus eingeschleust werden, so daß durch die Aktivität des Enzyms Laktatdehydrogenase Laktat entsteht. Während bei Anoxie die Glykogenolyse überwiegt, liegt der Schwerpunkt der metabolischen Vorgänge bei Ischämie bei der anaeroben Glykolyse.

Die Verstoffwechselung der freien Fettsäuren (FFS) erfolgt bei Normoxie über die oxidative Phosphorylierung. Bei Anoxie werden deren Endprodukte Acetyl-CoA und Zitronensäure verringert, dementsprechend sind die freien Fettsäuren erhöht. Es kommt zu einem Triglycerid-FFS-Zyklus (Opie 1990). Bei regionaler Ischämie steigt der Gehalt von Acyl-CoA im Gewebe als Folge der ischämiebedingten Hemmung der oxidativen Phosphorylierung und der verminderten Beta-Oxidation an. Die dabei akkumulierten Produkte Acyl-Carnitin und Acyl-CoA können, weil sie Detergenzieneigenschaften aufweisen, zur Membranzerstörung bei Ischämie beitragen.

Bei regionaler Mangeldurchblutung führt der Abbau von ATP und Kreatinphosphat zu einer Erhöhung der Gewebekonzentrationen an ADP, AMP und anorganischem Phosphat. Schlußendlich ensteht Adenosin, ein koronarer Vasodilatator.

Nach Schaper et al (1987) kommt es unmittelbar nach Beginn der Ischämie zu einem überproportionalen ATP-Abfall im ischämischen Gewebe: Da die Ischämie zu einer Verminderung der Kontraktion führt, müßte auch wesentlich weniger ATP verbraucht werden. De facto müßte deshalb die tatsächliche ATP-Konzentration konstant bleiben. Der dennoch auftretende ATP-Abfall bei Ischämie wird als „ATP-Overspending" interpretiert. Zu den Ursachen des übermäßigen ATP-Verbrauchs könnte u.a. gehören, daß die ischämiebedingte Kontraktilitätseinschränkung in Wirklichkeit nicht durch den Abfall der energiereichen Phosphate ausgelöst oder die Kontraktilität übermäßig z.B. durch Katecholamine gesteigert wird. Außerdem könnten neu aktivitierte Stoffwechselwege wie der Triglyzerid-FFS-Zyklus zur „ATP-Verschwendung" beitragen.

Ischämiebedingte Kontraktionsminderung

Für die eingeschränkte Kontraktion bei Ischämie wurden zahlreiche Faktoren verantwortlich gemacht (Übersicht bei Opie 1990).

1. Es könnte die Verminderung von ATP und Kreatinphosphat über einen Anstieg von anorganischem Phosphat erfolgen,
2. eine Verminderung der freien Energie aus der ATP-Hydrolyse oder
3. eine intrazelluläre Azidose mit Verdrängung von Ca^{2+} von den intrazellulären Bindungsstellen oder
4. die Senkung des ATP-Umsatzes oder
5. ein umgekehrter „Gartenschlauch"-Effekt und
6. die Akkumulation von Laktat

zu einer Spannungsminderung im „kontraktilen" Kompartiment beitragen. Das verdrängte Ca^{2+} dürfte im Zytosol akkumulieren und bei der Entstehung von Kammerarrhythmien mitwirken. Ein lokalisierter Kaliumverlust mit regionaler Hyperkaliämie führt zu Depolarisation und beim Herzinfarkt zu monophasischen Veränderungen des Oberflächen-EKGs.

„Hibernating and stunned Myocardium"

Auch nach rascher Reperfusion ist die Kontraktion nicht sofort wiederhergestellt. Zum Konzept der chronischen Ischämie mit verminderter Kontraktion ohne wirkliche Myozytolyse gehört der myokardiale Winterschlaf („hibernating myocardium") (Rahimtoola 1989). Bei rascher Reperfusion ist die chronische Ischämie für die Ausprägung eines Infarktes zu gering, für die Hemmung der kontraktilen Funktion die Ischämieepisode ausreichend. Für eine zeitlich kürzer dauernde Periode des „Stunnings" werden u.a. auch freie Radikale als Ursache der passageren kardialen Funktionseinschränkung diskutiert.

Das Endothel-Schaltstelle der intravasalen Gerinnung beim Herzinfarkt

Das Endothel stellt eine zentrale Schaltstelle in der Gerinnungskaskade dar. Die biochemische Interaktion zwischen Gefäßwand, Adhäsionsmolekülen und Proteinen und den Membranrezeptoren der Thrombozyten ist in Abb. 6 dargestellt. Dies ist bei der Plaqueruptur und der daraus folgenden Kollagenexposition im Rahmen des akuten Myokardinfarktes von besonderer Bedeutung. Über die Bindung an das Glykoprotein Ia kommt es zur Aktivierung des Thrombozytenstoffwechsels, der über die Expression des Plättchenrezeptors GP IIb-IIIa zur Bindung von Fibrinogen, Fibronektin und des Von-Willebrand-Faktors (VWF) führt. Diese 3 Makromoleküle führen zur Aggregation der Plättchen untereinander (Abb. 7). Nach der Aktivierung der Plättchen durch Kollagen, aber auch Thrombin, Adrenalin und Thromboxan A2 (TX A2), wird Kalzium aus dem tubulären System ins Zytoplasma freigesetzt. Die Thrombozyten kontrahieren und sezernieren die in ihren Granula gespeicherten Produkte, so unter anderem Adenosindiphosphat (ADP), Serotonin, Thromboxan A2, Fibrinogen, Fibronektin, den von Willebrandt-Faktor und PDGF (Platelet Derived Growth Factor). Die Freisetzung von ADP, Serotonin und Thromboxan A2 führt zusammen mit Thrombin und Kollagen zur Aktivierung benachbarter Plättchen über 3 Mechanismen:

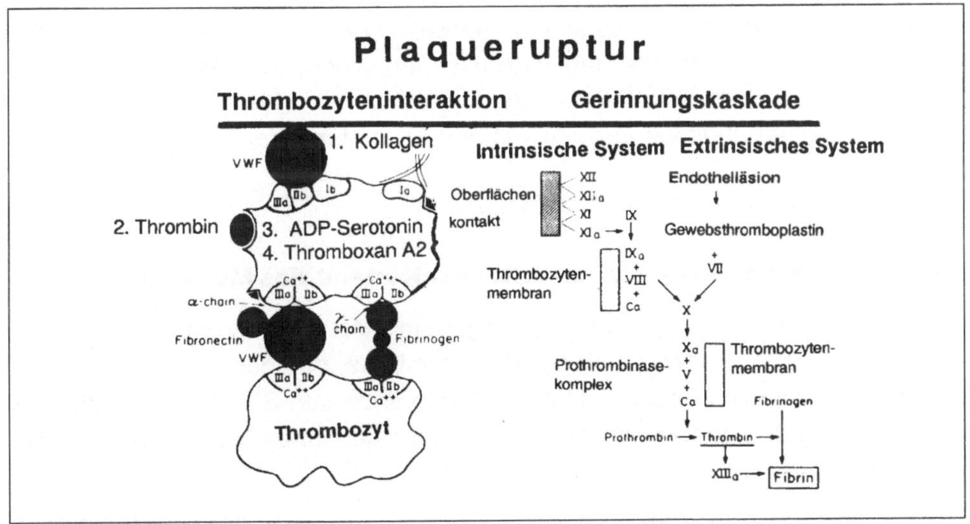

Abbildung 7:
Interaktion zwischen Gefäßwand und Thrombozyten einerseits und der Thrombozyten untereinander andererseits. Über die Exposition von Kollagen I kommt es zur teils ladungsbedingten, teils Glykoprotein Ia vermittelten Adhäsion von Thrombozyten an den rupturierten Plaques. Die vermehrte Expression der Plättchenglykoproteine IIb und IIIa führt zur Bindung von Fibrinogen, von Willebrandfaktor (vWF) und von Fibronektin und so zur Aggregation der Thrombozyten in mehreren Schritten (links). Durch den Oberflächenkontakt wird der intrinsische Schenkel, durch die Endothelläsion der extrinsische Zweig der Gerinnungskaskade aktiviert. Dabei kommt es zur vielfältigen Interaktion zwischen Thrombozytenmembran und Gerinnungsfaktoren z.B. mit Thrombin und Fibrinogen (rechts).
Modifiziert nach Topol 1990, S. 5

1. Ein ADP- und ein Serotonin-abhängiger Mechanismus, der zur Neutralisierung der Bindungsstellen für Fibrinogen und von Willebrandt-Faktor (G IIb-IIIa) führt, stellen den wichtigsten Schritt in der Plättchenaggregation dar.

2. Ein weiterer Mechanismus beruht auf der Freisetzung von Thromboxan A2 über den Zyklooxygenase- und Thromboxansynthetaseweg der Arachidonsäure und über Prostaglandin-, Endoperoxyd-Intermediärprodukte (PG H_2 und PG G_2). Thromboxan A_2 führt über eine Mobilisierung intrazellulären Kalziums zu einer Veränderung des GP IIb-IIIa-Rezeptors, der über diese Konformationsänderung vermehrt Fibrinogen binden kann. Thromboxan A_2 induziert über den thrombozytenaggregierenden Effekt hinaus noch eine Vasokonstriktion. Die Zyklooxygenase wirkt auf die Arachidonsäure der Gefäßwand und auf das Prostaglandin-Endoperoxyd PG G_2 so ein, daß Prostaglandin I_2 induziert wird, das ein Inhibitor der Plättchenaggregation ist und über eine Vermehrung des zyklischen Adenosinmonophosphats (cAMP) wirkt.

3. Der dritte Mechanismus zur Plättchenaktivierung ist Kollagen- und Thrombinvermittelt und stellt eine direkte Stimulierung der plättchenaktivierenden Faktoren dar. Von Willebrandt-Faktor und Fibrinogen interagieren hier mit dem GP IIb-IIIa-Rezeptor (Abb. 7 links). Eine Plaqueruptur sowie ein Oberflächenkontakt aktiviert den intrinsischen Schenkel der Gerinnungskaskade, die Endothelläsion gleichfalls den extrinsischen Zweig der Gerinnung. Dabei kommt es zu zahlreichen Interaktionen zwischen der Thrombozytenmembran und den Gerinnungsfaktoren, so z.B. mit Thrombin und Fibrinogen (Abb. 7 rechts).

Die Koronarthrombose-pathogenetisches Korrelat des Myokardinfarktes

Ursache des Herzinfarktes ist in der Regel ein plötzlich auftretender Koronarverschluß auf dem Boden einer Koronarthrombose, d.h. der vorne geschilderten Mechanismen. Nur gelegentlich wird eine subtotale Stenose bei kritischer Verminderung des poststenotischen Koronarflusses einen Myokardinfarkt herbeiführen.

Die Ischämietoleranz des Myokardgewebes ist kurz. Nach zwanzig bis dreißig Minuten kommt es bei fehlender Kollateralversorgung zur Nekrose. Da die subendokardialen Schichten den größten Sauerstoffbedarf aufgrund der erhöhten Wandspannung haben und auch die letzte Wiese in der Perfusion darstellen, ist die Koronarreserve bei ihnen am frühesten erschöpft, so daß sich von dort aus die Myokardnekrose als erstes ausbildet. Sie schreitet dann von subendokardial in transmuraler Richtung bis zum Subepikard hin fort. Im subepikardialen

Myokard ist eine Restperfusion auch noch durch kongenitale epikardiale Kollateralverbindungen möglich, die allerdings nur 5 - 15 % der erforderlichen Koronarperfusion gewährleisten. Nach spätestens 3 Stunden hat sich bei vollständigem Koronarverschluß eine transmurale Nekrose ausgebildet. Dagegen können bei chronischer koronarer Herzerkrankung funktionstüchtige Kollateralen die Ausbildung der Nekrose verzögern.

Additive Faktoren, die an der Entstehung des akuten Herzinfarkts mitwirken können, sind in Tabelle 10 aufgeführt.

In die Infarktgröße geht vor allem die Lokalisation des Koronararterienverschlusses ein. Je weiter proximal das Gefäß thrombotisch verschlossen ist, desto größer wird bei fehlenden Kollateralen das Infarktareal sein. Dagegen kann eine erfolgreiche rechtzeitige Reperfusion das Infarktareal von seiner

Tabelle 10:
Additive Faktoren in der Pathophysiologie des akuten Herzinfarktes

Faktoren	Beispiel
Exogene Faktoren	Rauchen Stress Kälteexposition
Endogene Faktoren	Zirkadiane Rhythmen mit morgendlicher und früh nachmittäglicher Erhöhung von Herzfrequenz, Blutdruck u. - endogenen Katecholaminen (Plasmanoradrenalin) - Plasmakortisol - Thrombozytenadhäsivität und Verminderung der endogenen tPA(tissue Plasminogenaktivator) - Aktivität in den Vormittagsstunden
Begleiterkrankungen,-syndrome	Anämie Thyreotoxikose Hochdruck(krise) Rhythmusstörung, Arrhythmien Infektion Polyzythämie Hypoxämie Fieber
Vasokonstringierende Medikamente	Antihistaminika Amphetamine Kokain
Absetzen antianginöser Medikamente	Nitrate Kalziumantagonisten Betablocker

Größe her deutlich vermindern. Dies ist der Ansatzpunkt für die rasche systemische Lysetherapie.

Ischämie- und Infarkt-bedingte strukturelle und metabolische Veränderungen im Myokard

Über die lichtmikroskopischen und elektronenoptischen Veränderungen im ischämischen Myokard wird auf eine umfassende Übersichtsarbeit von J. Schaper (1990) verwiesen: Während bei der chronischen Ischämie mit eingeschränkter linksventrikulärer Funktion sich elektronenmikroskopisch und immunhistochemisch eine Variabilität hypertrophierter oder atrophierter Myozyten, eine Zunahme von einigen Matrixproteinen wie dem Desmin, Kollagen 1 und 3, Laminin und Fibronektin vorliegt, aber Vinculin als Marker der Membranbindungsstellen unverändert bleibt, führen Ischämie und Reperfusion zur Membrandesintegration. Hierbei dürften den Veränderungen am Zytoskeleton eine bedeutende Rolle zukommen. Die ATP-Verarmung kann sowohl über eine Aktivierung der Ca-ATPase mit konsekutiver Ca-Überladung der Myokardzelle als auch über eine Desaggregation von Membranbindungsstellen, die durch Vinculinantikörper darstellbar sind, zur Schädigung von Sarkolemm und extrazellulärer Matrix führen. Diese führt osmotisch bedingt zur intrazellulären Ödembildung mit endgültiger Zerstörung der Sarkolemmintegrität und zum Zelluntergang. Ein anderes Modell sieht in der initialen Na^{+}-Überladung der Zelle in den ersten Sekunden der Ischämie mit nachfolgender Aktivierung des Na^{+}/Protonen (H^{+})-Austauschers die Ursache für einen erhöhten Ca^{2+}-Einwärtsstrom. Diese und die nachfolgende Freisetzung von ionisiertem Calcium aus Mitochondrien und sarkoplasmatischem Retikulum führen zum Anstieg des freien intrazellulären Calciums.

Reperfusionsschäden und Stunning

Zwar ist ein wesentlicher Teil des Myokardschadens, der während der Ischämie und Reperfusion entsteht, ursächlich auf die Ischämie, d.h. Protonenverschiebung, Na-Einstrom und freie Radikale zurückzuführen, dennoch ist davon auszugehen, daß vom zweifellos bestehenden Nutzen der Reperfusion, z.B. nach Thrombolyse und dem dabei vital erhalten bleibenden Myokard, ein durch die Reperfusion enstehender Schaden abzuziehen ist.

Dabei ist bereits bei Beginn der Reperfusion die paradoxe Beobachtung zu machen, daß ein myokardialer Kontraktionsverlust(„Stunning“) eintritt, obgleich das intrazelluläre Ca^{2+} vermehrt ist. In ex vivo Experimenten läßt sich deshalb auch „Stunning“ erst nach einer kurzen Phase der Hyperkontraktion beobachten. Das zu beobachtende Kontraktionsdefizit des „Stunning“ , als reversiblem Teil des Reperfusionsschadens, dürfte u.a. auf einer auf niedriger Schwelle ablaufendem Schaden durch „oxidativen Stress“ und reversibler „Downregulation“ kontraktiler Mechanismen beruhen.

Dem myokardialem Zelluntergang mit Ausschwemmung von Makromolekülen (z.B. der CK) zunächst aus dem Zytosol, später aus den Mitochondrien, folgen bei der einsetzenden Reperfusion die Aktivierung der Komplementkaskade und der Bindung von Neutrophilen, wie sie bereits in Abb. 5 dargestellt wurde. Am Myozyten führt die Externalisierung kleiner mitochondrialer Proteine, z.B. des Cardiolipins, zur Bindung von Komplement z.B. von C1q und zur Aktivierung des C5b-9 Komplexes (Bahdki et al 1990). In vitro und ex vivo ließ sich zeigen (Entman et al 1992), daß es nach Reperfusion zu einer Entzündungsreaktion im betroffenen, aber noch vitalen Myokard kommt. Bis zu 72 Stunden nach Reperfusion läßt sich eine erhöhte Interleukin 6-Aktivität (und anderer Zytokine wie dem Tumornekrosefaktor (TNF)) in der kardialen Lymphflüssigkeit nachweisen. Es kommt zur Aktivierung der mRNA für ICAM-1 innerhalb einer Stunden nach Koronarokklusion und danach zur vermehrten oder de novo - Expression von ICAM-1 nicht nur am Endothel, sondern auch am Myozyten. Polymorphkernigen Leukozyten wird über den CD11b/CD18 (=MAC)-Rezeptor die Adhäsion ermöglicht . So aktivierte Neutrophile setzen Sauerstoffradikale frei und sind damit an der entzündlich bedingten Komponente des kardialen Reperfusionsschadens beteiligt (Entmann et al 1990 und 1992). Dagegen zeigen Untersuchungen von Klein et al. 1992 am Modell des Hausschweins mit 45-minütiger Ligatur des r. interventricularis anterior und unterschiedlich langer Reperfusionszeit (von 3 - 72 Stunden) und einem unterschiedlich hohen Anteil neutrophiler Granulozyten im Myokard keine Beziehung zwischen Neutrophilenzahl und postischämischer Myokardnekrose.

Essentielle Diagnostik bei Myokardinfarkt

Die essentielle Diagnostik beim Myokardinfarkt stützt sich

1. auf eine typische, mindestens 15-30 Minuten dauernde Angina pectoris-Symptomatik,

2. auf eine charakteristische Krankengeschichte mit früheren Angina pectoris-Episoden,

3. auf den Nachweis stummer Ischämien oder

4. auf einer familiären Belastung sowie dem Risikoprofil des Patienten,

5. ein Elektrokardiogramm, das infarkttypische Veränderungen zeigt und

6. auf den Nachweis oder das Fehlen der Nekroseenzyme je nach Infarktstadium. Hierbei kommt in der Regel den per diffusionem am raschesten freigesetzten zytoplasmatischen Enzymen oder Myozytenbestandteilen die größte Bedeutung in der akuten Infarktdiagnostik zu, weil sie besonders frühzeitig, wie z.B. die Kreatinkinase, CK-MB, Myoglobin oder das Troponin T, im Plasma oder Serum auftreten, und sie damit auch die frühesten Indikatoren der beginnenden Myokardnekrose darstellen.

Therapeutische Strategie bei akutem Myokardinfarkt

Neben allgemeinen Maßnahmen, zu denen die Überwachung hämodynamischer Parameter und die Rhythmusüberwachung des Patienten auf der Intensivstation, die Sedierung, gegebenenfalls mit Morphinderivaten, gehört, wird die therapeutische Entscheidung zur systemischen Lysetherapie bei fehlenden Kontraindikationen dann getroffen, wenn ein pathologisches Infarkt-EKG im Stadium O oder 1 ohne wesentliche Nekrosezeichen, eine Schmerzdauer unter 4 Stunden und eine noch normale oder kaum erhöhte Kreatinkinase vorliegen (Abb. 8). Die systemische Lyse hat sich heute wegen der vereinfachten Logistik im Vergleich zur intrakoronaren Lyse (Rentrop et al 1979 a und b) bei gleichwertigen Erfolgen durchgesetzt.

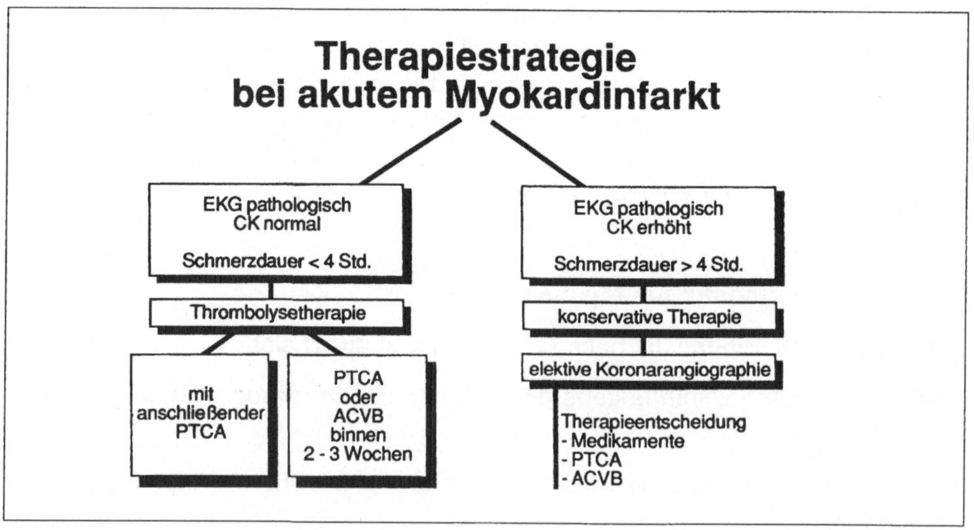

Abbildung 8:
Therapiestrategie bei akutem Myokardinfarkt. In Abhängigkeit von der Dauer der Angina pectoris, dem EKG-Stadium des Infarktes und noch nicht freigesetzten Infarktenzymen erfolgt eine Lysetherapie zur Eröffnung des verschlossenen Gefäßes oder eine konservative Behandlung mit Heparin unter intensivmedizinischer Überwachung.

Ist das EKG infarkttypisch, die Kreatinkinase aber bereits erhöht und eine Schmerzdauer von 4 Stunden überschritten, wird in der Regel eine konservative Therapie mit Heparin durchgeführt.

Nach erfolgreicher Thrombolysetherapie gehört die zum elektiven Zeitpunkt durchgeführte Koronarangiographie mit revaskularisierenden Maßnahmen (PTCA oder ACVB) binnen 2 - 3 Wochen heute zum obligatorischen diagnostischen therapeutischen Protokoll.

Bei fortbestehender Angina pectoris muß davon ausgegangen werden, daß die systemische Lysetherapie nicht erfolgreich war. Hier kann in Abhängigkeit von der Beschwerdesymptomatik und der Größe des Infarktareals sowie den technischen und logistischen Voraussetzungen der behandelnden Klinik eine umgehende invasive Diagnostik durchgeführt werden, die die Möglichkeit zur Rekanalisation des thrombosierten Gefäßes und zur perkutanen transluminalen Angioplastie bietet. Dabei haben die bisherigen Ergebnisse einer sofortigen Angioplastie nach Lysetherapie im Vergleich zu einem solchen Eingriff zum Zeitpunkt der Wahl einige Tage oder Wochen später enttäuscht. Das thrombogene Potential im vormals thrombosierten Gefäß ist meist noch so hoch, daß sich in bis zur Hälfte der Fälle bereits kurz nach erfolgreicher PTCA das Gefäß wieder verschließt.

Die Thrombolyse bei akutem Myokardinfarkt zeigt unabhängig von dem verwendeten Thrombolytikum hohe Eröffungsraten für r-TPA, für Aspirin (ASS) mit Streptokinase und APSAC, am besten bei gleichzeitiger Heparingabe. Gemessen an der Infarktletalität 30 - 35 Tage nach Lysetherapie ergab die ISIS-Studie eine Überlegenheit der Kombination von 1,5 Millionen Streptokinase und 160 mg ASS gegenüber der alleinigen Gabe von Streptokinase oder der alleinigen Gabe von ASS (Tab. 11). Die Therapie mit 30 mg APSAC und Heparin erbrachte eine vergleichbare Risikoreduktion, während 100 mg r-TPA in der Asset-Studie das relative Risiko deutlich weniger reduziert als die Kombination von Streptokinase und ASS (Tab. 11). Hingegen konnte die GUSTO I-Studie mit r-TPA in der Bolusdosierung („front loaded“) eine Überlegenheit der so dosierten r-TPA gegenüber Streptokinase mit ASS insbesondere beim Vorderwandinfarkt, gemessen an der Letalität, zeigen. Zum Therapiekonzept des akuten Myokardinfarktes gehört neben den allgemeinen Maßnahmen der Lysetherapie die intravenöse Gabe von Glyceroltrinitrat 3 - 6 mg/h i.v. zur Schmerzlinderung und Reduktion des myokardialen Sauerstoffverbrauchs, wobei der arterielle Blutdruck engmaschig zu überwachen ist. Beta-Blocker können bei Sinustachykardie und arterieller Hypertonie unter Beachtung der Kontraindikationen indiziert sein(z. B. 3 Einzeldosen zu 5 mg i.v.). Eine Beta-Blockade mit Atenolol (ISIS 1) oder Metoprolol (Hjalmarson et al 1981) ergab im doppelblinden Design eine

Tabelle 11:
Infarktletalität nach 21-35 Tagen bei Lysetherapie [Angaben in %]

(Ergebnisse der GISSI ,ISIS II, ASSET und AIMS-Studie)

Medikament und Studie	**n**	**Plazebo**	**Medikament(e)**	**relative Risikoreduktion in %**
1.5 Mio Streptokinase(GISSI 1986)	743	12.8	10.2	-20
Aspirin(ASS) 160mg(ISIS II 1988)	4295	11.8	9.4*	-20.3
1.5 Mio Streptokinase (ISIS II 1988)	4300	12.0	9.2*	-23.3
1.5 Mio Strept. + 160 mg ASS(ISIS II 1988)	4292	13.2	8.0**	-42
30mg APSAC(+Heparin)(AIMS 1988)	502	12.2	6.4*	-47
100 mg rt-PA(ASSET(Wilcox et al 1988)	2516	9.8	7.2*	-26.5

Verminderung der Mortalität, wenn die Beta-Blockade am 2. Tag nach dem Infarkt begonnen wurde. Eine ACE-Hemmer-Therapie mit Enalapril, die innerhalb von 6 Stunden nach dem Myokardinfarkt begonnen wurde (Consensus 2-Studie) zeigte keine Verbesserung der Lebenserwartung. Eine später, d.h. 2 Tage nach dem Myokardinfarkt begonnene und länger als in der Consensus 2-Studie durchgeführte Behandlung mit Captopril (Save-Studie) ergab jedoch Hinweise auf eine Verbesserung der Prognose.

Die Behandlung im Anschluß an die Akutphase des Herzinfarkts zielt auf die Behandlung der Komplikationen und der Herzinsuffizienz. In der Regel wird nach 2 - 3 Tagen Bettruhe eine Frühmobilisation begonnen. Der stationäre Aufenthalt braucht 2 - 3 Wochen in der Regel nicht zu überschreiten. Gesicherte Daten zur Weiterbehandlung mit Antikoagulanzien liegen nicht vor. Eine dauerhafte Behandlung mit Marcumar ist nur beim Vorliegen größerer Aneurysmata notwendig.

Bei allen Patienten, gleichgültig wie sie in der Infarktphase behandelt wurden, sollte dann, wenn interventionelle oder koronarchirurgische Konsequenzen erwogen werden, eine invasive Diagnostik durchgeführt werden, die alleine zu klären in der Lage ist, ob und welche Revaskularisationsmaßnahmen erforderlich und sinnvoll sind.

Literaturverzeichnis

AIMS Trial Study Group(1988)
Effect of intravenous APSAC on mortality after acute myocardial infarction; preliminary report of a placebo-controlled clinical trial.
The Lancet I, 545-549

Albrightson CR, Baenziger NL, Needleman P(1985)
Exaggerated human vascular cell prostaglandin biosynthesis mediated by monocytes: role of monokines and interleukin 1.
J Immunol 135: 1872-1876

Annand JC(1986)
Denatured bovine immunoglobulin pathogenic in atherosclerosis.
Atherosclerosis 59: 347-351

Assmann G(1991)
Is there an increased risk of non-cardiac death after lipid lowering treatment?
Controversies in Cardiology 3, 5-8, 1991

Assmann G, Schulte H(1988)
The prospective cardiovascular Münster(PROCAM) study: Prevalence of hyperlipidemia in persons with hypertension and/or diabetes mellitus and the relationship to coronary heart disease.
Am Heart J 116, 1713-1724

Bahr GM. Rook GAW, Al-Saffar M, van Embden J, Stanford JL, Behbehani K(1988)
Antibody levels to myocobacteria in relation to HLA type: evidence for non-HLA-linked high levels of antibody to the 65KD heat shock protein of M. bovis in rheumatoid arthritis.
Clin Exp Immunol 74: 211-215.

Bassenge E(1991)
Hemmung der Plättchenaktivierung durch Endothelium-derived Relaxant Factor EDRF/NO und NO-freisetzende Dilator-Substanzen.
Z Kardiol 80: Suppl. 5, 17-21

Bassenge E, Heusch G(1990)
Endothelial and neuro-humoral control of coronary blood flow in health and disease.
Rev Physiol Biochem Pharmacol 116: 77-165

Baudet M-F, Dachet C, Beaumont JL(1980)
Interaction between fibroblasts and three antilipoproteins IgA kappa.
Clin Exp Immunol 39: 455-460

Bayliss(1902)
On the local reaction of the arterial wall to changes in internal pressure.
J Physiol(London) 28: 220-231

Beaumont JL, Beaumont V(1977)
Autoimmune hyperlipidemia.
Atherosclerosis 26: 890-908

Beckmann RP, Mizze LE, Welch WJ(1990)
Interaction of HSP 70 with newly synthesized protein: implications for protein folding and assembly.
Science 248:850-854

Benditt EP, Barrett T, McDougall JM(1983)
Viruses in the etiology of atherosclerosis.
Proc Natl Acad Sci USA 80: 6386-6389

Berger M(1993)
Der Cholesterin-Non-Konsensus in der Primärprävention der koronaren Herzkrankheit. Methodische Probleme bei der Interpretation epidemiologischer Studien.
Z Kardiol 82:399-405

Bevilacqua MP, Pober JS, Majeau GR, Cotran RS, Gimbrone MA(1984)
Interleukin-1 induces biosynthesis and cell surface expression of procoagulant activity in human vascular endothelial cells.
J Exp Med 160: 618-623

Bevilacqua MP, Pober JS, Wheeler ME, Cotran RS, Gimbrone MA(1984)
Interleukin-1 acts on cultured human vascular endothelium to increase adhesion of polymorphonuclear leukocytes, monocytes, and related leukocyte cell lines.
J Clin Invest 76: 2003-2011

Bhakdi S, Hugo F, Tranum-Jensen J(1990)
Funktionen und Relevanz der terminalen Komplementsequenz.
Immun Infekt 18: 71-79

Blankenhorn DH, Nessim SA, Johnson RL, Sanmarco ME, Azen SP, Cashin-Hemphill L (1987)
Beneficial effects of combined colestipol-niacin therapy on coronary atherosclerosis and coronary venous bypass grafts (CLAS).
JAMA 275: 3233-3240

Brasil L, Zerbe t, Rabin B, Clarke J, Abrams A, Cerilli J (1985)
Identification of the antibody to vascular endothelial cells in patients undergoing cardiac transplantation.
Transplantation 40:672-675. 2B1

Brown G, Albers JJ, Fisher LD, Schäfer SM, Lin JT, Kaplan C, Zhao XQ, Brisson BD, Fitzpatrick VF, Dodge HT(1990)
Regression of coronary artery disease as a result of intensive lipid-lowering therapy in men with high levels of apolipoprotein B (FATS-Studie).
N Engl J Med 323: 1289-1298

Brown MS, Goldstein JL(1983)
Lipoprotein metabolism in the macrophage: implication for cholesterol deposition in atherosclerosis.
Annu Rev Biochem 52: 223-261

Busse R, Lückhoff A, Basssenge E (1987)
Endothelium-derived relaxant factor inhibits platelet activation.
Naunyn-Schmiedebergs Arch Pharmacol 336: 566-571

Cambien F, Poirier O, Lecerf L et al (1992)
Deletion polymorphism in the gene for angiotensin-converting enzyme is a potent risk factor for myocardial infarction.
Nature 359: 641-644

Campbell AE, Loria RM, Snodgrass MJ, Cohen D, Thorpe TG, Kaplan AM (1978)
Coxsackie B cardiomyopathy and and angiopathy in the hypercholesterolemic host.
Atherosclerosis, 31: 295-306

Castelli WP(1986)
The triglyceride issue: A view from Framingham.
Am Heart J 112, 432-437

Cavender DE, Haskard DO, Joseph B, Ziff M(1986)
Interleukin 1 increases the binding of human B and T lymphocytes to endothelial cell monolayers.
J Immunol 136-203-207

Cavender D, Saegusa Y, Ziff M(1987)
Stimulation of endothelial cell binding of lymphocytes by tumor necrosis factor.
J Immunol 139: 1855-1860

Cerilli J, Brasile L, Karmody A(1985)
Role of the vascular endothelial cell antigen system in the etiology of atherosclerosis.
Ann Surg 202:329-334

Chait A, Iverius PH, Brunzell JD(1982)
Lipoprotein lipase secretion by human monocyte-derived macrophages.
J Clin Invest 69:490-493

Clarkson TB, Alexander NJ(1980)
Long-term vasectomy. Effects on the occurrence and extent of atherosclerosis in Rhesus monkeys.
J Clin Invest 65: 15-25

Cohn K, Sakai FJ, Langston MF Jr(1975)
Effect of clofibrate on progression of coronary disease: a prospective angiographic study in man.
Am Heart J 89: 591-589

Collins T, Lapierre LA, Fiers W, Strominger JL, Prober JS(1985)
Recombinant human tumor necrosis factor increases mRNA levels and surface expression of HLA-A, B-antigens in vascular endothelial cells and dermal fibroblasts in vitro.
Proc Natl Acad Sci USA 83: 446-450

Committee of Principal Investigators(1978)
A co-operative trial in the primary prevention of ischaemic heart disease using clofibrate.
Brit Heart J 40: 1069-1118

Cotran RS(1987)
New roles for the endothelium in inflammation and immunity.
Am J Pathol 129: 407-413

Currie WR, Karmazyn M, Kloc M, Maller K(1988)
Heat-shock response is associated with enhanced postischemic ventricular recovery.
Circ Res 63: 542-549

Dayton s, Pearce ML, Hashmoto S, et al(1969)
A controlled clinical trial of a diet high in unsaturated fat in preventing complications of atherosclerosis.
Circulation 39-40(Supp II):1-63

Davies DF, Davies JR, Richards MA(1969)
Antibodies to reconstituted dried cow's milk in coronary heart disease.
J Atheroscler Res 9: 103-110

Donelly TJ, Sievers RE, Vissern FLJ, Welch WJ, Wolfe CL(1992)
Heat shock induction in rat hearts - a role for improved myocardial salvage after ischemia and reperfusion.
Circulation 85: 769-778

Editorial(1991)
Stress proteins and myocardial protection.
Lancet 337: 271-272

Entman ML, Michael L, RossenRD, Dreyer WJ, Anderson DC, Taylor AA, Smith CW(1992)
The neutrophil(PMN) and inflammation in acute myocardial injury: Modulation by the expression of adherence molecules.
J Mol Cell Cardiol 24(Suppl I) : 27(Abstrakt S-07-6)

Entman ML, Yonker K, Shapell SB, Siegel SB, Siegel C, Rothlein R, Dreyer WJ, Schmalstieg FC, Smith CW (1990)
Neutophil adherence to isolated adult canine myocytes. Evidence for a CD 18-dependent mechanism.
J Clin Invest 85: 1497-1506

Epstein F(1990)
Die historische Entwicklung des Cholesterin-Atherosklerose-Konzepts.
Therapeutische Umschau 47: 435-442

Fabricant CG, Fabricant J, Litrenta MM, Minick CR(1978):
Virus-induced atherosclerosis.
J Exp Med 7:335-340

Faggioto A, Ross R, Harker L(1984)
Studies on hypercholesterolemia in the non-human primate. Changes that lead to fatty streak formation.
Arteriosclerosis 4: 323-240

Fogelman AM, Shechter I, Seager J, Hokom M, Child JS, Edwards PA(1980)
Malondialdehyd alteration of low density lipoprotein leads to cholesteryl ester accumulation in human monocyte-macrophages.
Proc Natl Acad Sci USA 77:2214-2218

Fowler SD, Mayer EP, Greenspan P(1986)
Foam cells and atherogenesis.
Ann New York Acad Science 1986, IV:79-90

Frick MH, Elo MO, Haapa K, et al(1987)
Helsinki Heart Study - primary prevention trial with gemfibrozil in middle-aged men with dyslipidemia.
N Engl J Med 317:1237-1245

Friesel R, Komoriya A, Maclag T(1987)
Inhibition of endothelial cell proliferation by gamma-interferon.
J Cell Biol 104: 689-696

Furchgott RF, Zawadzki JV(1980
The obligatory role of endothelial cells in the relaxation of arterial smooth muscle by acetylcholine.
Nature 288:373-376

Furchgott RF(1983)
Role of endothelium in responses of vascular smooth muscle.
Circ Res 53: 557-573

Gerö S, Szekely J, Szondy E, Seregleyl E(1975)
Immunological studies with aortic and venous antigens.
Arterial Wall 38:89-92

Gerrity RG(1981)
The role of the monocyte in atherogenesis.I. Transition of blood-borne monocytes into foam cells in fatty lesions.
Am J Pathol 103: 181-190

Gerrity RG(1981)
The role of the monocyte in atherogenesis .II. Migration of foam cells from atherosclerotic lesions.
Am J Pathol 103: 191-200

Goldstein JL, Ho YK, Basu SK, Brown MS(1979)
Binding site on macrophages that mediates uptake and degradation of acetylated low density lipoprotein, producing massive cholesterol deposition.
Proc Natl Acad Sci USA 76: 333-337

Goldstein JL, Ho YK, Brown MS, Innerarity TL, Mahley RW(1980)
Cholesteryl ester accumulation in macrophages resulting from receptor-mediated uptake and degradation of hypercholesterolemic canine very low density lipoproteins.
J Biol Chem 255: 1839-1848

Griffith RL, Virella GT, Stevenson HC, Lopes-Virell MF(1988)
Low-density lipoprotein metabolism by human macrophages activated with low density lipoprotein immune complexes. A possible mechanism of foam cell formation.
J Exp Med 168: 1041-1059

Grundy SM(1984)
Modern management of hyperlipidemia.
Compr Ther 10:46-53

Gudbrandsson T, Hansson L, Herlitz H, Lindholm L, Nilsson L-A(1981)
Immunological changes in patients with previous malignant essential hypertension.
Lancet 1: 406-408

Hahmann HW, Bunte TH, Hellwig N, Hau U, Becker D, Dyckmans J Keller HE, Schiefer HJ(1991)
Progression and regression of minor coronary arterial narrowings by quantitative angiography after fenofibrate therapy.
Am J Cardiol 67: 957-961

Hamsten A, Björkholm M, Norberg R, de Faire U, Holm G(1986)
Antibodies to cardiolipin in young survivors of myocardial infarction: An association with recurrent cardiovascular events.
Lancet 1: 113-116

Hansson GK, Bondjers G, Nilsson LA(1979)
Plasma protein accumulation in injured endothelial cells. Immunofluorescent localization of IgG and fibrinogen in the rabbit aortic endothelium.
Exp Mol Pathol 30: 12-26

Hansson GK, Hol J, Jonasson L, Clowes MM, Clowes AW(1988)
Gamma-interferon regulates vascular smooth muscle proliferation and Ia antigen expression in vivo and in vitro.
Circ Res 63: 712-719

Hansson GK, Jonasson L, Seifert PS, Stemme S(1989)
Immune mechanisms in atherosclerosis.
Atherosclerosis 9, 567-578

Hart MN, Tassel SK, Sadewaser KI, Schelper RL, Moore SA(1985)
Autoimmune vasculitis resulting from in vitro immunization of lymphocytes to smooth muscle .
Am J Pathol 119: 448-455

Hjalmarson A, Elmfeldt D, Herlitz J, Holmberg S, Malek I, Nyberg G, Ryden L, Swedberg K, Vedin A, Waagstein F, Waldenström A, Waldenström J, Wedel H, Wilhelmsen L, Wilhelmsson C(1981):
Effect on mortality of metropolol in acute myocardia infarction: a double-blind randomised trial.
Lancet II: 823-827

Hjerman J , Holme I, Byte KV, Leven P(1981)
Effect of diet and smoking intervention on the incidence of coronary heart disease.
Lancet 2:1303-1310

Ho K-J, de Wolfe VG, Siler W, Lewis LA(1976)
Cholesterol dynamics in autoimmune hyperlipidemia.
J Lab Clin Med 88: 769-779

Ho YK, Brown MS, Goldstein(1980)
Hydrolysis and excretion of cytoplasmic cholesteryl esters by macrophages stimulation by high-density-lipoprotein and other agents.
J Lipid Res 21: 391-398

Hollander W, Colombo MA, Kirkpatrick B, Paddock J(1979)
Soluble proteins in the human atherosclerotic plaque.
Atherosclerosis 38: 391-405

Hollander W, Colombo M, Small C(1990)
Further evidence that atherosclerosis is an autoimmune disease.
Circulation 82 :Supp III, 36(A143)4

Ilbäck NG, Mohammed, Fohlman J, Friman G(1990)
Cardiovascular lipid accumulation with coxsackie B virus infection in mice.
Am J Pathol 136:159-167

ISIS 1 Collaborative Group(1986)
Randomized study with intravenous atenolol in 16 027 patients with suspected acute myocardial infarction: ISIS-1.
Lancet II: 57-66

ISIS-2(second international study of infarct survival) Collaborative Group(1988)
Randomised trial of intravenous streptokinase, oral aspirin, both, or neither among 17 187 cases of suspected acute myocardial infarction: ISIS-2.
The Lancet II, 349-360

Italian Group for the Study of Streptokinase in Myocardial Infarction(GISSI)(1986)
Effectiveness of intravenous thrombolytic treatment in acute myocardial infarction.
Lancet I: 545-549

Jonasson L, Holm J, Hansson GK(1988)
Smooth muscle cells express Ia antigens during arterial response to injury.
Lab Invest 58: 310-315

Jones DB, Hunter NR, Duff GW(1990)
Heat-shock protein 65 as a beta-cell antigen of insulin-dependent diabetes.
Lancet 336: 583-585

Kannel WB, Abbot RD(1984)
Incidence and prognosis of unrecognized myocardial infarction. An update on the Framingham study.
N Engl J Med 311: 1144-1147

Karlsson-Parra A, Soderstrom K, Ferm M, Ivanyi J, Kiessling R, Klareskog L(1990)
Presence of human 65 kD heat shock proteins(hsp) in inflamed joints and subcutaneous nodules of RA patients.
Scand J Immunol 31: 283-288

Kaufmann SHE(1990)
Heat shock proteins and the immune response.
Immunol Today 11:129-136

Keys A(1970)
Coronary heart disease in seven countries.
Circulation 41(suppl.1): I1-I211

Keys A(1980)
Seven countries. A multivariate analysis of death from coronary heart disease.
Harvard Medical press, Cambridge, Mass, USA

Kilgore L, Patterson BW, Parenti DM, Fisher WR(1985)
Immune complex hyperlipidemia induced by an apolipoprotein-reactive immunogloblin A paraprotein from a patient with multiple myeloma.
J Clin Invest 76: 225-232

Klein HH, Bohle RM, Pich S, Lindert-Heimberg S, Gehrke D, Nebendahl K(1992)
Lack of evidence that tissue infiltration of neutrophils causes post-ischemic cell death.
J Mol Cell. Cardiol 24(Suppl. I) 91(Abstract O-17-6)

Kodama H, Nakagawa S, Tanioku K(1972)
Plane xanthomatosis with antilipoprotein autoantibody.
Arch Dermatol 105:722-727

Lapierre LA, Fiers W, Pober JS(1988)
Three distinct classes of regulatory cytokines control endothelial cell MHC antigen expression. Interactions with immune gamma interferon differentiate the effects of tumor necrosis factor and lymphotoxin from those of leukocyte alpha and fibroblast beta interferons.
J Exp Med 167.:794-804

Larson DM, Haudenschild CC(1988)
Junctional transfer in wounded cultures of bovine aortic endothelial cells.
Laboratory Investigations 59: 373-379

Libbby P, Ordovas JM, Auger KR, Robbins AH, Birinyl LK, Dinarello CA(1986)
Endotoxin and tumor necrosis factor induce interleukin-1 gene expression in adult human vascular endothelial cells.
Am J Pathol 124:179-186

Libby P, Warner SJC, Friedman GB(1988)
Interleukin 1: a mitogen for human vascular smooth muscle cells that induces the release of growth-inhibitory prostanoids.
J Clin Invest 81: 487-498

Lindqvist P, Ostlund-Lindvist A, Witztum JL, Steinberg D, Little JA(1983)
The role of lipoprotein lipase in the metabolism of triglyceride-rich lipoproteins by macrophages.
J Biol Chem 258: 9086-9092

Lipid Research Clinics Coronary Primary Prevention Trial Results. I Reduction in incidence of coronary heart disease. II. The relationship of reduction in incidence of coronary heart disease to cholesterol lowering .
JAMA 251:351-374, 1984

Loren P(1966)
The effect of plasma cholesterol lowering diet in male survivors of myocardial infarction: a controlled clinical trial.
Acta Medica Scandinavica(Suppl) 466: 1-92, 1971

Loria RM, Kibrik S, Madge GE(1976)
Infection of hypercholesterolemic mice with coxsackievirus B.
J Infect Dis 133:655-662

Ludmer PL, Selwyn AP, Shook TL, Wayner RR, Mudge GH, Alexander RW, Ganz P(1986)
Paradoxical vasoconstriction induced by acetylcholine in atherosclerotic coronary arteries.
N Engl J Med 315: 1046-1051

Mahoney EM, Khoo J-C, Steinberg D(1982)
Lipoprotein lipase secretion by human monocytes and rabbit alveolar macrophages in culture.
Proc Natl Acad Sci USA 79: 1639-1642

Maisch B(1990)
Zwischen Intervention, Immunologie und Molekularbiologie-Perspektiven einer Kardiologie der 90er Jahre.
In: E H Graul, S Pütter(Hrsg):Medicenale 30, Iserlohn S. 145-166

Maisch B(1991)
Die stumme Myokardischämie-diagnostisches Dilemma und Herausforderung.
In K. Miehlke(Hrsg): Verhandlungen der Deutschen Gesellschaft für Innere Medizin 97. Kongress: 6.-10.4.1991; S. 122-138, Springer Berlin Heidelberg

Maisch B, Weyerer O, Hufnagel G, Hengstenberg C, Schönian U, Haverich A, Kochsiek K(1989)
The vascular endothelium as target of humoral auto-reactivity in myocarditis and rejection.
Z Kardiol 78: Suppl 6, 95-99

Martin S, Maruta K, Burkart V, Gillis S, Kolb H(1988)
IL-1 and IFN-gamma increase vascular permeability.
Immunology 64: 310-305

Minick CR, Alonso Dr, Rankin L(1978)
Role of immunologic arterial injury in atherogenesis.
Thromb Haemost 39:304-311

Minick CR, Fabricant CG, Fabricant J, Litrenta MM(1979)
Atheroarteriosclerosis induced by infection with a herpes virus.
Am J Pathol 96: 673-706

Minota S, Cameron B, Welch C, Winfield JB(1988a)
Autoantibodies to the constitutive 73-kD member of the hsp 70 family of heat shock proteins in systmic lupus erythematosus.
J Exp Med 168: 1475-1480

Minota S, Koyasu S, Yahara I, Winfiled J(1988b)
Autoantibodies to the heat-shock protein hsp 90 in systemic lupus erythematosus.
J Clin Invest 81: 106-109

Mitchinson MJ(1972)
Aortic disease in idiopathic and mediastinal fibrosis.
J Clin Pathol 25: 287-2924

Montesano R, Orci L, Vassalli P(1985)
Human endothelial cell cultures: Phenotypic modulation by leukocyte interleukins.
J Cell Physiol 122: 422-431

Mörl H(1975)
Der „stumme" Myokardinfarkt.
Springer Berlin Heidelberg New York

Mörl H(1981)
Herzinfarkt-Ätiologie, Diagnose, Therapie.
Springer, Berlin Heidelberg New York

Muldoon MF, Manuck SB, Matthews KA(1990)
Lowering cholesterol concentrations and mortality: a quantitative review of primary preventions trials.
Brit Med J 301: 309-314

Munro MJ, Cotran RS(1988)
Biology of Disease: The pathogenesis of atherosclerosis: Atherogenesis and inflammation.
Lab Invest 58: 249-261

Nathan CF(1987)
Secretory products of macrophages.
J Clin Invest 79: 319-326

Niculescu F, Rus H, Cristea A, Vlaicu R(1985)
Localization of the terminal C5b-9 complex in the human aortic atherosclerotic wall.
Immunol Lett 10: 109-114

Oliver MF(1988)
Reducing cholesterol does not reduce mortality.
J Am Coll Cardiol 12: 814-817, 1988

Oliver MF(1990)
Should hypercholesterolaemia be treated aggressively?
In: Gitnick G(ed). Debates in Medicine Chicago, London, Boca Raton, Littleton, Mass: Year Book Medical Publishers Inc. 1990

Oliver MF(1991)
Is there an increased risk of non-cardiac death after lipid lowering treatment?
Controversies in Cardiology 3, 5-8, 1991

Oliver MF(1991)
Might treatment of hypercholesterolaemia increase non-cardiac mortality?
Lancet I: 1529-1531

Ooi BS, MacCarthy EP, Hu AS, Ooi YM(1983)
Human mononuclear cell modulation of endothelial cell proliferation.
J Lab Clin Med 102:428-434

Opie LH 1990)
Myokardstoffwechsel bei Ischämie.
in G Heusch(Hrsg): Pathophysiologie und rationale Pharmakotherapie der Myokardischämie. Steinkopff Verlag Darmstadt 1990, S. 39-62

Ornish D, Brown SE, Scherwitz LW; Billings JH, Armstrong WT, Ports TA, McLanahan M, Kirkeeide RL, Brand RJ, Gould KI(1990)
Can lifestyle changes reverse coronary heart disease ? The lifestyle heart trial.
Lancet 356: 129-133

Palmer RMJ, Ferrige AG, Moncada S(1987)
Nitric oxide release accounts for the biological activity of endothelium-derived relaxing factor.
Nature 327:524-526

Parums DV, Chadwick DR., Michinson MJ(1986)
The localization of immunoglobulin in chronic periaortitis.
Atherosclerosis 61: 117-123

Pfizenmaier K, Scheurich P, Schluter C, Krönke M(1987)
Tumor necrosis factor enhances HLA-A,B,C, and HLA-DR gene expression in human tumor cells.
J Immunol 138: 975-980

Pober JS, Bevilacqua MP, Menrick DL, Lapierre LA, Fiers W, Gimbrone MA(1986)
Two distinct monokines, interleukin 1 and tumor necrosis factor, each independently induce biosynthesis and transient expression of the same antigen on the surface of cultured human vascular endothelial cells.
J Immunol 136: 1680-1687

Pober JS, Gimbrone MA(1982)
Expression of Ia-like antigens by human vascular endothelial cells is inducible in vitro: demonstration by monoclonal antibody binding and immunoprecipitation.
Proc Natl Acad Sci USA 79: 6641-6645

Pober JS, Collins T, Gimbrone MA et al(1983)
Lymphocytes recognize human vascular endothelial and dermal fibroblast Ia antigens induced by recombinant Immune interferon.
Nature 305: 726-729

Rahimtoola SH(1989)
The hibernating myocardium.
Am Heart J 117: 211-221

Raines EW, Dower SK, Ross R(1989)
Interleukin-1 mitogenic activity for fibroblasts and smooth muscle cells is due to PDGF-AA.
Science 243:393-396

Ramsay LE, Yeo WW, Jackson PR(1991)
Dietary reduction of serum cholesterol concentration: time to think again.
Brit Med J 303:953-957

Rentrop R, Blanke H, Wiegand V, Karsch KR (1979a)
Wiedereröffnung verschlossener Kranzgefäße im akuten Infarkt mit Hilfe von Kathetern.
Dtsch Med Wochenschr 104: 1401- 1405

Rentrop R, Blanke H, Karsch KR, Weigand V, Köstering H, Rahlf G, Oster H, Leitz K(1979b)
Wiedereröffnung des Infarktgefäßes durch transluminale Rekanalisation und intrakoronare Streptokinase-Applikation.
Dtsch med Wochenschr 104: 1438-1440

Rubin K, Tingström A, Hansson GK, Larsson E, Rönnstrand L, Klareskog L, Claesson-Welsh L, Heldin C-H, Felltström B, Terracio L(1988):
Induction of B-type receptors for platelet-derived growth factor in vascular inflammation: possible implications for development of vascular proliferative lesions.
Lancet 2: 1353-1356

Saikku P, Mattila K, Nieminen MS, Huttunen JK, Leinonen M, Ekman M-R, Mäkelä PH, Valtonen V(1988)
Serological evidence of an association of a novel chlamydia, TWAR, with chronic coronary heart disease and acute myocardial infarction.
Lancet II:983-985

Schaper J(1990)
Ultrastrukturelle Veränderungen im ischämischen Myokard.
in G Heusch(Hrsg): Pathophysiologie und rationale Pharmakotherapie der Myokardischämie. Steinkopff Verlag Darmstadt 1990, S. 11-38

Schaper W, Binz K, Sass S, Winkler B(1987)
Influence of collateral blood flow and of variations in MVO2 on tissue ATP content in ischemic and infarcted myocardium.
J Mol Cell Cardiol 19:19-37

Schmitz G(1989)
Bedeutung der Cholesterinhomöostase der Makrophagen für die Atherogenese.
In G. Klose(Hrsg): Arteriosklerose-Molekulare und zelluläre Mechnismen. Sicherheit von Prävention und Therapie.
Springer Verlag 1989; pp 12-19.

Schömig A, Dart AM, Dietz R, Mayer E, Kübler W(1984)
Release of endogenous catecholamines in the ischemic myocardium of the rat. Part A. Locally mediated release.
Circ Res 55: 689-701

Schwartz CJ, Mitchell JRA(1962)
Cellular infiltration of the human arterial adventitia associated with atheromatous plaques.
Circulation 16: 73-85

Seifert PS, Hug F, Hansson GK, Bhakdi S(1989)
Prelesional complement activation in experimental atherosclerosis.
Lab Invest 60: 747-754

Seifert PS, Kazatchkine M(1988)
The complement system in atherosclerosis.
Atherosclerosis 73: 93-104

Shimizu Y, Newman W, Tanaka Y, Shaw S(1992)
Lymphocyte interactions with endothelial cells.
Immunol Today 13: 106-112

Shimokado K, Raines EW, Madtes DK, Barret TB, Benditt EP, Ross R(1985)
A significant part of macrophage-derived growth factor consists of at least two forms of PDGF.
Cell 43:277-286

Simon BC, Cunningham LD, Cohen RA(1990)
Oxidized low density lipoproteins cause contraction and inhibit endothelium-dependent relaxation in the pig coronary artery.
J Clin Invest 86,:75-79

Soubrier F, Alhenc-Gelas F, Hubert C et al (1985)
Two putative active centers in human angiotensin I – converting enzyme revealed by molecular cloning.
Proe Natl Acad Sci USA 85: 9386-9390

Steinberg D, Parthasarathy S, Carew TE, Khoo JC, Witztum JI(1989)
Beyond cholesterol; Modifications of low density lipoprotein that increase its atherogenicity.
N Engl J Med 320: 915-924

Steinmetz A, Kaffarnik H(1992)
Medikamentöse Therapie der Hyperlipoproteinämien.
Internist 33:44-53

Stellwaag M, Maisch B, Strauer BE, Leschke M, Schneider J, Steinmetz A, Kaffarnik H(1994)
Determinants for coronary atherosclerosis regression.
In Steinmetz A, Schneider J,Kaffarnik H(eds): Recent Developments in Lipid and Lipoprotein Research, Hormones in Lipoprotein Metabolism. Springer Heidelberg Berlin New York Tokyo (1994)

Stolpen AH, Gulnan EC, Fiers W, Pober JS(1986)
Recombinant tumor necrosis factor and immune interferon act singly and in combination to reorganize human vascular endothelial cell monolayers.
Am J Pathol 123: 16-24

Stratford N, Britten K, Gallagher P(1986)
Inflammatory infiltrates in human coronary atherosclerosis.
Atherosclerosis 59: 271-276

Study Group, European Atherosclerosis Society(1988):
Recognition and treatment of hyperlipidemia in adults: A policy statement of the European Atherosclerosis Society.
Eur Heart J 9, 571-600

Suzuki H, Shibano K, Okane M, et al(1989)
Interferon-gamma modulates messenger RNA levels of c-sis(PDGF-B chain), PDGF-A chain, and IL-1 beta genes in human vascular endothelial cells.
Am J Pathol 134: 35-43

Steenbergen C, Jennings RB(1992)
Cytoskeletal damage and lethal myocardial ischemic injury.
J Mol Cell Cardiol 24(Suppl. I): 28(Abstrakt S-07-8)

Takemura R, Werb Z(1984)
Secretory products of macrophages and their physiological functions.
Am J Physiol 246:C1-C9

Task Force on Cholesterol Issues, American Heart Association(1990)
The cholesterol facts. A summary of the evidence relating dietary fasts, serum cholesterol, and coronary heart disease.
A joint statement by the American Heart Association and the National Heart, Lung, and Blood Institute.
Circulation 81:1721-1733

The Multiple Risk Factor Intervention Trial Research Group(1990)
Mortality rates after 10.5 years for participants in the Multiple Risk Factor Intervention Trial.
JAMA 263: 1795-1801

Topol E J (1990)
Textbook of International Cadiology
WB Saunders Co. Philadelphia, London, Toronto, Montreal, Sydney, Tokyo Section I p. 5

Vlaicu R, Niculescu F, Rus HG, Cristea A(1985)
Immunohistochemical localization of the terminal C5b-9 complement complex in human aortic fibrous plaque.
Atherosclerosis 57: 163-177

Warner SJC, Auger KR, Libby P(1987)
Interleukin-1 induces interleukin-1.II. Recombinant human interleukin-1 induces interleukin-1 production by adult human vascular endothelial cells.
J Immunol 139: 1911-1917

Warner SJC, Auger KR, Libby P(1987)
Human interleukin 1 induces interleukin-1 gene expression in human vascular smooth muscle cells.
J Exp Med 165: 1316-1331

Warner SJC, Libby P(1989)
Human vascular smooth muscle cells. Target for and source of tumor necrosis factor.
J Immunol 142: 100-109

Wiklund O, Witztum JL, Carew TE, Pittman RC, Elam RL, Steinberg D(1987)
Turnover and tissue sites of degradation of glycosylated low density lipoprotein in normal and immunized rabbits.
J Lipid Res 28:1098-1109

Wilcox RG, Olsson CG, Skene AM, von der Lippe G, Jensen G, Hampton J R for the ASSET Study Group(1988):
Trial of tissue plasminogen activator for mortality reduction in acute myocardial infarction.
The Lancet II: 525-530

Witztum, JL, Steinberg D(1991)
Role of oxidized low density lipopotein in atherogenesis.
J Clin Invest 88: 1785-1792

Witztum JL, Steinbrecher UP, Kesaniemi YA, Fisher M(1984)
Autoantibodies to glycosylated proteins in the plasma of patients with diabetes mellitus.
Proc Natl Acad Sci USA 81: 3204-3208

Yamashiroya HM, Gosh L, Yang R, Robertson AL(1988)
Herpesviridae in coronary vessels and aorta of young trauma victims.
Am J Pathol 130: 71-79

Yla-Herttuala S, Plainski W, Rosenfeld ME, Parthasarathy S, Carew TE, Butler S, Witztum JL, Steinberg D(1989)
Evidence for the presence of oxidatively modified LDL.
J Clin Invest 84: 1086-1095

Diskussion Vortrag Maisch

Strauer:

Ich habe eine Frage zur Inzidenz. Sie erwähnten, daß 50%, wenn ich es recht verstanden habe, aller Herzinfarkte stumm ablaufen. Die Zahl erscheint mir sehr hoch. Denn bisher ging man zumindest davon aus, daß stumme Infarkte, also echte Infarkte, die nicht verspürt werden, maximal 5 - 8 % ausmachen. Dagegen haben 50 % aller Patienten mit Infarkt keine prämonitorischen Zeichen, so daß der Infarkt das erste Schmerzereignis ist. Wie ist das zu verstehen?

Maisch:

Die Untersuchungen zur 50 %igen Inzidenz sog. stummer Infarkte stammen aus der Framingham-Studie. Sie bedürfen einer zusätzlichen Interpretation insofern, als sie entweder vollständig stumm abliefen oder die assoziierten Symptome zu diesem Zeitpunkt nicht als Infarkt oder Angina interpretiert wurden. Fragt man aber nach, dann werden retrospektiv durchaus bronchitische oder gastrointestinale Symptome als etwaige Angina pectoris-Äquivalente angegeben.

Seidel:

Spielt eigentlich die lokale Lyse noch eine Rolle oder hat man sie ganz verlassen?

Maisch:

Die lokale oder intrakoronare Lyse wird eigentlich nur noch dann durchgeführt, wenn es eine Kontraindikation zur systemischen Lyse gibt. Darunter fallen Patienten nach chirurgischen Maßnahmen innerhalb der letzten 4 bis 6 Wochen, Patienten mit Zustand nach zerebralen Insulten oder eine nicht beherrschbare arterielle Hypertonie.

Seidel:

Der gewaltige Durchbruch in der Senkung der Mortalität des Infarktes ist durch die Akutbehandlung in der Klinik gekommen. Kann man sich vorstellen, daß der stumme oder der scheinbar stumme Infarkt eine vorbeugende Therapie gestattet?

Maisch:

Ihre Frage heißt konkret, wie identifiziere ich die Patienten mit kardialem Risiko, die möglicherweise einen stummen Infarkt erleiden werden. Vorstellbar wären kostspielige Populationsuntersuchungen z.B. von Männern im Alter über 45 Jahren. Liegen ein pathologischer Cholesterin- oder LDL-Lipidprofilwert oder andere Risikofaktoren vor, könnte diese Gruppe gefährdeter Patienten einem jährlichen Check-up mit Belastungs-EKG zugeführt werden. Solche Strategien sind bereits mehrfach vorgeschlagen worden. Die hohen Kosten lassen sie als nicht realisierbar erscheinen, so daß ich eine diagnostische „Individualstrategie“ empfehle.

Strauer:

Ich möchte Herrn Seidels erste Frage kommentieren: Es gibt das Augsburger Infarkt-Register, das gerade vor einem Jahr publiziert wurde, und beim konservativ behandelten Infarkt, also Bettruhe und sonst praktisch nichts weiter, eine Sterblichkeit von etwa 40 - 45 % ergeben hat. Behandelt man nach den Daten von Yusof den Infarkt mit Nitroglycerin und Heparin, dann ist die Sterblichkeit etwa 18 - 19 %. Behandelt man ihn zusätzlich mit intravenöser Thrombolysetherapie, kann die Sterblichkeit auf ca. 8 - 9 % gesenkt werden. Wir haben in den letzten drei Jahren den Versuch gemacht herauszufinden, ob die intrakoronare Lysetherapie vielleicht doch der systemischen überlegen ist. Heinzen aus unserer Klinik hat dies jetzt bei 400 Infarkten ausgewertet. Wir haben bei kombinierter intrakoronarer Lyse und Ballondilatation beim akuten Myokardinfarkt eine intrahospitale Sterblichkeit von 4,8 %. Wenn die Logistik klappt, ich glaube daran liegt sehr viel, d.h. kurze Wege und kurze Wartezeiten vorhanden sind, dann ist die Sterblichkeit bei dem aufwendigen invasiven Verfahren wohl besonders gering.

Maisch:

Einige Studien zeigen, daß ohne intrakoronare Lyse mit einer sofortigen Intervention (PTCA) und alleiniger Heparin-Gabe vergleichbar gute oder bessere Ergebnisse erzielt werden, als unter einer alleinigen systemischen Lyse. Die organisatorischen und sächlichen Voraussetzungen sind dafür aber oft nicht gegeben.

Stein:

Ich habe eine Frage zum Beginn der Lyse-Therapie. Beginnen Sie die Lyse-Therapie schon im Notarztwagen? Wenn der Patient die Klinik betritt, wieviel Zeit vergeht dann, bis die Lyse-Therapie wirklich gestartet werden kann, bis die innerbetrieblichen Voraussetzungen getroffen sind?

Maisch:

Die Antwort auf Ihre Frage läßt sich nicht in eine einheitliche Empfehlung umsetzen. Bei pathologischem EKG und Angina pectoris sind wir in Marburg gegenwärtig in zwei Therapieprotokolle eingebunden (RAPID-Studie mit r-PA und GUSTO I-Studie). Die Einschleusung der Patienten erfolgt in 10 Minuten. Die Therapieprotokolle verlangen eine Validierung der Eröffnungsrate innerhalb von 90 Minuten. Dann wird, bevor wir systemisch lysieren, die arterielle Punktion durchgeführt, dann erst die Lyse begonnen. Für eine Lyse im Notarztwagen, die theoretisch und praktisch gesehen die Transportverzögerung vermeidet, müssen in Marburg und vielen anderen Städten noch logistische Voraussetzungen und die gleichfalls notwendige Qualifikation der Notärzte in der Infarktdiagnostik und im Management der Patienten geschaffen werden.

Neumeier:

Als Entscheidungsgrößen für Ihre Therapieentscheidung haben Sie das EKG und den CK-Anstieg genannt und haben damit ein Raster von 4 - 6 Stunden. Ist es für diese Therapieentscheidungen wünschenswert, diese Zeit vom Schmerzbeginn bis zum Beginn der Therapie durch kleinere Rasterschritte aufzuteilen?

Maisch:

Dem Kliniker reicht das pathologische EKG und die Symptomatologie des Patienten aus. Wenn die CK noch normal ist oder zumindest nicht wesentlich erhöht, dann sind die Voraussetzungen für eine Lysetherapie gegeben.

Neumeier:

Scheint es sinnvoll, die Zeit zwischen zweiter und vierter Stunde besser zu erfassen, um evtl. unterschiedliche Therapiewege zu wählen?

Maisch:

Weniger eigentlich für die Wahl der Therapie als in der Beurteilung der Therapie. Wir erwarten einen raschen Washout der CK z.B. bei einer erfolgreichen Lysetherapie. Es ist sinnvoll, hierzu Daten zu haben, um die Indikation zur interventionellen Therapie in der Startphase zu begründen, vor allem, wenn noch Restbeschwerden vorliegen.

Strauer:

Spielen Streßfaktoren über eine vasospastische Angina pectoris eine Rolle, um eine aus dieser funktionellen Verengung heraus organische Stenosierung zu begünstigen. Also sind Vasospasmen Vorläufer von organisch fixierten Stenosen?

Maisch:

Liegen atherosklerotische Veränderungen vor, und ist dieses Segment in seinem noch reagiblen Anteil einem Vasospasmus unterworfen, könnte die Ischämie, die dadurch induziert wird, als zusätzlicher Faktor für die Entstehung des Infarktes und weiterer Veränderungen der Wand wirken. Der reine Vasospasmus bei unverändertem Gefäß wird ganz selten sonst zum Infarkt führen.

Strauer:

Wir haben einige Patienten mit einem solchen Prozeß. Sie haben eine organische Stenose, wir dilatieren diese Patienten mit dem Ballonkatheter. Nach 4 Wochen kommt der Patient wieder ins Krankenhaus. Jetzt denken wir, die Stenose ist restenosiert. Es hat aber an einer ganz anderen Arterie innerhalb von 4 Wochen eine organische Stenose stattgefunden. Diese wird auch dilatiert. Er kommt nach 3 Wochen erneut an und hat jetzt ein ondulierendes, extrem vasospastisches Koronargefäßsystem, das geht auf und zu. Ich kann mir denken, daß bei diesen überaktiven Endothelarealen minimale Einrisse oder Läsionen entstehen, die dann ein Fokus für eine Thrombose sein könnten.

Seidel:

Ich möchte gerne noch eine Bemerkung machen zu dem Diapositiv, wo Sie die natürliche Geschichte der Atherosklerose und dann dieses Sekundenereignis mit der Thrombose gezeigt haben. Der Londoner Gefäßpathologe Davis hat in einer kürzlich publizierten Studie den Zustand des Koronarsystems beim plötzlichen Herztod und nach einem akuten Infarkt analysiert. Man hat festgestellt, daß in der weit überwiegenden Mehrzahl der Patienten, die an einem Akutereignis verstorben sind, die Ursache eine relativ junge Läsion war, die aufgebrochen ist. Kollagenfasern in der jungen Läsion sind plötzlich zerborsten, vielleicht durch Proteaseaktivität, während der langsam wachsende Prozeß, der dann so irgendwann bei 70 % zur Angina pectoris führt, gar nicht so häufig die Hauptursache war. Das ist vielleicht auch ganz interessant im Zusammenhang mit der Frage, ob man diese 25 oder 30 %, die einfach tot umfallen, vorher retten kann. Offenbar trifft dies nicht zu, weil das ein ganz junger Prozeß sein kann, der dieses tödliche Ereignis auslöst.

Maisch:

Wir müssen zwischen dem berechenbaren Prozeß der Progression der Koronarsklerose und der zeitlich schwer abschätzbaren Plaqueruptur, die praktisch nicht vorhersehbar ist, unterscheiden. Es ist nicht selten der Plaque, der noch nicht hochgradig das Lumen einengt, der rupturiert, meist ist es der eher „weiche“ Plaque, der noch „aktiv“ ist.

Jaroß:

Im klinischen Entscheidungsbaum spielt die Laborchemie kaum eine Rolle, sondern das EKG. Es hängt von dem Ort des Infarkts ab, ob die EKG-Veränderungen dramatisch und sehr rasch auftreten oder eine ziemliche Latenzzeit haben. Wissen wir darüber eigentlich etwas Genaues, z.B. wie im Durchschnitt die Latenzzeiten für die EKG-Veränderungen sind?

Maisch:

Seit wir interventionelle Kardiologie betreiben, haben wir ein in vivo Modell, an dem wir die Veränderungen während einer Koronarokklusion gut simulieren können. Die erste Veränderung, wenn ein Koronargefäß verschlossen wird, ist ein Anstieg des linksventrikulären Füllungsdrucks und eine Zunahme des enddiastolischen Drucks mit Compliancestörung. Erst dann kommen Veränderungen der systolischen Funktion hinzu. Die Angina pectoris kommt spät, vorher zeichnen sich die EKG-Veränderungen ab, die innerhalb von 30 - 60 Sekunden auftreten.

Durch die Lysetherapie werden heute die klassischen EKG-Infarktstadien I-III oft im Zeitraffertempo durchlaufen, so daß eine Zuordnung der EKG-Veränderungen in ein Zeitraster der Infarktevolution nicht sinnvoll ist.

Mögliche therapeutische Bedeutung sarkolemmaler Histamin-H_2-Rezeptoren bei Herzinsuffizienz: Hämodynamische Effekte neuer H_2-Agonisten

Gert Baumann*, Armin Buschauer und Stefan Felix***

* Klinik für Innere Medizin, Cardiologie, Pulmonologie, Angiologie, Nephrologie Charité Berlin, D-10098 Berlin, ** Lehrstuhl Pharmazeutische Chemie der Universität Regensburg, D-93040 Regensburg

Zusammenfassung

In früheren Studien unserer Abteilung konnte gezeigt werden, daß eine Herzinsuffizienz aufgrund exzessiv hoher Spiegel endogener Katecholamine von einer Abnahme der Anzahl der sarkolemmalen β_1-Adrenozeptoren begleitet ist, während das myokardiale H_2-Rezeptorsystem funktionsfähig bleibt. Der erste klinisch getestete spezifische H_2-Agonist, Impromidin, erwies sich als ein potenter Stimulator bei Patienten mit Herzinsuffizienz, deren Myokard nicht mehr auf Katecholamine reagierte. Trotz der insgesamt günstigen hämodynamischen Wirkungen der H_2-Rezeptorstimulation war aufgrund einer Reihe unerwünschter Substanzeffekte eine breite klinische Anwendung nicht möglich. Einige neu entwickelte potente H_2-Agonisten mit zusätzlichen H_1-antagonistischen Eigenschaften (Arpromidin und die difluorierten Analogverbindungen BU-E-75 und BU-E-76) wurden in vitro und in vivo am Meerschweinchen unter physiologischen und unter pathophysiologischen Bedingungen gegen Impromidin als Referenzsubstanz untersucht. Am isoliert perfundierten Herzen waren alle drei neuen H_2-Agonisten potenter als Impromidin in der Steigerung der Kontraktionskraft und des Koronarflusses bei gleichzeitig geringer positiv chronotroper Wirkung und wesentlich reduzierten arrhythmogenen Eigenschaften. In vivo wurden qualitativ ähnliche Ergebnisse bezüglich LVdp/dt, LVP, Herzminutenvolumen und Blutdruck ermittelt. Allerdings waren BU-E-76 und BU-E-75 wesentlich potenter als Arpromidin und Impromidin. Die neuen Substanzen zeigten auch hier ein geringeres positiv chronotropes und arrhythmogenes Potential. Am Modell der Vasopressin-induzierten akuten Herzinsuffizienz normalisierten BU-E-75 und -76 im Unterschied zu Arpromidin und Impromidin alle Kontraktilitätsparameter. Aufgrund ihrer kombinierten positiv inotropen und vasodilatatorischen Eigenschaften und ihres im Vergleich zu Impromidin und konventionellen Katecholaminen günstigeren kardiovaskulären Wirkprofils könnten solche H_2-Agonisten möglicherweise die Behandlung der Herzinsuffizienz um eine neue therapeutische

Alternative bereichern.

Einleitung

Die Entwicklung einer Herzinsuffizienz ist ein komplexer multifaktorieller Prozeß. Eines der interessantesten pathophysiologischen Konzepte beruht auf der Vorstellung, daß in einigen Fällen kompensatorische Mechanismen überschießend zum Tragen kommen und dadurch deletäre Effekte auslösen. Neuere Ergebnisse sprechen dafür, daß nach einem akuten Herzinfarkt eine ausgeprägte Beeinträchtigung der β-Adrenozeptorstimulation im gesamten überlebenden nichtischämischen Myokard vorliegt, die durch eine wesentliche Abnahme der Katecholamin-vermittelten Steigerung der Kontraktionskraft und eine Abnahme der Adenylatzyklase-Aktivität gekennzeichnet ist [1,2,3]. Ähnliche Befunde wurden für die kongestive Kardiomyopathie (explantierte menschliche Herzen) und für Herzinsuffizienz aufgrund von Mitral- und Aortenklappenvitien beschrieben [4,5].

Vor diesem Hintergrund erscheint die Behandlung einer schweren Herzinsuffizienz mit Katecholaminen nicht sinnvoll, da zusätzliche exogene β-Sympathomimetika wahrscheinlich die β_1-Adrenozeptor-Downregulation beschleunigen und verstärken [6]. Arzneistoffe mit kombinierter positiv inotroper und vasodilatorischer Wirkung sind möglicherweise vorteilhaft, wenn sie in der Lage sind, die Leistungsfähigkeit des Herzens über β-Adrenozeptor-unabhängige Mechanismen zu steigern.

Durch Anwendung des selektiven Histamin-H_2-Rezeptoragonisten Impromidin [7] gelang es, bei Patienten mit schwerer Katecholamin-insensitiver Herzinsuffizienz die Hämodynamik wesentlich zu verbessern [8]. Es wurde damit erstmals unter klinischen Bedingungen gezeigt, daß durch die Stimulation der kardiovaskulären H_2-Rezeptoren die drei wichtigsten Ziele der Behandlung der Herzinsuffizienz erreicht werden können:

1. Verminderung der Vorlast des Herzens durch die H_2-Rezeptor-vermittelte Venodilatation.
2. Verminderung der Nachlast durch H_2-Rezeptor-vermittelte Dilatation im arteriellen System.
3. Verbesserung der Kontraktilität durch H_2-Rezeptor-vermittelte direkte positiv inotrope Wirkung am Herzen.

Allerdings verhinderten eine Reihe substanzspezifischer Nachteile des Impromidins (z.B. geringe therapeutische Breite, ausgeprägte arrhythmogene Eigenschaften, starke sekretorische Wirkung am Magen) größere klinische Studien und eine breite therapeutische Anwendung.

Im Rahmen eines umfangreichen Forschungsprogrammes zur Entwicklung potentiell therapeutisch einsetzbarer H_2-Agonisten gelang es, Substanzen zu synthetisieren, die ein günstigeres hämodynamisches Profil als Impromidin aufweisen und u.a. geringere arrhythmogene und sekretionssteigernde Eigenschaften besitzen [9,10]. Es handelt sich dabei um Guanidine, die anstelle des bei Impromidin vorhandenen Cimetidin-Strukturelementes eine H_2-unspezifische lipophile Pheniramin-ähnliche Partialstruktur aufweisen (Abb. 1). Zahlreiche Verbindungen dieser Reihe zeichnen sich durch 100-150fach höhere H_2-agonistische Potenz als der Naturstoff Histamin am isolierten rechten Meerschweinchen-Atrium aus und besitzen gleichzeitig H_1-antagonistische Aktivität, die teilweise die Größenordnung von Pheniramin erreicht. Diese Substanzen, von denen Arpromidin [9] als die neue Leitstruktur anzusehen ist, könnten möglicherweise der H_2-Rezeptorstimulation den Weg in die Therapie der Herzinsuffizienz eröffnen.

In der vorliegenden Arbeit wurden die inotropen und vasodilatorischen Eigenschaften der drei neuen H_2-Agonisten Arpromidin (BU-E-50), BU-E-75 und BU-E-76 (Abb. 1) in vitro und in vivo im Vergleich zu Impromidin als Referenzsubstanz getestet. Alle Verbindungen wurden am isoliert perfundierten Meerschweinchenherzen untersucht sowie am Meerschweinchen in vivo unter physiologischen und unter pathophysiologischen Bedingungen (Vasopressin-induzierte akute Herzinsuffizienz).

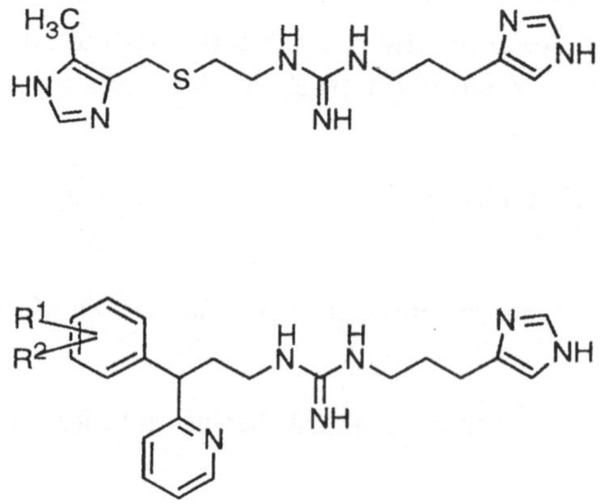

Impromidin

	R^1/R^2
Arpromidin	4-F
BU-E-75	3,4-F_2
BU-E-76	3,5-F_2

Abb.1
Strukturformeln der untersuchten H_2-Agonisten

Pharmakologische Methoden

Impromidin wurde von SKD, Göttingen, zur Verfügung gestellt. Arpromidin sowie die Difluoranalogen BU-E-75 und BU-E-76 wurden nach einem publizierten Verfahren synthetisiert [9].

Alle Substanzen wurden am isoliert perfundierten Meerschweinchenherzen nach einer an anderer Stelle beschriebenen modifizierten Langendorff-Technik getestet [11].

Das kardiovaskuläre Profil der Substanzen und ihre quantitativen hämodynamischen Effekte wurden am Meerschweinchen unter physiologischen Bedingungen und am Modell der Vasopressin-induzierten akuten Herzinsuffizienz untersucht. Dabei wurde Vasopressin individuell so per Infusion dosiert, daß vergleichbare Steady-State-Bedingungen innerhalb der Versuchstiergruppe vorlagen und der linksventrikuläre enddiastolische Druck jeweils um 20 mmHg lag. Die Präparation der Tiere, die Positionierung der Katheter, der Thermoelemente und der Manometer-Tipkatheter in Jugularvene, Aorta und linken Ventrikel, sowie die Technik der intratrachealen Intubation und der künstlichen Beatmung sind an anderer Stelle im Detail beschrieben [12,13]. Die Narkose erfolgte nach einer literaturbekannten Methode mit Carfentanyl/Etomidat [14]. Bei allen in vivo Untersuchungen wurden die Tiere bei Versuchsbeginn mit Metoprolol (2 mg/kg) vorbehandelt, um mögliche Einflüsse endogener Katecholamine auszuschließen.

Ergebnisse

Die in vitro am isoliert perfundierten Meerschweinchenherzen erhaltenen Ergebnisse sind in Tabelle 1 aufgeführt.

Tabelle 1.
Hämodynamische Effekte von Arpromidin, BU-E-75 und BU-E-76 an isoliert perfundierten Meerschweinchenherzen versus Impromidin [a].

Substanz	**Δ LV $dp/dt_{max.}$**	**Relative Potenz[b]**	**Δ Herzfrequenz**	**Δ Koronarfluß**
Impromidin	100	100	100	100
Arpromidin	97	146	57	143
BU-E-75	123	240	85	108
BU-E-76	129	244	79	182

[a]Mittelwerte von jeweils 6 voneinander unabhängigen Versuchen bezogen auf Impromidin = 100 %.
[b]Berechnet aus ED_{50} (mol) Impromidin/Testsubstanz x 100 [%].

Arpromidin induzierte im Wirkungsmaximum eine höhere Zunahme der Kontraktilität und des Koronarflusses als Impromidin, während der positiv chronotrope Effekt weniger stark ausgeprägt war. Die difluorierten Arpromidin-Analoge erwiesen sich sogar als noch wirksamer, wobei der maximale Anstieg von LVdp/dt und Koronarfluß nur mit einer geringen Zunahme der Herzfrequenz verbunden war. Neben diesen direkten hämodynamischen Effekten konnte eine wesentlich längere Wirkungsdauer nach einzelnen Bolusinjektionen in den Perfusionsstrom beobachtet werden, wobei Impromidin (6 min) am kürzesten und BU-E-75 und BU-E-76 am längsten wirkten (mittlere Dauer der Kontraktionskraftsteigerung ca. 20 min). Das weist auf eine im Vergleich zu Impromidin höhere Affinität der neuen Substanzen zu kardialen H_2-Rezeptoren hin. Außerdem ist hervorzuheben, daß sich bereits Arpromidin durch ein gegenüber der Referenzsubstanz geringeres arrhythmogenes Potential auszeichnet und in Gegenwart der difluorierten Analoge praktisch keine Arrhythmien ausgelöst wurden.

Von allen Verbindungen wurden am Meerschweinchen in vivo 8-Punkt-Dosis-Wirkungskurven erstellt. Die Abb. 2a-d fassen die wichtigsten Ergebnisse als prozentuale Veränderung der Kontrollwerte (= 100 %) zusammen. Mit Impromidin wurde eine maximale Zunahme der linksventrikulären Druckanstiegsgeschwindigkeit (LV dp/dt) um etwa 70% erzielt, während Arpromidin ein Maximum um ca. 150% erreichte (Abb. 2a). Die F_2-substituierten Verbindungen erwiesen sich als wesentlich potenter. Dabei erreichten beide Dosis-Wirkungskurven im Maximum eine LVdp/dt-Steigerung um mehr als 300% über dem Kontrollwert. Der Vergleich der Dosis-Wirkungskurven für die Herzauswurfleistung (Abb. 2 b) ergab ein ähnliches Bild. Die difluorierten Arpromidin-Analoge induzierten die stärkste Zunahme des Herzminutenvolumens. Ein weiterer interessanter Unterschied zwischen den Substanzen ergibt sich beim Vergleich der chronotropen Effekte (Abb. 2 c). Während Impromidin dosisabhängig die Herzfrequenz erhöhte, war der Einfluß von Arpromidin nicht signifikant. Unter den gleichen Bedingungen nahm nach Applikation von BU-E-75 und BU-E-76 die Herzfrequenz ab, möglicherweise aufgrund einer Vagus-Aktivierung über den Baroreflex-Mechanismus. Als Konsequenz ergab sich eine drastische Zunahme des Schlagvolumens (Abb. 2 d) nach Applikation der Difluorverbindungen (+250 %), während Arpromidin das Schlagvolumen lediglich moderat steigerte (+50 %). Dagegen zeigte Impromidin praktisch keinen Effekt, was darauf hindeutet, daß die durch Impromidin induzierte Zunahme der Herzauswurfleistung vorwiegend auf die positiv chronotrope Wirkung zurückzuführen ist.

Am Modell der Vasopressin-induzierten akuten Herzinsuffizienz zeigten alle Substanzen deutliche Wirksamkeit im Hinblick auf Reduktion der Nachlast und

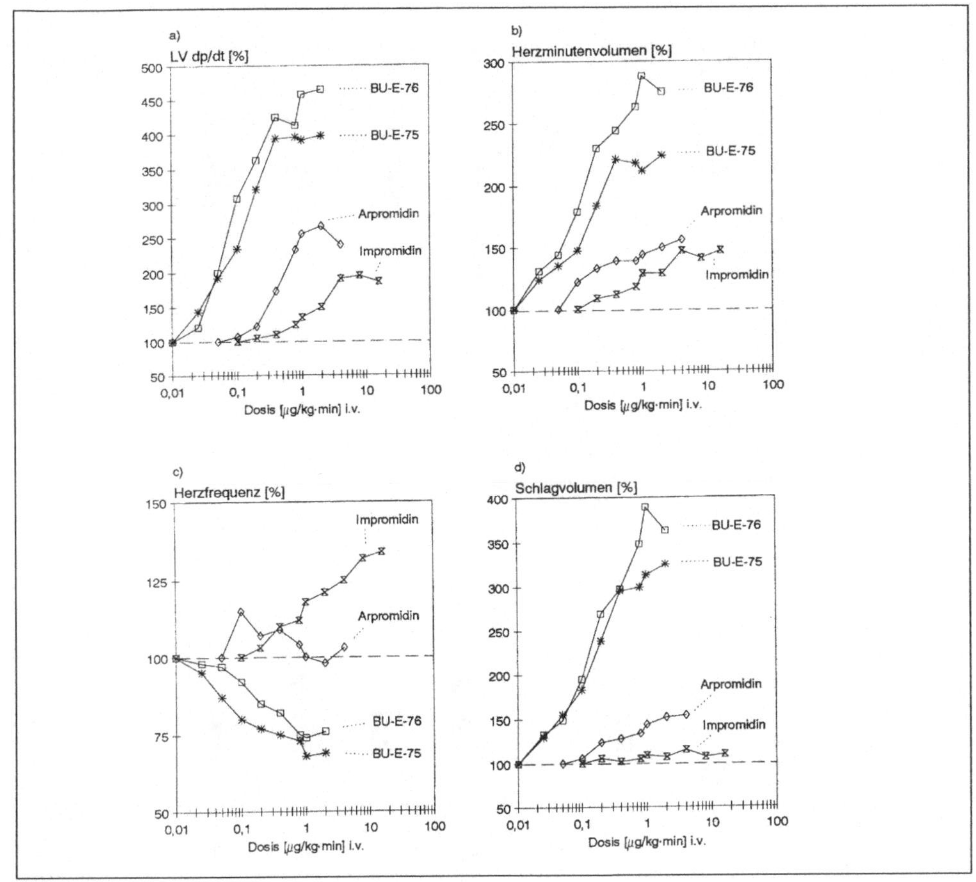

Abb. 2.
In vivo Effekte am Meerschweinchen von Impromidin (-x-), Arpromidin (-!!!-), BU-E-75 (- -; 3,4-F_2 substituiert) und BU-E-76 (-!!!-; 3,5-F_2 substituiert) auf (a) LV dp/dt, (b) Herzminutenvolumen, (c) Herzfrequenz und (d) Schlagvolumen (Basalwerte = 100 %) [19].

direkte positiv inotrope Aktivität. Wie Abb. 3 zeigt, verursachte die Infusion von Vasopressin eine Abnahme der Herzfrequenz (–30 %), des linksventrikulären endsystolischen Druckes (–55 %), der linksventrikulären Druckanstiegsgeschwindigkeit (–75 %), der Herzauswurfleistung (–55 %), des Schlagvolumens (–38 %) sowie des mittleren arteriellen Blutdruckes (–63 %). Der linksventrikuläre enddiastolische Druck stieg dabei auf ca. 20 mm Hg an, so daß der Zustand einer schweren akuten Herzinsuffizienz vorlag. Mit dieser hämodynamischen Konstellation sind die klinischen Kriterien eines kardiogenen Schockes erfüllt, der unbehandelt innerhalb von 2 Stunden zum Tod der Tiere führt (100 %). Die Behandlung mit Impromidin (Abb. 3 a) konnte die verschiedenen hämodynamischen Variablen teilweise verbessern, aber selbst in der höchsten verwendeten Dosis (8 $\mu g \cdot kg^{-1} \cdot min^{-1}$) war keine Normalisierung der Parameter erreichbar. Abb. 3 b zeigt die kardiovaskulären Wirkungen der 3,5-Difluor-

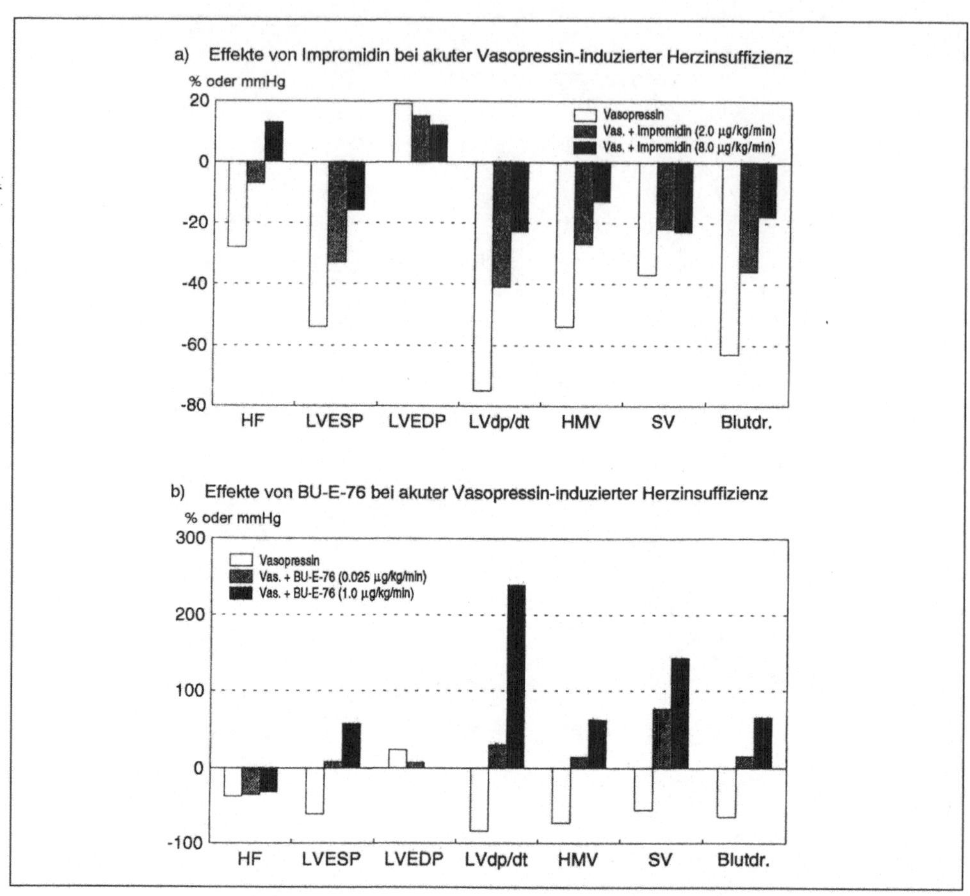

Abb. 3.
Hämodynamische Effekte von (a) Impromidin (2,0 und 8,0 $\mu g\ kg^{-1} \cdot min^{-1}$ i. v.) und (b) BU-E-76 (0,025 und 1,0 $\mu g \cdot kg^{-1} \cdot min^{-1}$ i. v.) bei der Vasopressin-induzierten akuten Herzinsuffizienz (Meerschweinchen). Effekte: Änderung vom Basalwert in %, LVEDP in mmHg. HF = Herzfrequenz, LVESP = linksventrikulärer endsystolischer Druck, LVEDP = linksventrikulärer enddiastolischer Druck, LVdp/dt = linksventrikuläre Druckanstiegsgeschwindigkeit, HMV = Herzminutenvolumen, SV = Schlagvolumen, Blutdr. = mittlerer arterieller Blutdruck; [19].

verbindung BU-E-76. Bereits in einer niedrigen Dosierung (0.025 $\mu g \cdot kg^{-1} \cdot min^{-1}$) hob BU-E-76 die deletären Vasopressin-induzierten Effekte auf, ohne die Herzfrequenz signifikant zu beeinflussen, obwohl tendenziell eine leichte Zunahme beobachtet wurde. Die Applikation einer submaximalen Dosis BU-E-76 (1.0 $\mu g \cdot kg^{-1} \cdot min^{-1}$) führte zu einer ausgeprägten Verbesserung der kardiovaskulären Parameter über die Kontrollwerte vor der Vasopressin-Infusion hinaus (z.B. LVdp/dt +250 %, HMV +60 %, SV +150 %). Die Effekte von Arpromidin (BU-E-50) lagen zwischen denen von Impromidin und BU-E-76, während BU-E-75 ähnliche Wirkungen zeigte wie BU-E-76 (Ergebnisse nicht gezeigt).

Diskussion

Der pathophysiologische Prozeß der Entwicklung einer Herzinsuffizienz wird durch eine Reduktion der myokardialen Kontraktilität als Folge einer ischämischen oder myopathischen Herzerkrankung ausgelöst. Der Abnahme von Herzauswurfleistung und Sauerstoffversorgung der Gewebe folgt eine Vasokonstriktion, welche wiederum den systemischen Gefäßwiderstand erhöht und damit der Aufrechterhaltung des arteriellen Druckes und der regionalen Sauerstoffverfügbarkeit dient. Als Konsequenz steigt jedoch der Widerstand gegen die linksventrikuläre Ejektion ständig an, wodurch eine zusätzliche Belastung für das insuffiziente Herz entsteht. Es entwickelt sich ein Circulus vitiosus, der in einer weiteren Abnahme der myokardialen Kontraktilität sowie in einer progressiven Zunahme des Gefäßwiderstandes resultiert, so daß sich die bereits beeinträchtigte Hämodynamik weiter verschlechtert. Bei einer schweren Herzinsuffizienz mit starken Zirkulationsstörungen, charakterisiert durch limitierte Herzauswurfleistung und pulmonale Kongestion, können positiv inotrope Arzneistoffe und Vasodilatatoren erforderlich sein. Der therapeutische Nutzen der Inotropika ist zu erwarten aufgrund der Annahme, daß das insuffiziente Herz ebenso wie das normale Myokard über Kontrakttilitätsreserven verfügt (postextrasystolische Potenzierung). Eine temporäre parenterale inotrope Unterstützung der ventrikulären Funktion kann auch insgesamt die kardiovaskuläre Kompensation des Patienten und die Ansprechbarkeit auf eine Therapie mit konventionellen, oral wirksamen Medikamenten wiederherstellen.

β_1-Sympathomimetika steigern das Herzminutenvolumen durch eine Verbesserung der myokardialen Kontraktilität via β_1-Adrenozeptor-Stimulation. Die Applikation von Dopamin oder Dobutamin kann jedoch von einer raschen Abnahme der Wirksamkeit der Substanzen begleitet sein. Der Wirkungsverlust bei einer Langzeit-Stimulation der β_1-Adrenozeptoren ist in der Literatur dokumentiert [6,15]. Der Mechanismus, der zu einem Katecholamin-refraktären Verhalten der β-Adrenozeptoren führt, ist bislang nicht geklärt. Neuere Untersuchungen zeigen, daß der Verlust der Ansprechbarkeit gegenüber β-adrenerger Stimulation begleitet ist von einer Abnahme der Sensitivität und der Dichte der sarkolemmalen β_1-Adrenozeptoren, ausgelöst durch erhöhte Spiegel endogener Katecholamine [1,3,8,4,5,16]. Darüberhinaus verstärkt und beschleunigt die zusätzliche Anwendung exogener Katecholamine die „Rezeptor-Downregulation" in der sarkolemmalen Membran [6,15]. In neuerer Zeit wurde zudem eine vermehrte Expression inhibitorischer G-Proteine ($_i$) beschrieben, so daß insgesamt die hemmenden Einflüsse auf die Adenylatzyklase an Bedeutung gewinnen [17].

Die klinische Anwendung des Histamin-H_2-Agonisten Impromidin hat gezeigt, daß aufgrund des β-Adrenozeptor-unabhängigen Wirkungsmechanismus über einen direkten H_2-Rezeptor-vermittelten positiv inotropen Effekt am Herzen eine Verbesserung der myokardialen Kontraktilität erreicht werden kann. Zudem tritt durch die H_2-Rezeptor-vermittelte Vasodilatation venöser und arterieller Gefäße eine ausgeprägte Senkung der Vorlast und der Nachlast des Herzens ein. Diese hämodynamische Konstellation von Reduktion des kardialen Pre- und des Afterload in Kombination mit direkter positiv inotroper Stimulation führte bei Patienten mit schwerer Katecholamin-insensitiver Herzinsuffizienz zu einer ausgeprägten Verbesserung der Hämodynamik [8]. Darüberhinaus war nach einer Behandlung mit Impromidin über 5 Tage die Ansprechbarkeit auf Katecholamine (Dobutamin) signifikant verbessert, was als Folge einer β-Adrenozeptor-Up-Regulation interpretiert wurde [18]. Diese günstigen Effekte von Impromidin stellen einen neuen vielversprechenden Ansatz in der Behandlung der Herzinsuffizienz dar. Allerdings verursachte Impromidin verschiedene substanzspezifische Probleme, die uns zur Suche nach neuen, ökonomischer herstellbaren H_2-Rezeptoragonisten mit besserem hämodynamischen Profil und geringeren Nebenwirkungen veranlaßte. Die vorliegenden präklinischen Ergebnisse zeigen, daß die neu entwickelten „Kardiohistaminergika" der Arpromidin-Reihe [9], insbesondere die difluorierten Analoge BU-E-75 (3,4-F_2) und BU-E-76 (3,5-F_2), der Referenzsubstanz Impromidin in verschiedener Hinsicht überlegen sind. Das arrhythmogene Potential von Arpromidin ist weniger ausgeprägt und im Falle der Difluorverbindungen traten selbst in den höchsten getesteten Konzentrationen im Wirkungsmaximum praktisch keine Arrhythmien auf. Die Experimente am isoliert perfundierten Herzen sowie die in vivo Untersuchungen unter physiologischen Bedingungen und am Modell der Vasopressin-induzierten akuten Herzinsuffizienz haben gezeigt, daß die positiv inotrope und vasodilatatorische Potenz der neuen H_2-Rezeptoragonisten weit höher ist als die des Impromidins.

Die vorliegende Studie kann jedoch die offensichtliche öberlegenheit der H_2-Agonisten des Arpromidin-Typs nicht erklären. Bei Untersuchungen in vitro an isolierten spontan schlagenden Meerschweinchen-Atrien (positiv chronotrope Wirkung) erwiesen sich Arpromidin, BU-E-75 und BU-E-76 als volle Agonisten mit 2-3fach höherer Potenz als Impromidin [9]. Die „order of potency" ist vergleichbar mit den an isoliert perfundierten Herzen (Tabelle 1) und an isolierten Papillarmuskeln des Meerschweinchens gefundenen positiv inotropen Aktivitäten [9,10]. In vivo sind dagegen die Unterschiede in den Wirkstärken wesentlich ausgeprägter. Vergleicht man äquieffektive Dosierungen von BU-E-75, BU-E-76 und Impromidin, so sind – bezogen auf die Zunahme von LVdp/dt – die neuen H_2-Agonisten mindestens um den Faktor 100 potenter als die Referenzsubstanz. Zudem wird die Herzfrequenz in vivo gegensätzlich beeinflußt. Daher ist nicht auszuschließen, daß die in vivo Ergebnisse die Beteiligung zusätzlicher

Mechanismen widerspiegeln, z.B. die Aktivierung des Baroreflexmechanismus und/oder sekundäre metabolische Einflüsse im Hinblick auf die negativ chronotrope Wirkung. Die quantitativen Differenzen zwischen den Aktivitäten in vitro und in vivo könnten auch – zumindest teilweise – auf pharmakokinetische Unterschiede durch die höhere Lipophilie der „affinitätsvermittelnden Partialstruktur" der Substanzen des Arpromidin-Typs (Pheniramin-Teil) im Vergleich zum Cimetidin-Strukturelement des Impromidins zurückzuführen sein.

Schlußfolgerungen

Insgesamt sprechen die bislang vorliegenden präklinischen Ergebnisse für eine weitere Entwicklung der H_2-Agonisten der Arpromidin-Reihe zur therapeutischen Anwendung. Es scheint erforderlich, die kardiovaskulären Effekte und die Potenz dieser neuen Substanzen an Patienten mit schwerer Herzinsuffizienz zu untersuchen, um zu erfahren, ob ihre kombinierte positiv inotrope und vasodilatatorische Wirkung gegenüber einer konventionellen Therapie mit Katecholaminen, Digitalis, Diuretika und Nitraten zusätzliche Vorteile bietet.

Die vorliegende Arbeit wurde von der Deutschen Forschungsgemeinschaft (DFG) unterstützt (Ba 666/1-2, Ba 666/1-3 und Ba 666/2-3).

Literatur

1. Baumann G, Rieß G, Erhardt WD, Felix SB, Ludwig L, Blümel G, Blömer H:
Impaired beta-adrenergic stimulation in the uninvolved ventricle post-acute myocardial infarction: reversible defect due to decline in number and affinity of beta-receptors.
Am Heart J 101:569–581 (1981)

2. Baumann G, Felix SB, Schrader J, Heidecke CD, Rieß G, Erhardt WD, Ludwig L, Loher U, Sebening F, Blömer H:
Cardiac contractile and metabolic effects mediated via the myocardial H_2-receptor adenylate cyclase system – characterization of the two new specific H_2-receptor agonists, impromidine and dimaprit in the guinea-pig and human myocardium.
Res Exp Med 179:81–98 (1981)

3. Baumann G, Felix SB, Rieß G, Loher U, Ludwig L, Blömer H:
Effective stimulation of cardiac contractility and myocardial metabolism by impromidine and dimaprit, two new H_2-agonistic compounds in the surviving, catecholamine insensitive myocardium after coronary occlusion,
Cardiovasc Pharmacol 4:542–553 (1982)

4. Baumann G, Mercader D, Busch U, Felix SB, Loher U, Ludwig L, Sebening H, Heidecke CD, Hagl S, Sebening F, Blömer H:
Effects of the H_2-receptor agonist impromidine in the human myocardium from patients with heart failure due to mitral and aortic valve disease.
J Cardiovasc Pharmacol 5:618–625 (1983)

5. Bristow MR, Ginsburg R, Minobe WBS, Cubicciotti RS, Sageman WS, Lurie K, Billingham ME, Harrison DC, Stinson E:
Decreased catecholamine sensitivity and β-adrenergic receptor density in failing human hearts.
N Engl J Med 307:205–211 (1982)

6. Baumann G, Felix SB, Heidecke CD, Rieß G, Loher U, Ludwig L, and Blömer H:
Apparent superiority of H_2-receptor stimulation and simultaneous β-blockade over conventional treatment with β-sympathomimetic drugs in post-acute myocardial infarction.
Agents Actions 15:216–228 (1984)

7. Durant GJ, Duncan WAM, Ganellin CR, Parsons ME, Blakemore RC, Rasmussen AC:
Impromidine (SK&F 92676) is a very potent and specific agonist for histamine H_2-receptors.
Nature (London) 276:403–405 (1978)

8. Baumann G, Permanetter B, Wirtzfeld A:
Possible value of H_2-receptor agonists for treatment of catecholamine-insensitive congestive heart failure.
Pharmacol Ther 24:165–177 (1984)

9. Buschauer A.:
Synthesis and in vitro pharmacology of arpromidine and related phenyl(pyridylalkyl)guanidines, a potential new class of positive inotropic drugs.
J Med Chem 32:1963–1970 (1989)

10. Buschauer A, Baumann G:
Structure-activity relationships of histamine H_2-agonists, a new class of positive inotropic drugs.
Agents Actions 33 (Suppl): 231–256 (1991)

11. Schrader J, Baumann G, Gerlach E:
Adenosine as inhibitor of myocardial effects of catecholamines.
Pfluegers Arch 372:29–35 (1977)

12. Felix SB, Baumann G, Rasche P, Maus C, Berdel WE:
Cardiovascular reactions and respiratory events during platelet activating factor-induced shock.
Bas Res Cardiol 85:217–226 (1990)

13. Felix SB, Baumann G, Hashemi T, Niemczyk M, Ahmad Z, Berdel WE:
Characterization of cardiovascular events mediated by platelet activating factor during systemic anaphylaxis.
J Cardiovasc Pharmacol 15:989–997 (1990)

14. Neumann G, Erhardt WD, Oberhuber B, Fritsch R, Blümel B:
A new highly potent and short-acting analgesic, carfentanyl (R 33709), in combination with a hypnotic agent, etomidate (R 26494), as a method of anaesthesia in guinea-pigs.
Res Exp Med 177:135–143 (1980)

15. Unverferth DV, Blaunford M, Kates RE, Leier CV:
Tolerance to dobutamine after a 72-hour continuous infusion.
Am J Med 69:262–266 (1980)

16. Lefkowitz RJ, Hausdorff WP, Caron MG,
Role of phosphorylation in desensitization of β-adrenoceptors.
Trends Pharmacol Sci 11:190–194 (1990)

17. Feldman AM, Cates AE, Veazey WB, Hershberger RE, Bristow MR, Baughman KL, Baumgartner WA, Van Dop C:
Increase of the 40,000-mol wt pertussis toxin substrate (G protein) in the failing human heart.
J Clin Invest 82:189–197 (1988)

18. Baumann G, Mercader D, Permanetter B, Busch U, Ningel K, Wirtzfeld A, Blömer H:
A new therapeutic approach in congestive heart failure: combined phosphodiesterase-inhibition with simultaneous H_2-receptor stimulation.
In: Frontiers in Histamine Research, Advances in The Biosciences, Vol 54, Ganellin CR, Schwartz JC (eds), Pergamon Press, 1985, pp 325–333

19. Felix SB, Buschauer A, Baumann G:
Therapeutic value of H_2-Receptor stimulation in congestive heart failure. Hemodynamic effects of BU-E-76, BU-E-75 and arpromidine (BU-E-50) in comparison to impromidine.
Agents Actions 33 (Suppl): 257–269 (1991)

Diskussion Vortrag Baumann

Strauer:

Hat die Therapie mit Dopexamin einen quantitativen Effekt auf die Prognose der Herzinsuffizienz?

Baumann:

Ich gehe davon aus, daß Sie nicht in die Diskussion über den Effekt einer chronischen Dauerbehandlung mit positiv inotropen Substanzen auf die Überlebensquote eintreten wollen. Was in diesem Vortrag diskutiert wurde, sind Anwendungen auf der kardiologischen Intensivstation bei schwerst herzinsuffizienten Patienten. Bei diesen Patienten war das Myokard so stark vorgeschädigt, daß es auf eine reine Vor- und Nachlaßsenkung eben nicht mit einem adequaten Anstieg des Herzminutenvolumens reagierte, und somit der arterielle Blutdruck abfiel. Wir haben serienweise die Erfahrung gemacht, daß Patienten, die vorher unter einer klassischen Medikation dekompensiert sind, nach einer Behandlungsperiode von 48 Stunden wieder so rekompensiert waren, daß die konventionelle Medikation, unter der sie vorher dekompensiert waren, wieder wirkte, so daß diese Patienten die Klinik wieder verlassen konnten. Obwohl es diesbezüglich keine kontrollierten Untersuchungen gibt, kann aufgrund der Erfahrung festgestellt werden, daß bei dieser Art von Anwendung auf der Intensivstation kurzfristig vorteilhafte Effekte erzielt werden können. Dafür spricht ja auch die allgemeine Erfahrung mit der intravenösen Katecholamintherapie, von der auf der ganzen Welt überall Gebrauch gemacht wird, wenn die Patienten in ein Low-Output-Failure geraten. Die von Ihnen vermutlich angesprochene Dauertherapie über ein halbes oder ein Jahr mit inotropen Substanzen bei der chronischen Herzinsuffizienz ist ein komplett anderes Problem.

Bassenge:

Ich glaube auch nicht, daß die Dilatatortherapie die eigentliche Schädigung des kontraktilen Apparates verlangsamt, obwohl es dem Patienten zumindest zeitweise deutlich besser geht. Die Dilatatortherapie scheint unter anderen Gesichtspunkten jedoch sehr vorteilhaft, jedenfalls was die Niere anbetrifft.

Haben Sie untersucht, wie es nun mit der Downregulation der β_2-Rezeptoren ist und wie es mit einer gleichzeitigen Reduktion oder up-Regulation - je nachdem von welcher Seite man das betrachtet - der β_1-Rezeptoren aussieht. Das wird ja nicht so hoch spezifisch sein. Wahrscheinlich wird man damit auch eine weitere β_1-Suppression bekommen?

Baumann:

Das ist eben nicht der Fall. Beim β_2-Rezeptorensystem ist es nach Untersuchungen von anderen Arbeitsgruppen, z. B. von Böhm in Großhadern und auch von Brodde in Essen, offensichtlich so, daß die β_2-Rezeptoren über weite Strecken der Erkrankungen nicht downregulieren. Lediglich im terminalen Stadium werden sie wohl von ihrer Zyklase entkoppelt, so daß dort auch in einem sehr späten Stadium funktionell ein Wirkverlust eintritt.

Zu Ihrer nächsten Frage: Wenn Sie β_1-Rezeptor-unabhängig einen positiv inotropen Effekt am Herzen induzieren, z. B. mit H_2-Agonisten oder mit PDE-III-Inhibitoren, dann bekommen Sie sehr schnell eine Situation, wo die endogenen Katecholamine im Plasma fallen. Als Folge der β-Rezeptor-unabhängig verbesserten hämodynamischen Gesamtsituation entfällt dann die Notwendigkeit für den erhöhten sympathischen Drive. Die endogenen Katecholamine fallen ab, und die β_1-Rezeptorpopulation nimmt an Dichte wieder zu. Sie bekommen eine deutlich verbesserte Ansprechbarkeit auf Dobutamin, wie wir dies in kontrollierten Studien untersucht und mit dem H_2-Agonisten Impromidin, jedoch auch mit Amrinon in sehr ausgeprägtem Maße feststellen konnten. Diese Patienten regulieren innerhalb oder nach einer 5tägigen Behandlungsperiode auf subnormale Rezeptorzahlen hoch. Und dies wiederum geht regelmäßig mit einer deutlich verbesserten Belastungsfähigkeit einher.

Puschendorf:

Haben Sie nach dem physiologisch vorkommenden vasodilatorisch wirksamen cGMP-System geschaut? Verändert es sich oder bleibt es gleich, oder ist es nicht untersucht?

Baumann:

Dies wurde von uns sowohl für Dopexamin als auch für Dobutamin untersucht. Interessanterweise fielen bei diesen Patienten, bei denen bereits über Jahre eine schwere Herzinsuffizienz bestand, nach Applikation von Dobutamin und Dopexamin innerhalb weniger Minuten die Plasmaspiegel von cGMP ab, ebenso die des atrialen natriuretischen Faktors (ANF). Dies wurde kürzlich in 2 Arbeiten (Zeitschrift für Kardiologie, European Heart Journal) von unserer Arbeitsgruppe publiziert.

Schimke:

Ich möchte noch einmal auf diese Downregulation zurückkommen. Ist es eine typische Downregulation mit der Internalisierung des Rezeptors, oder kann man sich unter Umständen auch vorstellen, daß es durch die Katecholamine zu einer toxischen Schädigung des Rezeptors kommt? Ich will auch gleich sagen, warum ich diese Frage stelle: Wir haben uns relativ lange mit dem Einfluß von Sauerstoffradikalen auf diesen β-Rezeptor beschäftigt. Wir finden etwa gleiche Verläufe, wie Sie sie hier gezeigt haben. Ferner ist aus der Literatur bekannt, daß gerade die Katecholamine relativ, im Zuge der Autooxidation, sehr gute Quellen für Sauerstoffradikale sind. Und unter Ihren Bedingungen, z.B. beim akuten Myokardinfarkt, ist bekannt, daß die Monoaminoxidase gehemmt ist, so zumindest zu einem bestimmten Teil die Autooxidation möglich ist. Da ergibt sich für mich die Frage, ob auch ein solcher Mechanismus möglich erscheint. Was passiert eigentlich, wenn ich das Katecholamin in Zusammenhang mit einem Antioxidans gebe? Wirkt es dann?

Baumann:

Ja, das ist eine sehr gute Frage. Ich glaube, daß es möglicherweise beides ist. Ich habe das allerdings in einer etwas anderen als in der von Ihnen jetzt aufgezeigten Konstellation untersucht. Die Internalisierung spielt auf jeden Fall eine Rolle. Wir haben beispielsweise die Spontan-Recovery untersucht. Es dauert etwa 6 Wochen, bis wieder normale β-Rezeptor-Zahlen erreicht sind. In einer weiteren Untersuchungsserie haben wir die Abhängigkeit dieser Spontan-Recovery von einer Hemmung der Proteinbiosynthese untersucht, und es zeigte sich, daß dieser Prozeß komplett hemmbar ist. Untersuchungen mit einer gleichzeitigen Gabe von Antioxidantien habe ich nie durchgeführt, ich müßte diesbezüglich spekulieren. Andererseits erweist sich - wie ich Ihnen gezeigt habe - eine β-Blockade als äußerst effizient, diesen Prozeß zu verhindern. Ist das mit Ihren Befunden in Einklang zu bringen?

Schimke:

Ja, das ist in Einklang zu bringen. Wenn ich die entsprechenden oxidablen Gruppen an diesen β-Rezeptoren besetze, dann habe ich natürlich keine Chance durch das Sauerstoffradikal. Es sind in aller Regel SH-Gruppen, die dort eine Rolle spielen. Nun steht für mich noch eine zweite Frage an: Wir haben beobachtet, daß der β-Rezeptor unter den Sauerstoffradikalen heruntergeht bzw. herunterreguliert wird. In der ganz frühen Phase sieht man einen initialen Anstieg und danach einen sehr starken Anstieg der Affinität des Rezeptors. Und das ist ja eigentlich auch logisch. Wenn der Organismus mehr Katecholamine ausschüttet, dann muß natürlich das Empfängerorgan auch bereit sein, diese Katecholamine aufzunehmen. Haben Sie irgendwann einmal den Anhaltspunkt, daß es tatsächlich zu diesem frühen Zeitpunkt am β-Rezeptor zu einer Steigerung der Affinität für das Katecholamin kommt, nachgeprüft?

Baumann:

Diese Frage kann ich Ihnen klar beantworten. We haben beim Infarkt die ersten

Untersuchungen 6 Stunden nach Beginn des Infarktereignisses gemacht. Vorher nicht. Ich kann also keine Aussagen machen, was die ersten 6 Stunden betrifft. Danach ist das Gegenteil der Fall. Nach 6 Stunden setzt langsam schon eine Abnahme des K_D-Wertes ein, also eine Affinitätsminderung, praktisch parallel zu der Abnahme der β-Rezeptor-Zahl.

Wenzel:

Haben Sie den cAMP-Spiegel gemessen? Und korreliert der gut mit dem Abfall der Rezeptoren?

Baumann:

In unseren Experimenten korreliert der cAMP-Spiegel ganz eindeutig mit dem Abfall der Rezeptoren.

Wenzel:

Kann man über die Hemmung der Phosphodiesterase etwas erreichen?

Baumann:

Ja, bezüglich der Kontraktilität sicher, aber in diesem pathophysiologischen Prozeß spielen Veränderungen der Phosphodiesteraseaktivität selbst überhaupt keine Rolle. Entscheidend ist die Abnahme der Stimulierbarkeit der Adenylatzyklaseaktivität. Der Spiegel des cAMPs im Gewebe geht mit der β_1-Rezeptor-Zahl parallel herunter und korreliert sehr genau.

Reaktiver Sauerstoff als Mediator der Gewebezerstörung

Herbert de Groot

Klinische Forschergruppe Leberschädigung, Institut für Physiologische Chemie I, Heinrich-Heine-Universität Düsseldorf, Moorenstraße 5, D-40225 Düsseldorf

Aktivierte Sauerstoffspezies

Zu den aktivierten Formen des Sauerstoffs zählen unter anderem Wasserstoffperoxid (H_2O_2), organisches Hydroperoxid (ROOH), Singulettsauerstoff ($^1O_2$), Triplettcarbonyl ($^3R{=}O$), Hypochlorit (ClO^-) und die Radikale Hydroxyl ($OH^•$), Alkoxyl ($RO^•$), Peroxyl ($ROO^•$), Superoxidion ($O_2^{-•}$) und Stickstoffmonoxid ($NO^•$). Die aktivierten Sauerstoffspezies unterscheiden sich deutlich voneinander in ihrer Reaktivität mit biologischen Molekülen (Sies 1986; Halliwell u. Gutteridge 1989; Elstner 1990). Während einige Spezies, wie z.B. $O_2^{-•}$ und H_2O_2, nur mit wenigen biologischen Molekülen reagieren, reagieren andere, wie z.B. das OH-Radikal, nahezu sofort mit einer Vielzahl von verschiedenen Substanzen. Aus den weniger reaktiven aktivierten Sauerstoffspezies können allerdings die reaktiveren entstehen. So kann in der durch Eisen oder Kupfer katalysierten Haber-WeissReaktion aus $O_2^{-•}$ und H_2O_2 das OH-Radikal gebildet werden. Ionen der Übergangsmetalle Eisen und Kupfer spielen als Chelat-Komplexe nicht nur bei dieser Reaktion, sondern insgesamt eine herausragende Rolle bei der Entstehung des reaktiven Sauerstoffs, z.B. auch bei der Lipidperoxidation, auf die später noch eingegangen wird. Nicht immer ist jedoch Metallionenkatalyse notwendig, um zur Bildung der besonders reaktiven Formen der aktivierten Sauerstoffspezies zu gelangen. Ein Beispiel hierfür ist die Reaktion von $NO^•$ mit $O_2^{-•}$ (Beckman et al. 1990). Beide Radikale lagern sich zunächst zum Peroxinitrition ($ONOO^-$) zusammen. Dies kann nach Protonierung zum OH- und Stickstoffdioxid-Radikal ($NO_2^{-•}$) zerfallen.

Antioxidantien

Aktivierte Sauerstoffspezies entstehen bereits unter physiologischen Bedingungen. Sie werden gebildet durch die katalytische Funktion von Oxidasen wie der D-Aminosäure-Oxidase, die in einer Ein- oder Zwei-Elektronen-Reduktion $O_2^{-•}$ bzw. H_2O_2 (O_2^{2-}) bilden. Neben dieser Entstehung von reaktivem Sauerstoff als Resultat einer regelgerechten biologischen Funktion, werden $O_2^{-•}$ und H_2O_2, mit dem Schwergewicht bei der durch ein Elektron reduzierten Form, auch freigesetzt durch Fehlfunktionen biologischer elektronenübertragender Moleküle. Beispiele hierfür sind die mitochondriale Atmungskette, wo unter anderem die Freisetzung von $O_2^{-\bullet}$ aus dem Ubisemichinon und dem NADH-Dehydrogenase-Komplex beschrieben worden ist, und das mikrosomale Elektronentransportsystem des Hepatozyten, in dem Elektronen vom Cytochrom P-450 und der Cytochrom P-450-Reduktase freigesetzt werden können.

Reaktive Sauerstoffspezies, die auf diese Weise bereits unter physiologischen Bedingungen entstehen, sind normalerweise ohne nachweisbar schädigende Wirkung auf die Vitalität der entsprechenden Zellen. Dies ist die Folge einer Reihe von Schutzmechanismen, die - in allerdings unterschiedlicher Qualität und Quantität - in jeder Zelle, die mit O_2 konfrontiert ist, vorkommen (Sies 1986; Halliwell u. Gutteridge 1989; Elstner 1990). Diese Schutzmechanismen (Antioxidantien) lassen sich unterteilen in enzymatische und nichtenzymatische. Beispiele für enzymatische Antioxidantien sind die Superoxid-Dismutase und die Katalase, die die Dismutation von $O_2^{-\bullet}$ zu H_2O_2 und O_2 bzw. den Abbau des H_2O_2 zu O_2 und H_2O katalysieren. Ein bekanntes Beispiel eines nichtenzymatischen Antioxidans ist das α-Tocopherol (Vitamin E), das freie Radikale inaktiviert unter Bildung eines weniger reaktiven α-Tocopheroxyl (Chromanoxyl)-Radikals. Dies kann enzymatisch unter anderem durch Ascorbinsäure wieder zum α-Tocopherol reduziert werden.

Zwei Möglichkeiten der Gewebezerstörung durch reaktiven Sauerstoff

Reaktiver Sauerstoff kann auf zweierlei Weise an einer Gewebeschädigung beteiligt sein. Er kann zum einen durch direkte Reaktion mit biologischen Bausteinen diese so verändern, daß sie ihre normale Funktion nicht mehr erfüllen können. Handelt es sich hierbei um Moleküle, die essentiell für die Lebensfähigkeit einer Zelle sind, wird auf diese Weise der Untergang dieser Zelle eingeleitet. Unter pathogenetischen Gesichtspunkten sind insbesondere die Reaktionen mit Nukleinsäuren, Proteinen und Lipiden von Interesse. Am besten untersucht ist die Reaktion mit Lipiden, insbesondere die Reaktion mit ungesättigten Fettsäuren der Phospholipide biologischer Membranen (Kappus 1985; Halliwell u. Gutteridge 1989; Elstner 1990). In dieser sog. Lipidperoxidation (Abb. 1) entsteht durch Addition eines freien Radikals an eine Doppelbindung oder durch Wasserstoffabstraktion von einer mehrfach ungesättigten Fettsäure ein Lipidradikal. Dieses reagiert mit O_2 in einer diffusionskontrollierten Reaktion zum entsprechenden Peroxylradikal. Außer dieser Initiierung besteht der Gesamtvorgang der Lipidperoxidation aus einer Vielzahl von Kettenfortpflanzungs-, aber auch Kettenabbruchreaktionen, und es wird eine große Zahl von

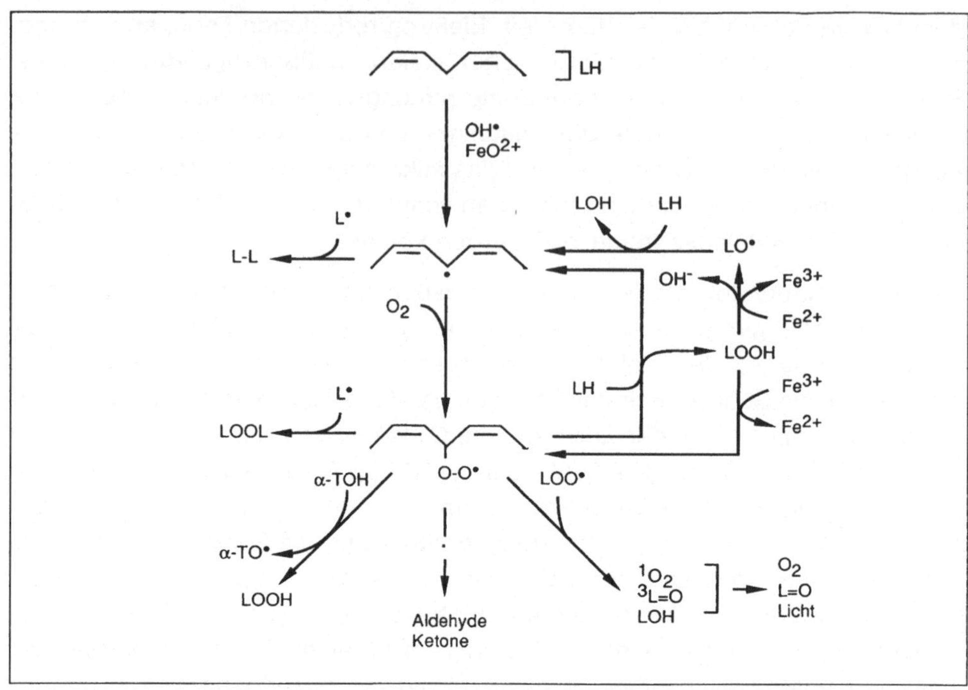

Abb. 1
Reaktionen der durch freie Radikale (z.B. OH•) oder Eisensauerstoffkomplexe wie dem Ferrylion (FeO^{2+}) induzierten Lipidperoxidation. LH steht für die mehrfach ungesättigte Fettsäure eines Membranphospholipids. α-TOH bedeutet α-Tocopherol.

Intermediaten und Produkten gebildet. Für die Kettenfortpflanzung ist die Katalyse durch Übergangsmetallionen entscheidend. Als Folge der Lipidperoxidation kommt es zu einer Veränderung der physikalischen Eigenschaften der biologischen Membranen, wie z.B. der Fluidität und der Permeabilität. Darüber hinaus können die reaktiven Intermediate und Produkte, wie z.B. 4-Hydroxyalkenale, mit anderen zellulären Bestandteilen (Enzyme, Transportproteine usw.) reagieren und diese inaktivieren (Comporti 1985).

Eine zweite Möglichkeit der Beteiligung reaktiven Sauerstoffs an einer Gewebeschädigung ist die Aktivierung bestimmter Zellen. So wirken beispielsweise Lipidperoxidationsprodukte chemotaktisch auf Granulozyten (Petrone et al. 1980; Curzio 1988), und es ist bekannt, daß Fibroblasten durch reaktiven Sauerstoff zur Bildung von Collagen aktiviert werden können (Houglum et al. 1991). Der letztere Vorgang ist möglicherweise von erheblicher Bedeutung für die Fibrogenese der Leber und anderer Organe (Gressner 1991).

Reperfusionsschädigung der Leber

Seit fast 20 Jahren ist das Phänomen bekannt, daß bei Wiederdurchblutung eines Gewebes nach einer ischämischen Phase eine zusätzliche Schädigung auftreten kann (Hearse et al. 1973). Als wesentliche Ursache dieser Reperfusionsschädigung wird die Wiederversorgung mit O_2 angesehen (O_2-Paradoxon, Reoxygenierungsschädigung).

An der Reperfusionsschädigung der Leber ist reaktiver Sauerstoff wahrscheinlich in entscheidender Weise beteiligt. In einer Reihe von Experimenten ist die Freisetzung von reaktivem Sauerstoff bei Reperfusion (Reoxygenierung) der ischämischen (hypoxischen) Leber sowie eine deutliche Schutzwirkung von Antioxidantien gezeigt worden (u.a. Marubayashi et al., 1986; Metzger u. Lauterburg, 1988; Omar et al. 1989). An Hand von Experimenten, die wir mit isolierten Leberzellen in Kultur durchgeführt haben, sollen im folgenden einzelne Charakteristika dieser Reperfusionsschädigung - im Falle von Experimenten mit isolierten Zellen besser als Reoxygenierungsschädigung bezeichnet - vorgestellt werden.

In Hepatozyten ist eine deutliche Reoxygenierungsschädigung nur in einer vulnerablen Phase auszulösen (de Groot u. Brecht 1991). Wiederversorgung der Zellen mit O_2 vor dieser vulnerablen Phase führt zum Überleben der zu diesem Zeitpunkt noch vitalen Zellen, Reoxygenierung in der vulnerablen Phase hingegen zu einem schnellen Absterben nahezu aller Hepatozyten innerhalb einer relativ kurzen Zeit. Bei Wiederzufuhr von O_2 zu einem sehr späten Zeitpunkt, wenn bereits ein Großteil der Zellen aufgrund des O_2-Mangels seine Vitalität verloren hat (hypoxische Zellschädigung), tritt die Reoxygenierungsschädigung deutlich verzögert auf. Die Reoxygenierungsschädigung der Hepatozyten wird offensichtlich durch reaktiven Sauerstoff vermittelt, da sie nahezu vollständig durch Superoxid-Dismutase und Katalase verhindert werden kann; allerdings ist hierzu die Anwesenheit beider Enzyme notwendig (de Groot u. Brecht 1991). Im Einklang mit dieser entscheidenden Rolle aktivierter Sauerstoffspezies bei der Reoxygenierungsschädigung der Hepatozyten ist bei Reoxygenierung in der vulnerablen Phase, und nur dann, eine vermehrte Freisetzung von reaktivem Sauerstoff zu messen (Littauer u. de Groot 1992) (Abb. 2); interessanterweise hält die Freisetzung aktivierter Sauerstoffspezies an, wenn bereits alle Zellen ihre Vitalität verloren haben. Der Ort der Freisetzung des reaktiven Sauerstoffs innerhalb der Hepatozyten ist zur Zeit nicht bekannt. Eine Reihe von Befunden, nicht nur im Zellkulturmodell, sondern auch in der intakten Leber (Jaeschke u. Mitchell 1989), sprechen für die mitochondriale Atmungskette als maßgebliche Quelle der reaktiven Formen des Sauerstoffs. Neben der vermehrten Freisetzung von reaktivem Sauerstoff spielt wahr-

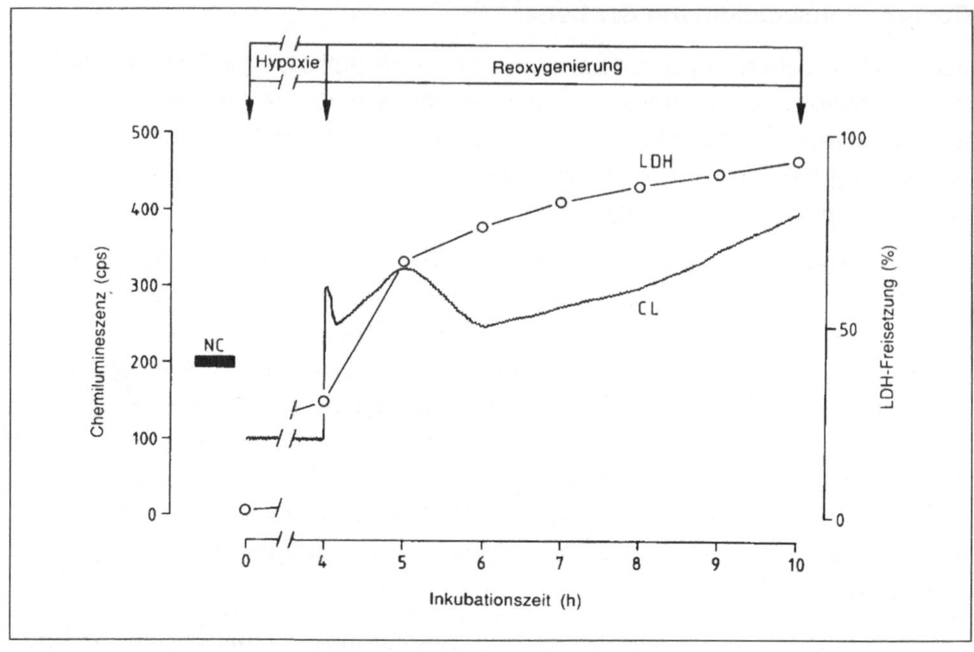

Abb. 2
Freisetzung von aktivierten Sauerstoffspezies und Induktion der Reoxygenierungsschädigung in Hepatozyten. Kultivierte Rattenhepatozyten wurden zunächst für 4 h unter hypoxischen Bedingungen (Sauerstoffpartialdruck < 0,1 mm Hg) inkubiert. Anschließend wurden sie durch Aufblasen eines Gasgemisches bestehend aus $O_2/CO_2/N_2$ (21 %/5 %/74 %) reoxygeniert. Die Experimente wurden bei 37 °C durchgeführt. Die Freisetzung von reaktivem Sauerstoff wurde mittels peroxidaseabhängiger Luminol-Chemilumineszenz (CL) gemessen; mit diesem Verfahren wird in erster Linie H_2O_2 nachgewiesen. NC zeigt das Ausmaß der Freisetzung von reaktivem Sauerstoff unter normoxischen Kontrollbedingungen. Die Zellschädigung wurde durch die Freisetzung der Lactat-Dehydrogenase (LDH) bestimmt.

scheinlich auch eine erhöhte Sensitivität der Zellen gegenüber der schädigenden Wirkung der aktivierten Sauerstoffspezies eine Rolle. Als Ursache für diese erhöhte Sensitivität könnte eine verminderte antioxidative Kapazität und/oder eine verminderte Reparaturfähigkeit aufgrund einer gestörten Energiebereitstellung verantwortlich sein.

Im Gegensatz zu Hepatozyten sind kultivierte sinusoidale Endothelzellen der Leber nahezu resistent gegenüber der hypoxischen Schädigung; allerdings ist hierzu die Anwesenheit von Glucose erforderlich (Hanßen et al. 1992). Die sinusoidalen Endothelzellen der Leber zeichnen sich wie auch andere Endothelzellen, z.B. die mikrovaskulären Endothelzellen des Herzens (Krützfeldt et al. 1990), durch eine hohe Glykolyserate aus. Bereits unter normoxischen Bedingungen setzen sie große Mengen Lactat frei. Diese Metabolisierung der Glucose zu Lactat kann durch Blockierung der mitochondrialen Atmungskette verdoppelt werden, und unter diesen Bedingungen kommt es trotz Ausfall der oxidativen Phosphorylierung zu keiner deutlichen Abnahme des Energiegehaltes der Endothelzellen. Eine Reoxygenierungsschädigung und die Freisetzung von reaktivem Sauerstoff bei Reoxygenierung wie oben für die Hepatozyten beschrieben, konnte in den sinusoidalen Endothelzellen nicht induziert werden - wahrscheinlich als Folge ihrer hohen Resistenz gegenüber der hypoxischen Schädigung (unveröffentlichte Ergebnisse).

Kupfferzellen in Kultur sind in Gegenwart von Glucose ähnlich resistent gegenüber der hypoxischen Schädigung wie die Endothelzellen. Bei Reoxygenierung kommt es jedoch zu einer Aktivierung der Kupfferzellen. Bereits wenige Minuten nach Wiederzufuhr von O_2 ist eine vermehrte Bildung von $O_2^{-\bullet}$ nachweisbar (Rymsa et al. 1991), und mit einer Verzögerung von ca. 2 h beginnt auch eine vermehrte Produktion von Prostanoiden wie dem Prostaglandin E_2 (de Groot et al. 1991) (Abb. 3). Als Folge der Bildung von reaktivem Sauerstoff kommt es einige Stunden später zum Absterben der Kupfferzellen. Quelle des reaktiven Sauerstoffs in den reoxygenierten Kupfferzellen ist wahrscheinlich die NADPH-Oxidase, die möglicherweise als Folge eines vermehrten Ca^{2+}-Einstroms aktiviert wird.

Die Versuche mit isolierten Leberzellen zeigen, daß der an der Reperfusionsschädigung der Leber beteiligte reaktive Sauerstoff aus verschiedenen Quellen

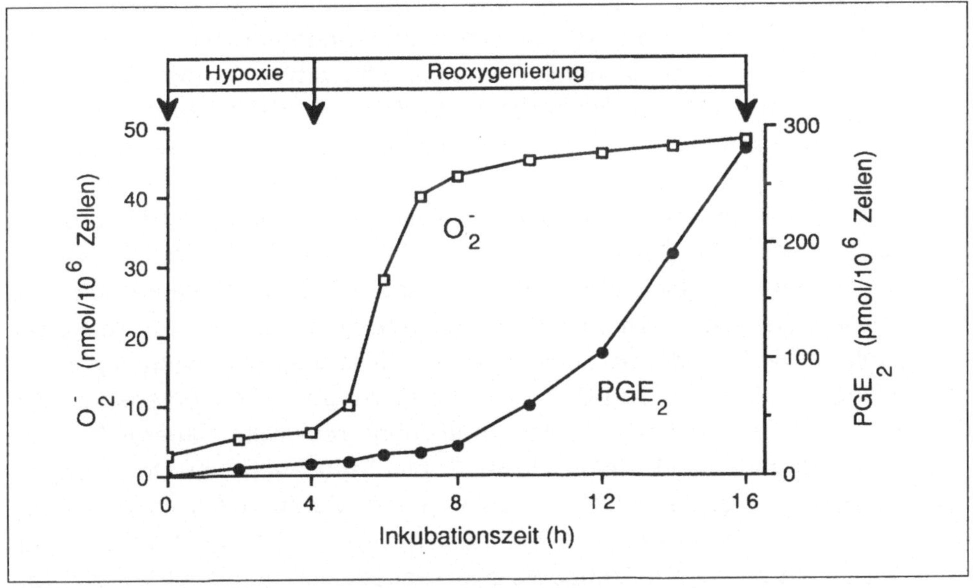

Abb. 3
Superoxidion- und Prostaglandin E_2-Bildung in Kupfferzellen nach Hypoxie/Reoxygenierung. Kultivierte Kupfferzellen aus der Rattenleber wurden zunächst 4 h unter hypoxischen Bedingungen inkubiert, anschließend wurden sie durch Aufblasen eines Gasgemisches bestehend aus $O_2/CO_2/N_2$ (21 %/5 %/74 %) reoxygeniert. Die Experimente wurden bei 37 °C durchgeführt. Die Freisetzung des Superoxidions (O_2^-) wurde durch die Superoxid-dismutase-hemmbare Reduktion von Cytochrom c bestimmt. Die Prostaglanin E_2-Bildung (PGE_2) wurde mittels Radioimmunoassay gemessen.

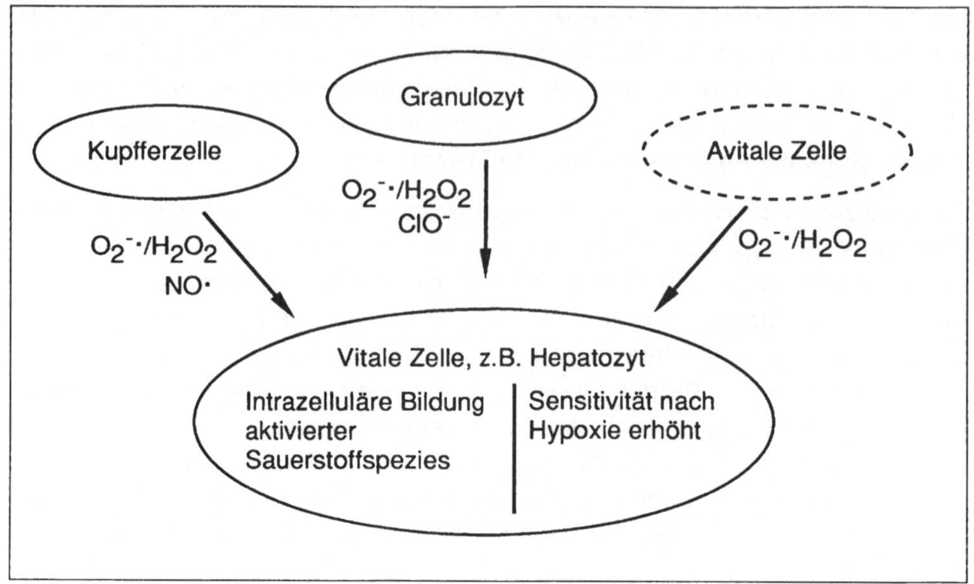

Abb. 4
Beteiligung aktivierter Sauerstoffspezies aus verschiedenen Quellen an der Reperfusionsschädigung der Leber.

stammen kann (Abb. 4). Aktivierte Sauerstoffspezies werden in Hepatozyten bereits unter physiologischen Bedingungen unter anderem von Oxidasen freigesetzt, sie werden vermehrt gebildet in einer vulnerablen Periode nach einer hypoxischen Phase und sie entstehen auch dann noch oder sogar vermehrt, wenn die Hepatozyten ihre Vitalität verloren haben. Unter diesen pathologischen Bedingungen spielt wahrscheinlich die mitochondriale Atmungskette eine große Rolle bei der Freisetzung der aktivierten Sauerstoffspezies durch Hepatozyten. Reaktiver Sauerstoff kann bei Reperfusion auch von aktivierten Kupfferzellen und Granulozyten freigesetzt werden. Während offensichtlich die Kupfferzellen allein durch Hypoxie/Reoxygenierung zur Bildung von reaktivem Sauerstoff aktiviert werden können, ist eine Aktivierung der Granulozyten zur Freisetzung von O_2^{-}/H_2O_2 und ClO^{-} unter Beteiligung von Leukotrienen (LTB_4), Cytokinen (z.B. TNF-α) und, wie bereits erwähnt, reaktivem Sauerstoff wahrscheinlich. Da zumindest einige dieser Substanzen auch von Granulozyten selbst gebildet werden können und Bildung von wie auch Aktivierung durch diese Substanzen in ähnlicher Weise auch für Kupfferzellen gilt, entsteht auf diese Weise ein pathogenetisches Netzwerk, bestehend aus einer Vielzahl von parakrinen und autokrinen Schleifen. In diesem Netzwerk spielt reaktiver Sauerstoff als Aktivator und, wahrscheinlich bedeutsamer, als direkter Vermittler der Gewebeschädigung eine maßgebliche Rolle. Die Gewebeschädigung durch aktivierte Sauerstoffspezies wird verstärkt durch eine erhöhte Sensitivität der Hepatozyten nach Hypoxie. Die Bedeutung der einzelnen Komponenten dieses pathogenetischen Netzwerks ist von vielen Faktoren, unter anderem der Ischämiezeit, warmer oder kalter Ischämie und dem Zeitpunkt nach der Reperfusion, abhängig. So kommt beispielsweise den Granulozyten offensichtlich eine besondere Rolle bei der Schädigung der Leber zu einem späten Zeitpunkt nach Reperfusion zu (Jaeschke u. Farhood 1991).

Reperfusionsschädigung des Herzens

Der hier umrissene Pathomechanismus der Reperfusionsschädigung der Leber gilt wahrscheinlich auch für eine Reihe von anderen Organen, wie z.B. Darm, Niere und Lunge (zur Übersicht siehe Omar et al. 1991). Zusätzlich gibt es jedoch weitere, organtypische Komponenten der Reperfusionsschädigung, die die Folge der spezifischen Eigenschaften eines Organs sind. Ein Beipiel hierfür ist das Herz. Hier ist wahrscheinlich die Hyperkontraktur ein zusätzlicher, wesentlicher Mechanismus der Reperfusionsschädigung (Piper 1989). Kurz skizziert kommt es bei Reperfusion als Folge einer Erhöhung der cytosolischen Ca^{2+}-Konzentration und eines Wiederanstiegs des Energie (ATP)-Gehalts zu einer Hyperkontraktur der kontraktilen Elemente. Zusammen mit einer erhöhten Fragilität als Folge von Veränderungen des Cytoskeletts und der Zellkontakte führt dies zu einem Zerreißen des Herzmuskelgewebes.

Aber auch für die Reperfusionsschädigung des Herzens gibt es Hinweise für eine Beteiligung von aktivierten Sauerstoffspezies. So ist unter anderem durch „spin trap"- und durch Chemilumineszenzverfahren die Bildung von aktivierten Sauerstoffspezies bei Reperfusion des Herzens nachgewiesen worden (z.B. Zweier et al. 1987; Henry 1990), und es konnte gezeigt werden, daß die antioxidative Kapazität des Herzens (u.a. Glutathion und Superoxid-Dismutase) nach Ischämie vermindert ist (Guarnieri et al. 1980; Meerson et al. 1982). Darüber hinaus sind von einer Reihe von Arbeitsgruppen Schutzwirkungen von Antioxidantien beschrieben worden. Diese Schutzwirkungen scheinen jedoch von der Art der Reperfusionsschädigung abhängig zu sein. Es konnte gezeigt werden, daß das Auftreten von Reperfusionsarrhythmien (ventrikuläre Tachykardien, Kammerflimmern) durch Antioxidantien deutlich vermindert wird (Bernier et al. 1989; Watanabe et al. 1989), und auch die Verminderung der Kontraktionskraft nach Reperfusion („stunned myocardium") war bei Zugabe von Antioxidantien deutlich geringer ausgeprägt (Gross et al. 1986; Westlin u. Mullane 1989). Keine einheitlich protektive Wirkung von Antioxidantien zeigten jedoch Untersuchungen, in denen der Vitalitätsverlust des Myocards als Maß der Reperfusionsschädigung bestimmt wurde (Omar et al. 1991).

Literaturverzeichnis

Beckman JS, Beckman TW, Chen J, Marshall PA, Freeman BA (1990)
Apparent hydroxyl radical production by peroxynitrite: implications for endothelial injury from nitric oxide and superoxide.
Proc Natl Acad Sci USA 87:1620-1624

Bernier M, Manning AS, Hearse DJ (1989)
Reperfusion arrhythmias: doserelated protection by anti-free radical interventions.
Am J Physiol 256:H1344H 1352

Comporti M (1985)
Biology of disease. Lipid peroxidation and cellular damage in toxic liver injury.
Lab Invest 53:599-623

Curzio M (1988)
Interaction between neutrophils and 4-hydroxyalkenals and consequences on neutrophil motility.
Free Rad Res Comms 5:55-66

de Groot H, Brecht M (1991)
Reoxygenation injury in rat hepatocytes: mediation by O_2^{-}/H_2O_2 liberated by sources other than xanthine oxidase.
Biol Chem Hoppe-Seyler 372:35-41

de Groot H, Brecht M, Gyenes M, Littauer A (1991)
Mechanisms of hypoxia reoxygenation injury in the liver.
Wissenschaftliche Zeitschrift der Humboldt-Universität zu Berlin, Reihe Medizin, Band 40, Heft 3, S. 15-20

Elstner EF (1990)
Der Sauerstoff,
Wissenschaftsverlag, Mannheim

Gressner AM (1991)
Liver fibrosis: perspectives in pathobiochemical research and clinical outlook.
Eur J Clin Chem Clin Biochem 29:293-311

Gross GJ, Farber NE, Hardman HF, Warltier DC (1986)
Beneficial actions of superoxide dismutase and catalase in stunned myocardium of dogs.
Am J Physiol 250:H372-H377

Guarnieri C, Flamigni F, Caldarera CM (1980)
Role of oxygen in the cellular damage induced by re-oxygenation of hypoxic heart.
J Mol Cell Cardiol 12 :797-808

Halliwell B, Gutteridge JMC (1989)
Free radicals in biology and medicine.
2nd ed. Oxford University Press

Hanßen M, de Groot H (1992)
Sinusoidal endothelial cells from rat liver: isolation, culturing and response to chemical hypoxia,
eingereicht zur Veröffentlichung

Hearse DJ, Humphrey SM, Chain EB (1973)
Abrupt reoxygenation of the anoxic potassium-arrested perfused rat heart: a study of myocardial enzyme release.
J Mol Cell Cardiol 5:395-407

Henry TD, Archer SL, Nelson D, Weir EK, From AHL (1990)
Enhanced chemiluminescence as a measure of oxygen-derived free radical generation during ischemia and reperfusion.
Circul Res 67:1453-1461

Houglum K, Brenner DA, Chojkier M (1991)
d-α-Tocopherol inhibits collagen α_1(I1) gene expression in cultured human fibroblasts. Modulation of constitutive collagen gene expression by lipid peroxidation.
J Clin Invest 87:2230-2235

Jaeschke H, Farhood A (1991)
Neutrophil and Kupffer cell-induced oxidant stress and ischemia-reperfusion injury in rat liver.
Am J Physiol 260 :G355-G362

Jaeschke H, Mitchell JR (1989)
Mitochondria and xanthine oxidase both generate reactive oxygen species in isolated perfused rat liver after hypoxic injury.
Biochem Biophys Res Commun 160:140-147

Kappus H (1985)
Lipid peroxidation: mechanisms, analysis, enzymology and biological relevance.
In: Sies H (Ed.) Oxidative Stress. Academic Press, New York, pp. 273-320

Krützfeld A, Spahr R, Mertens S, Siegmund B, Piper HM (1990)
Metabolism of exogenous substrates by coronary endothelial cells in culture.
J Mol Cell Cardiol 22:1393-1404

Littauer A, de Groot H (1992)
Release of reactive oxygen by hepatocytes on reoxygenation: three phases and role of mitochondria.
Am J Physiol, im Druck

Marubayashi S, Dohi K, Ochi K, Kawasaki T (1986)
Role of free radicals in ischemic rat liver injury: prevention of damage by a-tocopherol administration.
Surgery 99:184-192

Meerson FZ, Kagan VE, Kozlov YP, Belkina LM, Arkhipenko YV (1982)
The role of lipid peroxidation in pathogenesis of ischemic damage and the antioxidant protection of the heart.
Basic Res Cardiol 77:465-485

Metzger J, Lauterburg BH (1988)
Effect of allopurinol on oxidant stress and hepatic function following ischemia and reperfusion in the rat.
Liver 8:344349.

Omar B, McCord J, Downey J (1991)
Ischaemia-reperfusion.
In: Sies H (Ed.), Oxidative Stress. Oxidants and Antioxidants, Academic Press, New York, pp. 493-527

Omar R, Nomikos 1, Piccorelli G, Savino J, Agarwal N (1989)
Prevention of postischaemic lipid peroxidation and liver cell injury by iron chelation.
Gut 30:510-514

Petrone WF, English DK, Wong K, McCord JM (1980)
Free radicals and inflammation: superoxide-dependent activation of a neutrophil chemotactic factor in plasma.
Proc Natl Acad Sci USA 77:1159-1163

Piper HM (1989)
Energy deficiency, calcium overload or oxidative stress: possible causes of irreversible ischemic myocardial injury.
Klin Wochenschr 67:465-476

Rymsa B, Wang JF, de Groot H (1991)
O_2^- release by activated Kupffer cells upon hypoxia-reoxygenation.
Am J Physiol 261 :G602-G607

Sies H (1986)
Biochemie des oxidativen Stress.
Angew Chem 98:1061 -1075

Watanabe N, Inoue M, Morino Y (1989)
Inhibition of postischemic reperfusion arrhythmias by an SOD derivative that circulates bound to albumin with prolonged in vivo half-life.
Biochem Pharmacol 38:3477-3483

Westlin W, Mullane KM (1989)
Alleviation of myocardial stunning by leukocyte and platelet depletion.
Circulation 80:1828-1836

Zweier JL, Flaherty JT, Weisfeldt ML (1987)
Direct measurement of free radical generation following reperfusion of ischemic myocardium.
Proc Natl Acad Sci USA 84:1404-1407

Diskussion Vortrag de Groot

Maisch:

Sie hatten ja einleitend darauf hingewiesen, daß es möglicherweise am Herzen etwas anders als an der Leber ist. Es ist sicher auch bedenkenswert, daß es in isolierten Systemen, gerade in blutfreien Systemen, viel einfacher ist, bestimmte Effekte für freie Sauerstoffradikale zu zeigen, als in bluttragenden Systemen. Es gibt gerade in dem Augenblick, wo wir Blut zur Verfiigung haben, so viele im Blut vorhandene antioxidative Mechanismen, daß es schwer vorstellbar erscheint, daß nun gerade in einem so gut perfundierten Organ wie dem Herzen tatsächlich freie Radikale eine entscheidende Rolle spielen sollen, auch was die Reperfusionsschäden angeht. Mein Mitarbeiter Klein hat relativ lange und ausgiebig, auch mit Spin trap-Methoden, das Problem bezüglich des Reperfusionsschadens untersucht. Die Untersuchungen, die dann unter dem Einsatz z. B. von Vitamin E zustande gekommen sind, haben im Gegensatz eben zu diesen in vitro-Untersuchungen nicht zeigen können, daß ein Benefit durch den Einsatz z. B. von Vitamin E besteht.

De Groot:

Ja, ich möchte Ihnen durchaus Recht geben. Ich glaube, daß die Antioxidantien im Blut natürlich eine Rolle spielen, aber daß sie wahrscheinlich eben nicht der einzige Faktor sind. Es ist für andere Qrgane gesichert, daß reaktiver Sauerstoff eine Rolle bei der Reperfusionsschädigung spielt. Beim Herzen würde ich auch sehr vorsichtig sein, da scheint die Hyperkontraktur durchaus eine mindestens gleichwertige oder eben eine größere Rolle zu spielen. Es kann allerdings sein, daß wir wie bei der Leber immer wieder nur ein Zeitfenster haben, wo wir überhaupt diese Schädigung induzieren können. Es ist teilweise sehr schwer, dieses Fenster auch zu erwischen. Wenn man z.B. eine gehungerte Leber oder Zellen von einer gehungerten Leber nimmt, dann ist es praktisch unmöglich, diese Reoxygenierungsschäden überhaupt zu fassen, weil dann die ischämische Schädigung schon so schnell abläuft. Das könnte z.B. auch in Ihren Fällen eine Rolle spielen, und das könnte erklären, daß es kontroverse Berichte in der Literatur gibt.

Gressner:

Ihre Ergebnisse sind im wesentlichen aus Einzelzellkulturen entstanden. Mich würde interessieren, inwieweit evtl. eine parakrine Modulation des Reoxygenierungsschadens möglich ist. Wie würden sich Kokulturen z.B. von Kupfferzellen und Hepatozyten auf die Reoxygenierungsschädigung des Hepatozyten auswirken? Ich komme darauf, weil Sie sagen, daß durch weitere Reoxygenierung der Kupfferzellen ein starker Anstieg der Prostaglandin E_2-Produktion ausgelöst wird. Sie wissen, daß Methylprostaglandin E_2 auch zytoprotektiv bei ischämischen Leber- und Organschädigungen allgemeiner Art ist. Weiterhin ist in einer jüngeren Untersuchung gezeigt worden, daß TGF β angeblich auch zytoprotektive Wirkung haben soll, und auch die Kupfferzellen synthetisieren in erheblichem Ausmaße TGF β. Haben Sie Befunde, inwieweit die Reoxygenierungsschädigung der Hepatozyten durch parakrine Inkubationen mit einem Kokultursystem vielleicht moduliert wird?

De Groot:

Der nächste Schritt über unsere Einzelzellkulturen hinaus ist natürlich der zur Kokultur. Wir haben diese Untersuchung noch nicht gemacht. Wir haben jetzt Kokulturexperimente mit Endothelzellen und Kupfferzellen angefangen und sehen tatsächlich eine Verstärkung der Freisetzung von reaktivem Sauerstoff durch Kupfferzellen in Gegenwart dieser Endothelzellen. Ich glaube, auf jeden Fall ist das der Ansatz, den man machen müßte. Natürlich muß man jetzt von unserem Befund auch wieder auf das isolierte Organ gehen. Wir versuchen auch zusammen mit der Chirurgischen Klinik in Tübingen, das am Patienten zu verifizieren.

Dargel:

Wenn ich Sie richtig verstanden habe, haben Sie im wesentlichen die Mitochondrien dafür verantwortlich gemacht, daß die Radikale entstehen. Nun haben die Kupfferzellen und die Endothelzellen natürlich auch Mitochondrien. Gibt es da bessere protektive Mechanismen, also antioxidative, oder könnten nicht auch andere Systeme, z.B. das Cytochrom P-450-System, der Hepatozyten mitverantwortlich sein?

De Groot:

In den Hepatozyten sind die Mitochondrien das wichtigste System. Man kann an der Sauerstoffabhängigkeit sehen, daß mindestens zwei Orte den reaktiven Sauerstoff freisetzen. Was die Kupfferzellen betrifft, gibt es dann mehr oder weniger spezifische Hemmstoffe dieser NADPH-Oxidase, die weisen darauf hin, daß es tatsächlich dieses Enzym ist, d.h. daß diese an sich physiologische Funktion dieser Zellen aktiviert wird, so daß die Mitochondrien wahrscheinlich keine Rolle spielen. Was die Schädigung dieser Zellen betriffl, es ist schon teilweise verwunderlich, daß sie relativ resistent gegenüber reaktivem Sauerstoff sind. Gerade Granulozyten sind ja bekannterweise dagegen sehr resistent.

Bassenge:

Ich wollte noch einmal darauf aufmerksam machen, daß das NO ja praktisch ein Scavenger für Superoxidanion-Radikale darstellt. Das kann man auch ganz gut nachweisen, indem z. B. bei extrakorporaler Zirkulation jetzt seit neuster Zeit NO dazugesetzt und der Effekt der entstehenden Sauerstoffradikale damit supprimiert wird. NO scheint also einen echten Schutzfaktor darzustellen, und umgekehrt beeinflußt natürlich auch die Radikalfreisetzung die NO-Wirkung. Bei der Atherosklerose werden vermehrt Sauerstoffradikale im Fettgewebe oder in den Fettzellen freigesetzt. Sie sprachen das insbesondere bei ungesättigten Fettsäuren an.

De Groot:

Ich glaube, Sie bringen schon einen wichtigen Punkt ein. Wenn O_2^- mit NO reagiert, wird NO tatsächlich inaktiviert, und das könnte für einige pathologische Effekte verantwortlich sein. Wenn nach Reperfusion vermehrt O_2^- entsteht und das NO dadurch abgefangen wird, haben Sie eine verminderte Dilatation der Gefäße. Wenn Sie das jetzt unter dem pathophysiologischen Gesichtspunkt betrachten, daß NO reaktiv ist und O_2^- auch reaktiv ist und eine Zellschädigung verursacht, dann scheint es eher so zu sein, daß beide zusammen eine größere Schädigung hervorrufen. Freeman und Miarbeiter haben gezeigt, daß man eine vermehrte SH-Oxidation in Gegenwart des Peroxinitrits ($ONOO^-$) findet. Wir haben Befunde, die nicht unbedingt für das Peroxinitrit sprechen, wir sehen nur in Gegenwart von H_2O_2 und NO eine vermehrte Zellschädigung, die deutlich größer ist, als wenn beide Substanzen alleine wirken.

Puschendorf:

Bei der Reperfusion, und zwar nach der Thrombolysetherapie, wird in der Literatur ein Anstieg von Malondialdehyd beschrieben. Ist es ernst zu nehmen, hat es eine Folge oder nicht?

De Groot:

Meiner Meinung nach ist die Bedeutung des reaktiven Sauerstoffs bei der Reperfusionsschädigung in der Klinik offen. Ich glaube, es wird auch schwer zu zeigen sein. Aber es würde sich lohnen, Untersuchungen unter dieser Fragestellung durchzuführen.

Jaroß:

Wir sprechen immer von Sauerstoffradikalen und werfen da eigentlich eine ganze Menge zusammen. Ist das eigentlich berechtigt? Es gibt Energieunterschiede zwischen diesen Radikalen, und natürlich sind die radikalischen Reaktionen wenig selektiv.

De Groot:

Ich habe versucht, deutlich zu machen, daß sich die sogenannten reaktiven Sauerstoffspezies deutlich in der Reaktivität unterscheiden. Die tatsächlich reaktiven Formen entstehen durch Eisenkatalyse oder allgemein Metallionenkatalyse. Es ist so, daß z. B. dem O_2^- und dem H_2O_2 durchaus physiologische Funktion zugeschrieben werden, z. B. bei der Wachstumsregulation.

Moderne Aspekte zu Isoenzymen und Isoformen der Kreatinkinase

Wolfgang Stein

Abteilung für Laboratoriumsmedizin/Klinische Chemie, Allgemeines Krankenhaus St. Georg, Lohmühlenstraße 5, D-20099 Hamburg

Wesentliche Erkenntnisse für die Enzymologie der humanen Kreatinkinase (CK) (EC 2.7.3.2) und für ihre Anwendung in der klinisch-chemischen Diagnostik wurden auf drei Ebenen gewonnen:

1. Biochemie der Kreatinkinase-Isoenzyme und ihrer Varianten,
2. Verbesserung der Analytik und der Interpretation der CK-MB-Aktivitäten bei Patienten mit Verdacht auf Herzinfarkt,
3. Bestimmung der CK-MB-Konzentration und der postsynthetisch veränderten Kreatinkinasen.

Biochemie der Kreatinkinase-Isoenzyme und ihrer Varianten

Die humane Kreatinkinase (CK) (EC 2.7.3.2) kann durch drei verschiedene Gene synthetisiert werden, deren Genprodukte CK-M, CK-B und CK-Mi genannt werden. Die im Serum meßbare Gesamtaktivität der CK setzt sich aus den Aktivitäten der cytoplasmatischen, dimeren Isoenzyme CK-MM, CK-MB[1], CK-BB sowie deren postsynthetisch modifizierten Formen und aus den Aktivitäten der Makro-Kreatinkinasen (Makro-CK) zusammen. Bei Gesunden besteht die (niedrige) Gesamtaktivität überwiegend aus CK-MM, die anderen CK-Isoenzyme und -Varianten sind nur in Spuren vorhanden oder nicht nachweisbar.

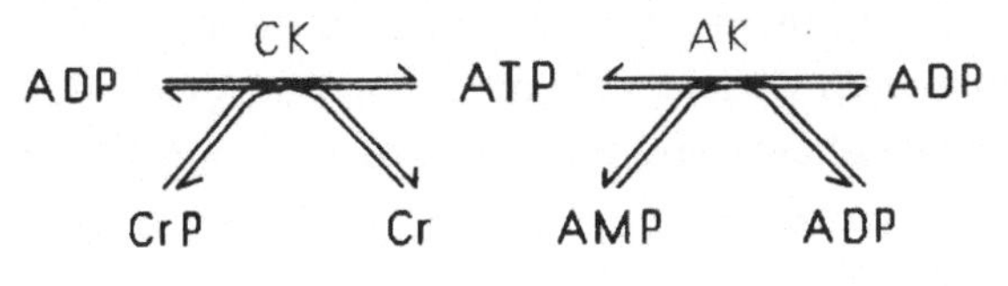

CK
ADP → ATP ← ADP
AK
CrP Cr AMP ADP

[1] Obwohl CK-MB kein Isoenzym im eigentlichen Sinne ist sondern ein Hybrid-Molekül aus einer CK-M- und einer CK-B-Untereinheit, ist diese Bezeichnung dennoch weit verbreitet.

An der Synthese des ATP, der unmittelbaren Energiequelle der Muskulatur, des Zentralnervensystems und vieler proliferierenden Gewebe, sind die beiden Enzyme CK und Adenylatkinase (AK) von entscheidender Bedeutung:

Bei der Energieversorgung des Muskels ist die CK in zweierlei Weise beteiligt. In den Mitochondrien, dem Ort der Energieproduktion, katalysiert die mitochondriale CK die Synthese von Creatinphosphat (CrP) aus ATP. Das energiereiche Creatinphosphat wird dann im „Creatine Phosphate Shuttle" aus den Mitochondrien in das Cytoplasma transportiert, wo es an den Stellen des Energieverbrauchs (Kontraktion, Ionenkanäle der Membranen, Synthesen etc.) wieder durch CK in ATP zurückverwandelt wird (1-3). Intrazellulär liegt die CK teils in freier Form, teils an die entsprechenden Zellstrukturen assoziiert vor (4).

Nach Isolation aus den Geweben lassen sich die drei cytoplasmatischen CK-Isoenzyme als Dimere, die aus den Untereinheiten M (M = muscle) und B (B = brain) bestehen können, darstellen. Die mitochondriale CK wird, wenn sie als Dimer vorliegt, uneinheitlich als CK-MiMi, mCK, CK-MT oder CKmito abgekürzt. Die Monomere mit einem Mr ≈ 40000 sind je aus circa 360 Aminosäuren (5-8) aufgebaut und enthalten SH-Gruppen. Während die Hybridisierung zwischen den bereits als Monomeren aktiven M und B Untereinheiten zur CK-MB führt, sind Hybridisierungen mit der Mi-Untereinheit nicht gefunden worden (9).

Aufgrund ihrer typischen Organverteilung wird CK-MM als Muskeltyp, CK-MB als Myokardtyp, CK-BB als Gehirntyp und CK-MiMi als Mitochondrientyp bezeichnet. Trotz dieser Bezeichnungen dürfen keine zu hohen Organspezifitäten für die cytoplasmatischen CK-Isoenzyme erwartet werden. CK-BB kommt nur in größter Konzentration und Menge im Gehirn vor, in geringerer Konzentration ist dies Isoenzym ubiquitär vorhanden. Der größte Teil der CK-MB findet sich im Skelettmuskel, ihre höchste Konzentration jedoch ist im Myokard lokalisiert. Quantitative Angaben zur Organverteilung sind sehr unterschiedlich (10-12), Tabelle 1 gibt die ungefähre Verteilung wieder.

Eine Schädigung des Organs läßt die CK in das Blut übertreten, so daß das Isoenzym-Muster des Blutes das Isoenzymmuster des geschädigten Organs widerspiegeln kann. Diese allgemeine Feststellung wird durch folgende Fakten relativiert:

1. Die CK darf am Eintritt in das Blut nicht gehindert werden. So tritt regelmäßig eine starke Behinderung mit sukzessiver Inaktivierung bei der Passage der CK-BB durch die Blut-Liquor-Schranke auf.

2. Ein Organ muß soviel CK freisetzen können, daß seine Schädigung zu einem

Tabelle 1
Ungefähre Verteilung der CK-Isoenzyme in menschlichen Organen

Gewebe	U/g	CK-MM	CK-MB	CK-BB	Ckmito
Skelettmuskel	320 - 1600	++++	(+)	(+)	+
Herzmuskel	100 - 320	+++	++	(+)	++
Gehirn	bis 220	-	-	+++	++
Blase	bis 55	-	-	++++	+
Blut	bis 0,08	++++	(+)	-	-
Colon	bis 80	(+)	(+)	++++	+
Nabelschnurblut	bis 0,38	++++	(+)	+	?
Prostata	bis 55	-	-	++++	?
Uterus	bis 160	-	-	++++	+
Venenwand	bis 25	-	-	++++	?

++++: > 75 %, +++: 50 - 75 %, ++: 25 - 50 %, +: 5 - 25 %, (+): < 5 %

meßbarem Aktivitätsanstieg führen kann; ein Anstieg bleibt daher aus bei akuten Schädigungen von: Gallenblase, Lunge, Leber, Prostata, nichtgravidem Uterus, Venen.

3. Ein Aktivitätsanstieg wird nicht erfaßt, wenn die CK zu schnell inaktiviert oder aus der Zirkulation entfernt wird: dies trifft für die thermolabile CK-BB bei einer akuten Schädigung meist zu.

4. Chronische oder maligne Erkrankungen können die Isoenzymaustattung der Zelle ändern, bei chronischen Muskelerkrankungen wird dann neben der muskelspezifischen M-Untereinheit zusätzlich, wie in der Fötalzeit, wieder die B-Untereinheit synthetisiert. Ein höherer Anteil an CK-BB und eventuell CK-BB ist die Folge. Bei Malignomen ist das Auftreten von mitochondrialer CK (Makro CK Typ 2) und/oder CK-BB nicht ungewöhnlich.

Nach der Freisetzung der CK in das Blut unterliegt das Enzym sogenannten postsynthetischen Modifikationen, die zu den als CK-Varianten (13) bezeichneten Formen führen. Varianten mit normalem Molekulargewicht (Mr ≈ 80000) entstehen, wenn Carboxypeptidase (EC 3.4.17.3) das C-terminale Lysin beider M-Ketten sukzessive entfernt (5-8,14-17): aus CK-MM3, der Gewebsform, entsteht zuerst CK-MM2 und schließlich CK-MM1. Abgesehen von Änderungen der elektrophoretischen Mobilität bewirkt dieser Prozeß einer Erhöhung der Aktivierungsenergie der CK-katalysierten Nachweisreaktion bei gleichzeitiger Abnah-

CK-Isoen-zyme der Organe	CK-Isoenzyme im Serum BB	MB	MM	mito
+				
BB XXXX	XXXX			
		MB1		
		XXXX		
	BB' T1			
MB XXXX	XXXX XXXX	XXXX		
	XXXX	MB2		
	XXXX			
	XXXX		MM1	
	XXXX		XXXX	
	XXXX			
	XXXX		XXXX	T2
>	XXXX			XXXX
MM XXXX	XXXX		XXXX	XXXX
MiMi XXXX	XXXX		MM3	XXXX
				XXXX

Abb.1
Bereiche der Creatinkinase-Banden in der Isoenzymelektrophorese.
Agarosegel, pH 6,5, +: Anode, >: Auftragstelle

me der Michaelis-Konstanten. Die analoge Einwirkung auf CK-MB2, der Gewebsform, resultiert in CK-MB1 (18,19). Weitere, ebenfalls elektrophoretisch oder mittels isoelektrischer Fokussierung darstellbare Formen der CK-MM und CK-MB sind beschrieben, der sich hinter diesen Formen verbergende Mechanismus ist bis heute nicht aufgeklärt. Ebenfalls noch unbekannte Prozesse können CK-BB im Blut in CK-BB' (20,21) umwandeln oder glykieren (22).

Darüber hinaus sind Varianten mit erhöhtem Molekulargewicht (Mr > 200000) bekannt. Makro-CK Typ 1 entsteht, wenn CK durch spezifische Plasma-Immunglobuline gebunden wird. Wir konnten zeigen, daß die Bindung zwischen IgG und CK-BB am Fab-Teilstück des Immunglobulins stattfindet, damit liegt nahe, an ein immunologisch verursachtes Geschehen zu denken. IgG- oder IgA gebundene CK-BB kommt bei älteren Frauen mit einer Prävalenz von 10 % vor (23); die Aktivitäten sind allerdings meist im Referenzbereich, sie zeigen keine Dynamik. Typischerweise fällt Makro-CK Typ klinisch wegen der ausgeprägten Persistenz ihrer Aktivität auf. Selten wurde eine immunglobulingebundene CK-MB beschrieben, differenzierte Angaben über Makro-CK-MM fehlen noch ganz.

Makro-CK Typ 2 wird beobachtet, wenn CK-MiMi in der bevorzugten Form des Oligomers auftritt (Makro-CK Typ 2). Bei Krankenhauspatienten konnten wir eine schiefe Verteilung der Makro-CK-Aktivität finden. Die Prävalenz für beide Formen der Makro-CK bei Aktivitäten < 5 U/l (25 °C) liegt bei etwas über 6 %, sie nimmt mit steigender CK-Aktivität exponentiell ab. Konstellationen (Gesamt-CK-Aktivität erhöht, CK-MB (mit Immuninhibition bestimmt) > 10 U/l (25 °C)), die möglicherweise zu Störungen während der Herzinfarktdiagnostik führen könnten, treten in weniger als 0,5 % der Fälle auf.

Das Vorkommen von Makro CK Typ 1 kann nicht als Hinweis für eine Erkrankung gewertet werden. Im Gegensatz dazu spiegelt Makro-CK Typ 2 (23) einen Krankheitsverlauf wieder, sie ist bisher nur bei sehr schweren Krankheiten (z.B. Tumoren, Leberzirrhose, Lyell-Syndrom) im Serum nachweisbar. Bei fortgeschrittenem Tumorleiden kann Makro-CK Typ 2 zusammen mit CK-BB auftreten. Eine Übersicht über die relative elektrophoretische Mobilität der verschiedenen Formen der CK gibt Abbildung 1.

Die Mechanismen, die CK letztlich aus der Zirkulation entfernen, sind noch nicht ausreichend bekannt. Neuere Daten zeigen, daß CK über einen Rezeptor, der auf Kupffer-Zellen lokalisiert ist, eliminiert wird. Dieser Rezeptor zeigt die rezeptortypischen Charakteristika wie Spezifität, Sättigung und Kompetition (zwischen CK und LDH) (13, 24, 25). Aktivitätserhöhungen aufgrund von Störungen dieser Mechanismen sind für den Menschen noch nicht beschrieben.

Verbesserung der Analytik und der Interpretation der CK-MB-Aktivitäten bei Patienten mit Verdacht auf Herzinfarkt

Analytik: Grundlage aller Aktivitätsmessungen ist nachwievor die Standardmethode bei 25 °C nach den Empfehlungen der Deutschen Gesellschaft für Klinische Chemie und ihre Weiterentwicklung im Rahmen von ECCLS für 37 °C (26,27). Für die Bestimmung der CK-MB-Aktivität stehen zur Zeit mehrere Verfahren konkurrierend nebeneinander.

Immuninhibitionstest: Hier wird die Restaktivität der CK nach Immuninhibition aller CK-M-Untereinheiten bestimmt. Der Vorteil dieser Methode besteht in ihrer leichten Mechanisierbarkeit, der Möglichkeit, sie rund um die Uhr durchzuführen, und in ihrem Preis. Als nachteilig werden Schwierigkeiten bei der Interpretation der Ergebnisse angesehen, die sowohl methodisch als auch parameterbedingt sein können (Makro-CK, CK-BB, Skelettmuskeltrauma und Verdacht auf Infarkt).

Elektrophorese: Die Kreatinkinasen werden auf Zelluloseazetat-Folie oder auf Agarosegel im elektrischen Feld entsprechend ihrer Ladung aufgetrennt. Anschließend erfolgt eine spezifische Visualisierung der CK-Aktivität mit dem

Gesamt-CK-Reagenz, wobei die Fluoreszenz des gebildeten $NADPH_2$ eine quantitative Auswertung erlaubt. Ein Vorteil dieser Verfahren ist, daß CK-Varianten gut erkannt werden können, insbesondere wenn die elektrophoretische Trennung nach Vorbehandlung der Probe mit inhibierenden anti-CK-M-Antikörpern durchgeführt wird. In modifizierten Verfahren können die postsynthetisch veränderten Formen CK-MM3, CK-MM2, CK-MM1 sowie CK-MB2 und CK-MB1 quantifiziert werden. Von Nachteil ist der Preis und die eingeschränkte Möglichkeit, Notfall-Proben zu untersuchen.

Immunoassay (sogenannte CK-MB Massenbestimmung): Die CK-MB wird mit einer Kombination von CK-B- und CK-M-spezifischen Antikorpern oder mit CK-MB-spezifischen Antikörpern bestimmt. Der Vorteil dieser Techniken ist, daß sie ohne Radioaktivität auskommen und es erlauben, die CK-MB direkt mit einer hohen technischen Sensitivität bei kleiner Impräzision zu erfassen. Ergebnisse können bei den neuesten Entwicklungen bereits innerhalb 15 bis 30 Minuten erhalten werden. Diese Immunoassays messen primär die Masse der katalytisch aktiven CK-MB, sie geben daher eine klinische Information, die einer spezifischen Aktivitätsbestimmung weitestgehend entspricht. Dennoch waren auch diese Assays bis jetzt nicht absolut frei von möglichen Interferenzen; je nach Methode können Störungen durch hohe CK-MM- (28) und CK-BB- (29) Konzentrationen und durch CK-B-bindende Autoantikörper auftreten (30). Wie bei allen Immunoassays, die monoklonale Antikörper von der Maus einsetzen, sind Interferenzen durch sogenannte „HAMA"-Antikörper möglich (31). Nachteilig sind zur Zeit noch Diskrepanzen in der Vergleichbarkeit von Resultaten und Standards (32) sowie der Preis.

Interpretation: In der Herzinfarktdiagnostik kann zur Zeit keine der bisher beschriebenen Kenngrößen (CK, CK-MB, LDH, LDH-1, ASAT, Myoglobin, Myosin, Troponin T, Troponin I) alle gewünschten Kriterien wie Praktikabilität, Sensitivität, Spezifität, Flexibilitat, Kosten, Bestimmung des Infarktbeginns und seiner Größe voll erfüllen. Für den typischen, „unkomplizierten" Infarkt werden aufgrund der erworbenen Erfahrung und der verbesserten Methodik die besten Ergebnisse durch die Bestimmung und simultane Interpretation von Gesamt-CK und CK-MB-Aktivität erzielt. Obwohl, wie erwähnt, CK-MB aufgrund ihres Vorkommens im Skelettmuskel nicht absolut herzspezifisch ist, kann durch eine konseguent angewandte diagnostische Strategie die klinische Fragestellung in den meisten Fällen beantwortet werden. Dabei ergänzen sich klinische Daten, EKG-Befunde (Sensitivität: 74 %, Spezifität: 100 %) (33) und die Ergebnisse der CK-Bestimmungen (Sensitivität: 99 %, Spezifität: 98 %) (34) vorteilhaft. Die routinemäßige Anwendung von Myosin und Troponin für Diagnostik und Therapiekontrolle wird wegen Fehlens geeigneter Bestimmungsmethoden oder hoher

Kosten noch verhindert, zur Zeit sind beide Kenngrößen für das Routine- und Notfall-Laboratorium deshalb von geringer Bedeutung.

Nach Infarkteintritt beginnt die Gesamt-CK-Aktivität bereits innerhalb von vier Stunden anzusteigen, ist regelmäßig erhöht im diagnostischen Zeitfenster zwischen der 8. und 24. Stunde und fällt dann wieder - mit großen interindividuellen Schwankungen - in den Referenzbereich ab. Die CK-MB zeigt eine ähnliche Aktivitäts-Zeit-Kurve, fällt aber etwas früher (Tab. 2, Abb. 2) wieder ab. Ein Infarkt ist „enzymatisch" auszuschließen, wenn während des diagnostischen Zeitfensters die Gesamt-CK- und CK-MB-Aktivitäten nicht ansteigen. Die Halbwertszeiten und die Zeiten der Aktivitätsgipfel der Tabelle 2 sind Mittelwerte aus verschiedenen Quellen, im Einzelfall ist mit größeren individuellen Abweichungen zu rechnen.

Die maximale CK-Aktivität überschreitet beim Myokardinfarkt selten 2000 U/l (25 °C), 3000 U/1 (30 °C) oder 5000 U/l (37 °C). Höhere CK-Aktivitäten machen eine (gleichzeitige) Erkrankung des Skelettmuskels wahrscheinlich. Eine frühzeitige Rekanalisation (spontan oder Therapieerfolg) kann durch einen besonders schnellen Anstieg der Enzymaktivitäten und frühe Aktivitätsgipfel (< 16 h) erkannt werden (Tab. 2) (10, 36). Ein Reinfarkt läßt sich durch wiederansteigende Enzymaktivitäten erkennen. Werden Proben analysiert, die außerhalb dieses Zeitfensters genommen wurden, so können die CK- und die CK-MB-Aktivitäten entweder noch oder schon wieder im Referenzbereich sein.

Die Differentialdiagnose Myokardschaden/Skelettmuskelschaden bereitet - trotz Bestimmung der CK-MB - Probleme, wenn die Fragen: großes Skelettmuskeltrauma und gleichzeitiger, kleinerer Myokardinfarkt, chronische Skelettmus-

Tabelle 2
Halbwertszeiten und Zeitpunkt der maximalen Aktivität

CK-Isoenzym	Halbwertszeit (h)	Max. Aktivität (h) nach Infarkt		Literatur
		ohne Lyse	mit Lyse	
CK-MM	18	21	13	(10)
	bei Muskelkater:			
	48			(35)
CK-MB	12	20	11	(10)
CK-BB	3	-	-	(10)

kelerkrankung und Myokardbeteiligung oder Myokardinfarkt nach Bypass-Operation zu beantworten sind. Hier kann die Bestimmung der LDH 1 weiterhelfen, die im Myokard, aber nicht im Skelettmuskel, vorkommt.

Aus dem Integral unter der Aktivitäts-Zeit-Kurve, dem Enzymanstieg, dem Aktivitätsgipfel und Wiederabfall kann eine „enzymatische" Infarktgröße (10) oder eine Größe des Skelettmuskeltraumas errechnet werden (39). Diese Größe korreliert mit der pathologisch-anatomisch festgestellten Infarktgröße und eignet sich, therapiebedingte Unterschiede zwischen Patientengruppen zu dokumentieren. Leider blieben bis heute die Versuche, die individuelle Infarktgröße exakt zu berechnen oder das durch eine Lysetherapie gerettete Myokard abzuschätzen, aufgrund der interindividuellen Streuung unbefriedigend (40).

Diagnostische Strategie und Interpretation der Gesamt-CK- und CK-MB-Aktivitäten: Eine diagnostische Strategie zur Bestätigung oder zum Ausschluß der Verdachtsdiagnose akuter Myokardinfarkt kann auf der klinischen Vorauswahl symptomatischer Patienten und den Ergebnissen der CK/CK-MB-Aktivitäten basieren. Sie muß sensitiv sein, um jeden Patienten einer entsprechenden Therapie zuführen zu können; sie muß flexibel sein, um sich an mögliche diagnostische oder therapeutische Schwierigkeiten und die Erfordernisse der Intensivstation anpassen zu können. Falls die CK-MB-Aktivitäten mittels Immuninhibitionsmethode bestimmt werden, müssen auch Kriterien zum Erkennen von Makro-CK bekannt sein. Es gibt keine allgemein akzeptierte einheitliche Interpretation der CK-MB-Ergebnisse, deshalb stehen die Interpretationen mit der „6 %-Regel" (11, 33), mit einer „12 U/l-Grenze" (34) oder mit der dynamischen Aktivität-Zeitkurve des „Cardioenzymogramms" (10) konkurrierend nebeneinander. Vorteile und Nachteile der „6 %-Regel" und der „12 U/l-Grenze" sind vielfach erörtert worden, ihre Einschränkung beruht im wesentlichen auf den „starren" Grenzen, die den biologischen Gegebenheiten nicht immer gerecht werden. Eine dynamische Auswertung als „Cardioenzymogramm" verbessert hier die Diagnostik. Der Verlauf der Aktivitäten von Gesamt-CK und CK-MB spiegelt die bei diesem dynamischen Krankheitsbild zu beobachtenden dynamischen Änderungen und bildet daher ein wesentliches Kriterium für Diagnostik und Therapiekontrolle. Die Gesamt-CK- und die CK-MB-Aktivität der bei Aufnahme des Patienten abgenommenen Probe stellt den Basiswert dar. In Abhängigkeit von der Zeitspanne, die zwischen Symptombeginn und Aufnahme in die Klinik vergangen ist, wird er je nach Lage im Cardioenzymogramm (Abb. 2) nur als Vergleichswert für Folgeuntersuchungen dienen (Lage in den Feldern 2, 3, 4) oder er kann bereits typisch für Infarkt sein (Lage im Feld 1). Meßpunkte, die im Feld 5 liegen, sind kennzeichnend für Proben, die Makro-CK und/oder CK-BB enthalten. Beim Myokardinfarkt wird die nächste Probe, die 4 Stunden später abgenommen wird, bereits den charakteristischen Enzymanstieg zeigen und in Feld 1 liegen, weitere Proben ergeben eine Aktivitäts-Zeit-Kurve, wie sie in Abb. 2 dargestellt ist. Je nach Infarktgröße wird die Kurve größer oder kleiner ausfallen, ihre typische Form wird jedoch erhalten bleiben (10). Die Diagnostik ist abgeschlossen, sobald der Anstieg in das Feld 1 erreicht ist oder die typische Aktivitäts-Zeit-Kurve erkennbar wird. Wenn die Meßpunkte in den Feldern 2, 3 oder 5 liegen, ist die Diagnostik kompliziert; es werden mehrere Probenahmen in 2 - 4stündigem Abstand notwendig, um die Aktivitäts-Zeit-Kurve erkennen zu können. Das gleichzeitige Vorkommen von Infarkt und Skelettmuskeltrauma verschiebt die Kurve nach rechts, der prägnante CK-MB-Anstieg bleibt bestehen und läßt den Infarkt deutlich erkennen. Bei gleichzeitigem Vorliegen

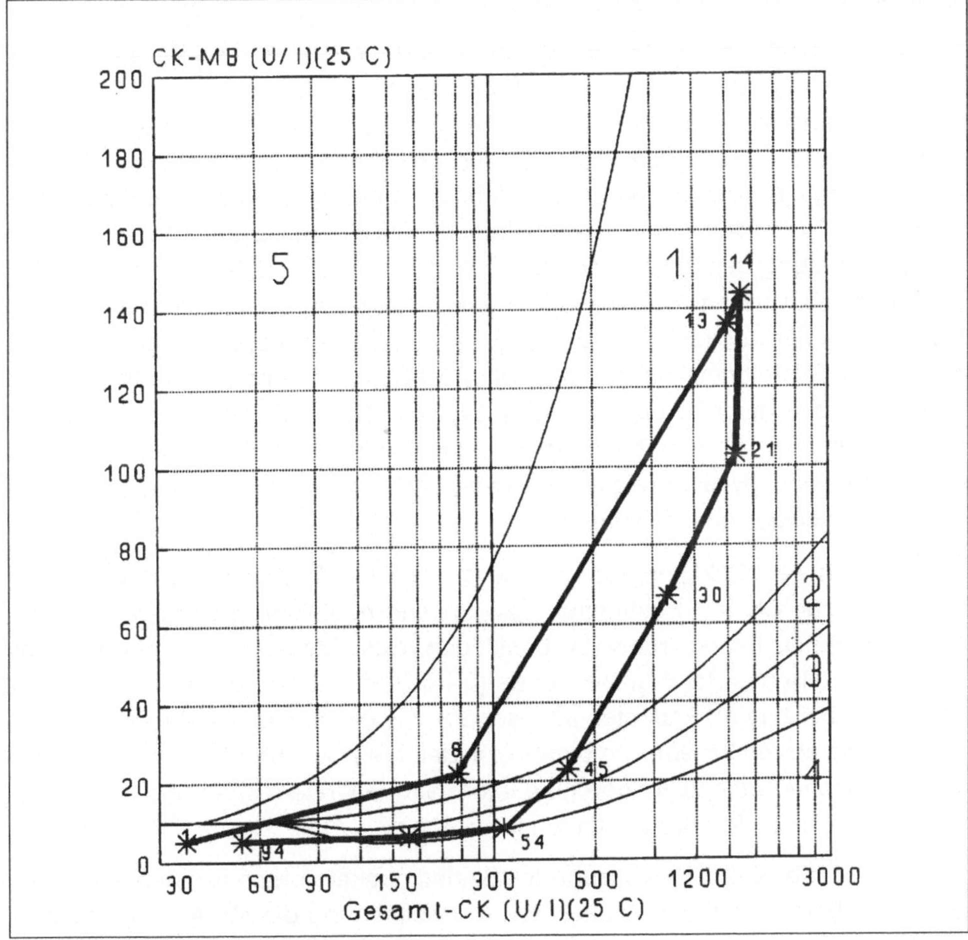

Abb.2

Cardioenzymogramm „CK-/CK-MB"

Typische Aktivitäts-Zeit-Kurve bei Infarkt. Die kleinen Zahlen neben den Meßpunkten sind die Probenahmezeiten nach Beginn der Symptomatik. Die großen Zahlen bezeichnen das Feld.

von Infarkt und Makro-CK wird die Kurve nach oben bzw. in Feld 5 verschoben, der prägnante CK-MB-Anstieg bleibt auch hier deutlich.

Diese Strategie zeichnet sich durch eine hohe Sensitivität, Spezifität und Flexibilität aus. Einerseits können Patienten mit kleinen Infarkten erkannt werden, die weder die 6 %-Grenze noch eine Gesamt-CK von 100 U/l überschreiten; andererseits wird nicht jede extrakardiale CK-MB zum falsch positiven Ergebnis. Die hohe Sensitivität muß nur mit einer sehr geringen Einbuße an Spezifität bezahlt werden, selbst wenn die Prävalenz 0,40 nicht überschreitet.

Bestimmung der CK-MB-Konzentration und der postsynthetisch veränderten Kreatinkinasen

Zur Bestimmung der postsynthetischen Modifikationen der CK-MM und CK-MB wurden elektrophoretische (41-46) und immunologische Verfahren (18,19) entwickelt. Mehrere Arbeitsgruppen untersuchten, welche zusätzlichen oder neuen Informationen durch diese Assays gewonnen werden können. Bei folgenden Fragestellungen wurden die Verfahren eingesetzt: Frühdiagnostik eines Infarktes (18, 43, 46), noninvasive Erfolgskontrolle einer Lysetherapie (44, 47, 48), Bestimmung des Alters der zirkulierenden CK (16, 42, 49), Diagnostik der hypertrophen Kardiomyopathie (50), Intensiv-Patienten mit Infektionen (51) und Skelettmuskelerkrankungen (52-54). Eine weitere Verbesserung der Abgrenzung eines Skelettmuskelschadens bei gleichzeitigem Verdacht auf Herzinfarkt ist naturgemäß nicht zu erwarten (42). Die quantitative Bestimmung der postsynthetischen CK-Formen blieb bisher auf Speziallaboratorien beschränkt, weil die Methodik nachwievor relativ aufwendig und teuer ist und für Routinelaboratorien weniger geeignet erscheint.

Die neuen Technologien zur Erfassung der CK-MB-Masse legen nahe, die Indikation zur CK-MB-Bestimmung zu erweitern. Zeitigere Probenahme mit dem Ziel, einen Infarkt früher zu bestätigen, oder Messung von Änderungen noch innerhalb des Referenzbereiches (0 - 5, zum Teil 0 - 10 μg/l CK-MB), um das Risiko bei Angina-Patienten abzuschätzen, stellen interessante Aspekte dar (55-59). Die ersten Ergebnisse deuten an, daß die Konzentration der CK-MB für diese klinische Fragestellungen gute Informationen liefern kann und sich damit neue Indikationen für ihre Bestimmung ergeben.

Die Tatsache, daß CK-MB auch im Skelettmuskel vorkommt, bedeutet, daß selbst bei Einsatz von Immunoassays zur Bestimmung der CK-MB-Masse man die besten Ergebnisse dann erhält, wenn die Patlenten anhand klinischer Kriterien vorselektiert sind. Die hohe Prävalenz des Infarktes in der zur untersuchenden Gruppe erlaubt es nämlich, die technische Sensitivität und Präzision dieser neuen Methoden voll auszunutzen. Infolgedessen können kleine Infarkte sicherer erkannt werden. Folgendes Vorgehen in der Herzinfarktdiagnostik erscheint geeignet:

1. Bestimmung der CK-MB-Masse in Proben von Patienten mit Verdacht auf Infarkt.
2. Bei erhöhter CK-MB-Konzentration Bestimmung der Gesamt-CK-Aktivität, um mögliche Interferenzen durch extrakardiale CK-MB (Skelettmuskelschaden) zu erkennen.
3. Ein Anstieg der CK-MB-Konzentration spricht für Infarkt.

Inwieweit diese Methoden die „klassischen" CK-MB-Aktivitätsmessungen im Notfall-Laboratorium ergänzen können oder ersetzen werden, kann heute noch nicht abgeschätzt werden.

Literatur

1. Wallimann T, Schnyder T, Schlegel J, et al.
Subcellular compartmentation of creatine kinase isoenzymes, regulation of CK and octameric structure of mitochondrial CK: Important aspects of the phosphoryl-creatine circuit.
Prog Clin Biol Res 1989,315:159-176.

2. Rossi AMs Eppenberger HM, Volpe PE, Cotrufo R, Wallimann T.
Muscle type NM creatine kinase is specifically bound to sarcoplasmic reticulum and can support Ca^{2+} uptake and regulate local ATP/ADP ratios.
J Biol Chem 1990;265:5258-5268.

3. Wyss M, Smeitink J, Wevers RA, Wallimann T.
Mitochondrial creatine kinase: A key enzyme of aerobic energy metabolism.
Biochim Biophys Acta Bio-Energetics 1992;1102:119-166.

4. Wegmann G, Zanolla E, Eppenberger HM, Wallimann T.
In situ compartmentation of creatine kinase in intact sarcomeric muscle: The actomyosin overlap zone as a molecular sieve.
J Muscle Res Cell Motil 1992; 13:420-435.

5. Haas RC, Korenfeld C, Zhang Z, Perryman B, Roman D, Strauss AW.
Isolation and characterization of the gene and cDNA encoding human mitochondrial creatine kinase.
J Biol Chem 1989; 264:2890-2897.

6. Benfield PA, Henderson L, Pearson M.
Expression of a rat brain creatine kinase-B-galactosidase fusion protein in Escherichia coli and derivation of the complete amino acid sequence of rat brain creatine kinase.
Gene 1985; 39:263-267.

7. Benfield PA, Zivin RA, Miller LS, et al.
Isolation and sequence analysis of cDNA clones coding for rat skeletal muscle creatine kinase.
J Biol Chem 1984;259:14979-14984.

8. Perryman MB, Kerner AA, Bohlmeyer TJ, Roberts R.
Isolation and sequence analysis of a full-length cDNA for human creatine kinase.
Biochem Biophys Res Comm 1986,140:981-989.

9. Blum HE, Deus B, Gerok W.
Mitochondrial creatine kinase from human heart muscle: Purification and characterization of the crystallized isoenzyme.
J Biochem 1983;94:1247-1257.

10. Stein W.
Laboratory diagnosis of acute myocardial infarction,
Darmstadt: GIT Verlag, 1988:1-173.

11. Neumeier D.
Herz- und Skelettmuskulatur.
In: Greiling H, Gressner AM., eds. Lehrbuch der Klinischen Chemie und Pathobiochemie, Stuttgart New York: Schattauer, 1987:605-634.

12. Deus B.
Creatin Kinase (Gesamt-CK), Creatin Kinase MB (CK-MB).
In: Thomas L., ed. Labor und Diagnose, 3rd ed. Marburg: Die medizinische Verlagsgesellschaft, 1989:91-105.

13. Stein W, Bohner J.
Macro creatine kinases: Biochemical and clinical aspects.
(IIIrd International Symposium, Brugge). Kongress-Sonderheft 1985.

14. Wevers RA, Delsing M, Klein Gebbink JAG, Soons JBJ.
Post-synthetic changes in creatine kinase isoenzymes.
Clin Chim Acta 1978, 86:323-327.

15. Landeghem AAJ, Soons JBJ, Wevers RA, Mul-Steinbusch MWFJ, Antonissen-Zijda T.
Purification and determination of the modifying protein responsible for the post-synthetic modification of creatine kinase (EC 2.7.3.2) and enolase (EC 4.2.1.11).
Clin Chim Acta 1985, 153:217-224.

16. Wevers RA, Hagelauer U, Stein W, et al.
Indices for the age of the creatine kinase M chain in the blood.
Clin Chim Acta 1985;148:197-210.

17. van Sande M, Hendriks D, Soons JBJ, Scharp' S, Nevers RA, Holmquist B.
Post synthetic modification of CK-MM by kininase I.
Adv Exp Med Biol 1990; 247A:319-324.

18. Shah VD.
Immunochemical test for CK-MB isoforms.
Clin Chem 1989; 35:2157-2158.

19. Suzuki T, Shiraishi Tr Tomita K, Totani M, Murachi T.
Monoclonal antibody inhibiting creatine kinase MM, but not isoform MM_1.
Clin Chem 1990; 36:153-156.

20. Lott JA, Heinz JW.
Transformation of creatine kinase-BB isoenzyme in vitro: Effect of carboxylic acids, thiols, pH, cations, and chelators.
Clin Chem 1982; 28:2414-2417.

21. Stein W, Decker E.
Post-transcriptional isoforms of CK: mechanisms and possible clinical applications.
In: Galteau MN, Siest G, Henny J., eds. Comptes Rendus du 7e Colloque de Pont-à-Mousson, Paris: John Libbey Company Ltd, 1989.235-241.

22. Langlois MR, Delanghe JR, De Buyzere ML, Leroux-Roels GG.
Glycation of human tissue and serum creatine kinase.
Clin Chim Acta 1992; 211:8392.

23. Stein W, Bohner J, Bahlinger M.
Macro creatine kinases.
In: Blaton V, van Steirteghem A., eds. Plasma isoenzymes: the current status, Basel: Karger, 1986:95-104.

24. Smit MJ, Duursma AM, Bouma JMW, Gruber M.
Receptor-mediated endocytosis of lactate dehydrogenase M4 by liver macrophages: a mechanism for elimination of enzymes from plasma.
J Biol Chem 1987; 262:13020-13026.

25. Bouma JMW, Smit MJ.
Plasma elimination in the rat of lactate dehydrogenase-5, creatine kinase MM and a number of other enzymes is mainly caused by receptor-mediated endocytosis in macrophages.
Enzyme 1987, 38:35.

25. Deutsche Gesellschaft für Klinische Chemie.
Standardmethode zur Bestimmung der Aktivität der Creatin-Kinase.
J Clin Chem Clin Biochem 1977; 15:249-254.

27. ECCLS European Committee for Clinical Laboratory Standards.
Standards for Enzyme Determination: Creatine kinase, Aspartate aminotransferase, Alanine aminotransferase, Gamma-glutamyltransferase,
Lund: ECCLS Central Office, document number 3-4/ 1988:1-g5.

28. Panteghini M, Bonora R, Pagani F.
CK-MM interference with an immunoenzymometric method for quantification of CK-MB in serum.
Clin Chem 1989; 35:901-902.

29. Fenton JJ, Brunstetter S, Gordon WC, Rippe DF, Bell ML.
Diagnostic efficacy of a new enzyme immunoassay for creatine kinase MB isoenzyme.
Clin Chem 1984; 30:1399-1401.

30. Stein W, Bohner J.
Influence of autoantibodies to creatine kinase-BB on assays for MB isoenzyme.
Clin Chem 1985; 31:1189-1192.

31. Vaidya HC, Beatty BG.
Eliminating interference from heterophilic antibodies in a two-site immunoassay for creatine kinase MB by using F $(ab')_2$ conjugate and polyclonal mouse IgG.
Clin Chem 1992;38:1737-1742.

32. Apple FS, Preese L, Bennett R, Fredrickson A.
Clinical and analytical evaluation of two immunoassays for direct measurement of creatine kinase MB with monoclonal anti-CK-MB antibodies.
Clin Chem 1988;34:23642366.

33. Neumeier D, Prellwitz W, Knedel M.
Creatine kinase isoenzymes after myocardial infarction.
In: Lang H., ed. Creatine kinase isoenzymes, Berlin Heidelberg New York: Springer Verlag, 1981:132-154.

34. Gerhardt W, Waldenström J, Hørder M, et al.
Creatine kinase and creatine kinase B-subunit activity in serum in cases of suspected myocardial infarction.
Clin Chem 1982; 28:277-283.

35. Eitze Ch, Hildebrandt G, Johanson M.
Über das Verhalten der Creatin-Kinase im Serum bei Muskelkater.
Klin Wochenschr 1983; 61:1147-1151.

36. Grande P, Granborg J, Clemmensen P, Sevilla DC, Wagner NB, Wagner GS.
Indices of reperfusion in patients with acute myocardial infarction using characteristics of the CK-MB time-activity curve.
Am Heart J 1991; 122:400-408.

37. Sherman TD, Nahan JR, Funkhouser EA.
Continuous determination of effect of temperature on enzymic activities.
Biochimie 1988;70:245-249.

38. Huszar G, Vigue L.
Activities of sperm creatine kinase and dynein ATPase in oligospermic men.
Ann NY Acad Sci 1988; 513:602-605.

39. Apple FS, Rhodes M.
Enzymatic estimation of skeletal muscle damage by analysis of changes in serum creatine kinase.
J Appl Physiol 1988; 65:2598-2600.

40. Thygesen K, Hørder M, Hyltoft Petersen P, LyagerNielsen B.
Limitation of enzymatic models for predicting myocardial infarct size.
Br Heart J 1983; 50:70-74.

41. Kanemitsu T, Okigaki T.
Creatine kinase MB isoforms for early diagnosis and monitoring of acute myocardial infarction.
Clin Chim Acta 1992; 206:191-199.

42. Wu AHB, Wang X-N, Gornet TGr Ordonez-Llanos J.
Creatine kinase MB isoforms in patients with skeletal muscle injury: Ramifications for early detection of acute myocardial infarction.
Clin Chem 1992; 38:2396-2400.

43. Panteghini M.
CK-MB isoform determination and early diagnosis of myocardial infarction.
Clin Chem 1990; 36:1255-1255.

44. Christenson RH, Ohman EM, Clemmensen P, et al.
Characteristics of creatine kinase-MB and MB isoforms in serum after reperfusion in acute myocardial infarction.
Clin Chem 1989; 35:2179-2185.

45. Apple FS.
Diagnostic use of CK-MM and CK-MB isoforms for detecting myocardial infarction.
Clinics in Laboratory 1989; 9:643-654.

46. Puleo PR, Cuadasno PA, Roberts R, et al.
Early diagnosis of acute myocardial infarction based on assay for subforms of creatine kinase-MB.
Circulation 1990; 82:759-764.

47. Apple FS.
Acute myocardial infarction and coronary reperfusion: Serum cardiac markers for the 1990s.
Am J Clin Pathol 1992; 97:217-226.

48. Schofer J, Ress-Grigolo G, Voigt KD, Mathey DG.
Early detection of coronary artery patency after thrombolysis by determination of the MM creatine kinase isoforms in patients with acute myocardial infarction.
Am Heart J 1992; 123:846-853.

49. Apple FS, Hellsten Y, Clarkson PN.
Early detection of skeletal muscle injury by assay of creatine kinase MM isoforms in serum after acute exercise.
Clin Chem 1988; 34:1102-1104.

50. Hamada N, Ohtani T, Sekiya Nr et al.
Serum creatine kinase MM isoforms in hypertrophic cardiomyopathy.
Clin Sci 1991; 81:723-726.

51. Delanghe JR, De Buyzere ML, De Scheerder IK, et al.
Post-transcriptional modification of serum creatine kinase in infected intensive care patients.
Clin Chim Acta 1990; 187:115-124.

52. Annesley T, Strongwater S, Schnitzer TJ.
CK subisozymes: An index of disease activity in polymyositis.
Clin Chem 1984; 30:1002.

53. Apple FS, Rogers NA, Ivy JL.
Creatine kinase isoenzymes MM variants in skeletal muscle and plasma from marathon runners.
Clin Chem 1986; 32: 41-44.

54. Page S, Jackson NJ, Coakley J, Edwards RHT.
Isoforms of creatine kinase: MM in the study of skeletal muscle damage.
Eur J Clin Invest I989; 19:185-191.

55. Gerhardt W, Katus HA, Ravkilde J, et al.
S-Troponin T in suspected ischemic myocardial injury compared with mass and catalytic concentrations of S-creatine kinase isoenzyme MB.
Clin Chem 1991; 37:1405-1411.

56. Markenvard J, Dellborg Mr Jagenburg R, Swedberg K.
The predictive value of CK MB mass concentration in unstable angina pectoris: Preliminary report.
J Intern Med 1992; 231:433-436.

57. Botker HE, Ravkilde J, Sogaard P, Jorgensen PJ, Horder M, Thygesen K.
Gradation of unstable angina based on a sensitive immunoassay for serum creatine kinase MB.
Br Heart J 1991;65:72-76.

58. Mair J, Artner-Dworzak E, Dienstl A, et al.
Early detection of acute myocardial infarction by measurement of mass concentration of creatine kinase-MB.
Am J Cardiol 1991; 68:1545-1550.

59. Delanghe JR, De Mol AM, De Buyzere ML, De Scheerder IK, Wieme RJ.
Mass concentration and activity concentration of creatine kinase isoenzyme MB compared in serum after acute myocardial infarction.
Clin Chem 1990; 36:149-153.

Diskussion Vortrag Stein

Puschendorf:

Ich kann Ihre Ergebnisse bestätigen. Wir haben ja die CK MB-Masse quantitativ mit völlig unterschiedlichen Verfahren bestimmt. Was ist Ihre Diskriminatorgrenze, also Ihr oberer Grenzwert? Sie hatten als Obergrenze 4 μg pro Liter angegeben, wenn ich das richtig gesehen habe.

Stein:

Sie war auch einmal bei 7 μg pro Liter angegeben.

Puschendorf:

Ich würde sagen, 4 μg pro Liter ist ein sehr weit unten angesetzter Grenzwert. Mein Vorschlag ist 5 - 6 (5 sagen die Hersteller, aus unseren Erfahrungen 6).

Ich glaube, man kann evtl. aus Kostengrunden auf die CK-Gesamtbestimmung, egal ob Aktivität usw., verzichten. Es reicht völlig aus, nur noch die CK MB-Masse zu bestimmen. Die CK MB als Masse ist viel sensitiver und kommt früher. Sie geben sie in absoluter Mengengröße an. Sie können die Mehrkosten andererseits senken, indem Sie auf die anderen Enzyme, Enzymaktivitäten überhaupt verzichten. Eins ist noch bei den Tests zu bedenken. Im Vergleich verschiedener Tests brachte die Methode von Novo genau doppelt so hohe Ergebnisse wie die auf dem Stratus. Das muß ein Kalibrationsproblem sein, das noch nicht ganz ausgestanden ist. Die Entscheidungsgrenze muß noch testspezifisch festgelegt werden.

Stein:

IMx und Stratus liefern vergleichbare Konzentrationen.

Neumaier:

Bei diesem Vorgehen ist entscheidend, wie gut die klinische Selektion ist. CK MB kommt natürlich auch in Skelettmuskulatur vor. Bei Massenbestimmungen wird auch die CK MB aus der Skelettmuskulatur erfaßt. Wenn die klinische Selektion nicht ausreichend ist, eine kardiologische Erkrankung und eine Skelettmuskelerkrankung zu trennen, möchte ich davor warnen, auf die Bestimmung der CK-Gesamtaktivität zu verzichten.

Schimpke:

Sind Sie der Meinung, daß sich die Bestimmung der Isoformen, also MM 1,2,3 und MB 1 und 2, in absehbarer Zeit in der Praxis durchsetzen wird? Man muß sich einmal überlegen, welche Probleme bei der Abnahme und bei der Lagerung des Probenmaterials dann auf das Personal in der Station zukommen. Ein separates Probenmaterial bringt erhebliche Probleme mit sich.

Stein:

Man muß mit EDTA-Blut arbeiten, das nimmt man ja für das Blutbild ab. Ich bin nicht ganz sicher, ob die im Moment verfügbaren Methoden für die Bestimmung der CK-Isoformen, z.B. das Elektrophorese-System oder die Chromatographie für MM_1 und MM_3 so in die Routineabläufe der Laboratorien eingegliedert werden können, daß sie 24 h-tauglich sind. Schnelle routinefähige Tests, z.B. mit einem spezifischen Antikörper für CK MB_2, könnten helfen, diese Bestimmungen in der Routine durchzusetzen.

Schimke:

Ich glaube auch nicht, daß einfach EDTA-Blut dafür verwendbar ist. Im Serum sind natürlich eine ganze Menge von Proteasen vorhanden.

Stein:

Das geht mit EDTA-Blut gut. Es ist stabil, und man kann die Banden reproduzierbar abbilden. Das Blut wird meist in weniger als einer Stunde verarbeitet, da passiert nicht viel.

Delanghe:

Sie haben erwähnt, daß die Daten aus der Enzymdiagnostik für die wichtigen therapeutischen Entscheidungen zu spät kommen. Man kann die Enzymmessungen aber auch zum Monitoring der thrombolytischen Therapie, z. B. mittels der Bestimmung der Eliminationsraten des CK MB, benutzen.

Stein:

Ich wollte damit nur für die Indikationsstellungen sagen, daß wir zu spät kommen, um dem Arzt zu helfen. Nur für die ersten zwei oder drei Stunden sind wir zu langsam. Für die Frage Therapiekontrolle können wir wertvolle Informationen liefern.

Wenzel:

Ich wollte Sie zu dem molekularen Teil etwas fragen. Es betrifft das Assoziationsgleichgewicht der mitochondrialen Creatinkinase. Ich meine, die Muster der zytosolischen Isoenzyme sind geschlossene Assoziationsgleichgewichte. Unterscheiden sich die einzelnen verschieden assoziierten Formen, also vom Dimer bis zum Oktamer, der mitochondrialen Creatinkinase auch in ihrer Aktivität? Das ist ja aufgrund der Symmetrie der Assoziation durchaus vorstellbar und meßbar durch Screening von aktiven Zentren.

Stein:

Auf der molekularen Ebene sind mir aus den Untersuchungen, die ich gelesen habe, keine Daten für humane mitochondriale CK bekannt. Man ist jetzt gerade erst soweit, daß man die elektrophoretische Position der Oligomere kennt, aber die Regulation der Assoziation und die kinetischen Eigenschaften der Formen sind noch nicht aufgeklärt. Man kann die reversiblen Formen durch verschiedene Ionenstärke und pH-Werte relativ leicht hin und her umlagern, aber publizierte Daten zu Ihrer Frage gibt es noch nicht.

Wenzel:

Ist dieses Assoziationsgleichgewicht möglicherweise auch durch den Reduktionsgrad, also z.B. durch N-Acetyl-Cystein, zu beeinflussen?

Stein:

Die Daten in der Literatur sind zu diesem Thema widersprüchlich. In unseren Experimenten hatte 2-Mercaptoethanol keinen Einfluß.

Baumann:

Ich darf einen vielleicht nicht sehr seltenen Fall in einem kardiologischen Intensivbereich in die Diskussion bringen. Der Patient ist irgendwo umgefallen, kommt rein, Zustand nach Reanimation, also mit Herzmassage, wird unter die Maschine genommen, wird zwischenzeitlich wegen intermittierend auftretendem Kammerflimmern ein paar mal defibrilliert, und dann wird er sich hämodynamisch stabilisieren. Hier ereignen sich viele Aktionen, die sich z. B. auf die muskuläre CK auswirken. Welcher der Tests ist am besten geeignet, um a) zu klären, hat er überhaupt einen Infarkt, und b) anteilmäßig, wieviel kommt aus dem Myokard heraus?

Stein:

Die Tests sind in dem Fall alle gleich und sind nur eingeschränkt aussagekräftig. Im Zweifel wird man das nicht diagostizieren können. Wenn hohe Voltzahl, viele Joule mit wenig Herzinfarkt, zusammen vorliegen, können wir den Herzinfarkt nicht mehr finden. Wenn ein großer Infarkt da ist und Sie nur wenig Joule angewendet haben, dann ist die Kurve noch so typisch, daß es wie ein Herzinfarkt aussieht. Und dann gibt es fließende Übergänge, je nachdem wie das Verhältnis zwischen Infarkt und therapeutischer Manipulation ist. Da hilft nur eine serielle Meßreihe weiter.

Gorgels:

Ich habe zwei Bemerkungen zu Ihrem Vortrag. Erstens glaube ich, daß man Spezifität und Sensitivität hier noch bezüglich der klinischen Fragestellung definieren muß. Es macht einen Unterschied aus, ob man die Diagnose bei der Aufnahme eines Notfalls im Krankenhaus oder zur Therapiekontrolle im Verlauf der Behandlung machen will. Das sind unterschiedliche Fälle. Sie haben nur einen Satz von Daten gegeben und dabei nicht gesagt, welche Frage Sie beantworten wollten.

Die zweite Bemerkung ist, daß ich glaube, daß die empfindliche Analytik, die wir jetzt haben, die Differenzierung zwischen instabiler Angina pectoris und Herzinfarkt schwieriger macht. Bei der Stratifikation des Krankengutes hat man mehr Schwierigkeiten, die Patienten richtig einzuteilen. Und wenn man dann über Spezifität und Sensitivität spricht, hat man die Schwierigkeit, daß kleinere Änderungen in der Stratifikation große Verschiebungen geben.

Stein:

Bei den Daten zur klassischen Herzinfarktdiagnostik, die ich gezeigt habe, haben wir die Patienten mit allen zur Verfügung stehenden Informationen klassifiziert, inklusive der gesamten CK-Bestimmungen, die wir erhielten, und des EKG. Der diagnostische Befund wurde dann mit dem Kardiologen abgestimmt, aus diesem Prozeß erfolgte danach die Klassifizierung in Infarkt/kein Infarkt. Daraus entstanden die Entscheidungsgrenzen und die Berechnung der Sensitivität und Spezifität entsprechend der üblichen Konvention.

Die zweite Problematik, die Sie anschnitten, betrifft die Gruppe mit weniger scharf definierten Krankheitsbildern wie stabile oder instabile Angina oder akutes ischämisches Syndrom. Hier wird die Klassifizierung formal schwieriger, da stimme ich Ihnen zu. Doch diese Schwierigkeit fordert uns heraus, die nunmehr hereinkommenden Informationen zu ordnen und klinisch zu nutzen.

Wertigkeit myofibrillärer Proteine in der Diagnostik des akuten Myokardinfarktes

Thomas Scheffold, Andrew Remppis, Jörg Zehelein und Hugo A. Katus

Universitätsklinik Heidelberg, Innere Medizin III, Bergheimerstr. 58, D-69115 Heidelberg

Einleitung

Die Diagnose eines akuten Myokardinfarktes kann bei Patienten mit typischer pektanginöser Symptomatik und signifikanten monophasischen ST-Hebungen im EKG mit so hoher Sicherheit gestellt werden, daß eine Bestätigung der Diagnose durch laborchemische Methoden vor Einleitung einer thrombolytischen Therapie nicht erforderlich ist (Yusuf et al. 1984). Dagegen hängt die Diagnose kleiner Myokardinfarkte oder nichtischämischer Herzmuskelnekrosen entscheident von der Effizienz laborchemischer Verfahren ab.

Je nach Sensitivität und Spezifität der verfügbaren Meßmethoden werden deshalb „Mikroinfarzierungen" unterschiedlich häufig diagnostiziert. Der sichere Nachweis auch kleiner Myokardinfarkte ist wichtig, da Patienten mit nichttransmuralem Infarkt gegenüber Patienten mit transmuralem Infarkt eine vergleichbare Prognose aufweisen (Nicod et al. 1989; Edlavitch et al. 1991). Deshalb müssen neue Methoden auch kleinste Gewebenekrosen mit hoher Spezifität über einen möglichst langen Zeitraum nachweisen können. Bei Patienten mit Infarktverdacht kann die Identifizierung einer Risikogruppe mit kleinem Myokardinfarkt zu einer verbesserten diagnostischen und therapeutischen Strategie führen.

Myofibrilläre Proteine des menschlichen Herzens sind im kontraktilen Apparat in hoher Konzentration gebunden und werden nach Verlust der Zellmembranintegrität im Rahmen der Proteindegradation aus der Zelle in den Blutkreislauf abgegeben. Diese kontraktilen und regulativen Proteine werden sowohl in Herz- und Skelettmuskulatur, wie auch zum Teil in glatter Muskulatur als gewebespezifische Isoformen exprimiert, die sich in ihrer Primärstruktur und in ihren funktionellen Eigenschaften unterscheiden. Wegen der verschiedenen Aminosäurensequenzen können diese Proteine immunologisch differenziert werden und eignen sich deshalb als spezifische Markerproteine für die Differenzierung von Herz- und Skelettmuskelläsionen.

Sowohl für Tropomyosin (Cummins et al. 1981) wie auch für Myosinschwerketten (Leger et al. 1985) wurden Assays entwickelt und für die Diagnostik des akuten Myokardinfarktes eingesetzt. Da in Herz- und Skelettmuskulatur identische Isoformen von Tropomyosin und Myosinschwerkette vorkommen, kann zwischen kardialer und skelettmuskulärer Gewebeschädigung nicht differenziert werden. Auch mit Aktin ist die Entwicklung eines herzspezifischen Assays nicht möglich, da identische Isoformen in Herz- und Skelettmuskulatur gefunden werden. Aufgrund der mangelnden Spezifität von Aktin, Tropomyosin und Myosinschwerketten werden diese Proteine im folgenden nicht weiter diskutiert.

Myosinleichtketten der schnellen und langsamen Skelettmuskulatur unterscheiden sich in ihrer Aminosäurensequenz. Allerdings liegen im langsamen Skelettmuskel und in Herzmuskulatur identische Myosinleichtketten vor. Da die Skelettmuskulatur beim Menschen aus langsamen und schnellen Muskelfasern besteht, kann auch für die Myosinleichtketten kein herzspezifischer Assay entwickelt werden. Wegen der relativen Organspezifität und der nahezu ausschließlichen Kompartimentierung im kontraktilen Apparat sollen die Myosinleichtketten trotzdem im Vergleich zum Troponin-T und Troponin-I diskutiert werden.

Troponin-T und Troponin-I werden im Herz- und Skelettmuskel durch verschiedene Gene kodiert (Wade & Kedes 1989). Die Genprodukte unterscheiden sich deutlich in ihrer Aminosäurensequenz. Deshalb sind besonders diese Proteine für die Entwicklung von Immunoassays für den spezifischen Nachweis einer Herzmuskelschädigung geeignet.

Methoden

Myosinleichtkette 1, Troponin-T und Troponin-I wurden aus humanem Herzmuskelgewebe gereinigt. Die Reinheit wurde in der SDS-Gelelektrophorese geprüft (Lämmli 1970) und die Konzentration im Proteinassay der Firma Bio-Rad bestimmt.

Mit den gereinigten Antigenen wurden Balb C Mäuse immunisiert. Durch somatische Zellfusion wurden antikörpersezernierende Hybridome erhalten (Köhler & Milstein 1975). Geeignete Hybridomzellinien wurden zur Massenproduktion von Antikörpern selektioniert und nach intraperitonealer Injektion in Balb C Mäuse wurde antikörperhaltiger Aszites punktiert. Die Spezifität der Antikörper wurde im Immunoblot überprüft (Abb. 1). Die gereinigten Antikörper wurden in einem Enzymimmunoassay so ausgewählt, daß zwei verschiedene Antikörper mit hoher Affinität gleichzeitig ein Antigen binden können. Von den so erhaltenen „Antikörperpaaren“ wurde ein Antikörper mit Biotin gekoppelt und der zweite Antikörper mit Peroxidase markiert.

Mit diesen Antikörpern wurde der in Abbildung 2 dargestellte Enzymimmuno-

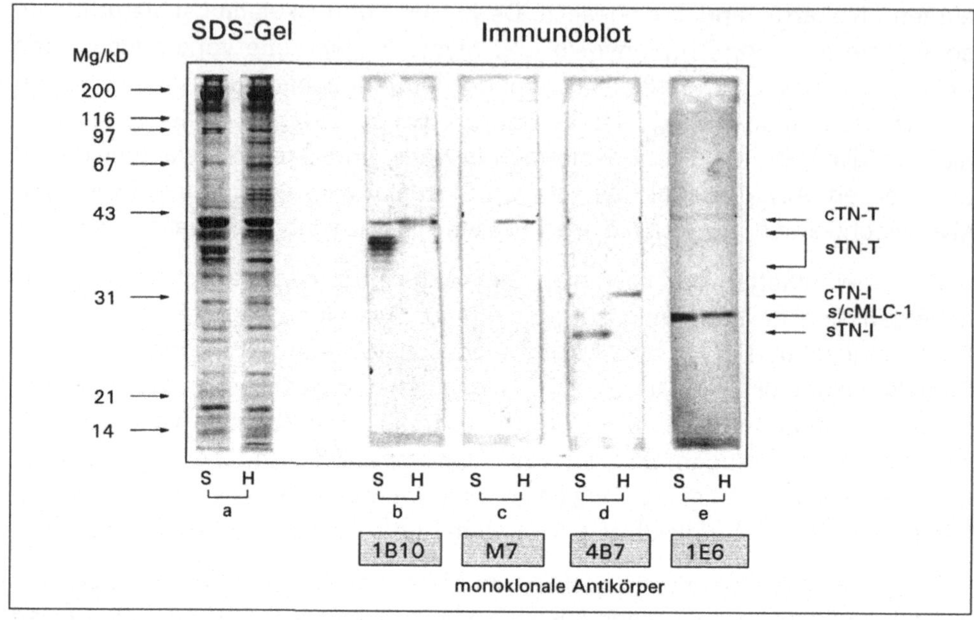

Abbildung 1:
Isoformanalyse myofibrillärer Proteine mit monoklonalen Antikörpern. Gewebeextrakte aus Skelett-(aS) und Herzmuskulatur (aH) im 12,5 % SDS-Polyacrylamidgel. Immunoblotanalyse mit dem kreuzreaktiven anti-Troponin-T Antikörper 1B10 (b), dem kardiospezifischen anti-Troponin-T Antikörper M7 (c), dem kreuzraktiven anti-Troponin-I Antikörper 4B7 (d) und dem kreuzreaktiven anti-Myosinleichtketten-1 Antikörper 1E6 (e) mit Skelett-(b-e S) und Herzmuskulatur(b-e H).

assay entwickelt (Katus et al. 1989). In diesem Assay wird der erste mit Biotin gekoppelte Antikörper an der mit Streptavidin beschichteten Festphase immobilisiert. Der zweite Antikörper wird als Enzymkonjugat zugegeben. Beide Antikörper binden das Antigen an zwei verschiedenen Epitopen. Durch die Messung der Enzymaktivität, kann die Konzentration der Antigene quantitativ erfaßt werden. Dieser Test wird zur Zeit mit dem ES-22 der Firma Boehringer Mannheim semiautomatisch durchgeführt.

Spezifität der selektierten monoklonalen Antikörper

In Abbildung 1 wird auf der linken Seite die Auftrennung von Gewebeextrakten aus Skelett-(aS) und Herzmuskulatur(aH) des Menschen im SDS-Polyacrylamidgel gezeigt. Nach Elektrotransfer der Proteine auf eine Nitrocellulosemembran (Towbin et al. 1979) können die jeweiligen Isoformen von Troponin-T, Troponin-I und der Myosinleichtkette 1 mit monoklonalen Antikörpern identifiziert werden. In der Analyse mit dem kreuzreagierenden Antikörper 1B10 werden multiple Troponin-T Isoformen im Skelettmuskel (bS) identifiziert, während nur eine Troponin-T Isoform im Herzmuskel (bH) gefunden wird. Mit dem kar-

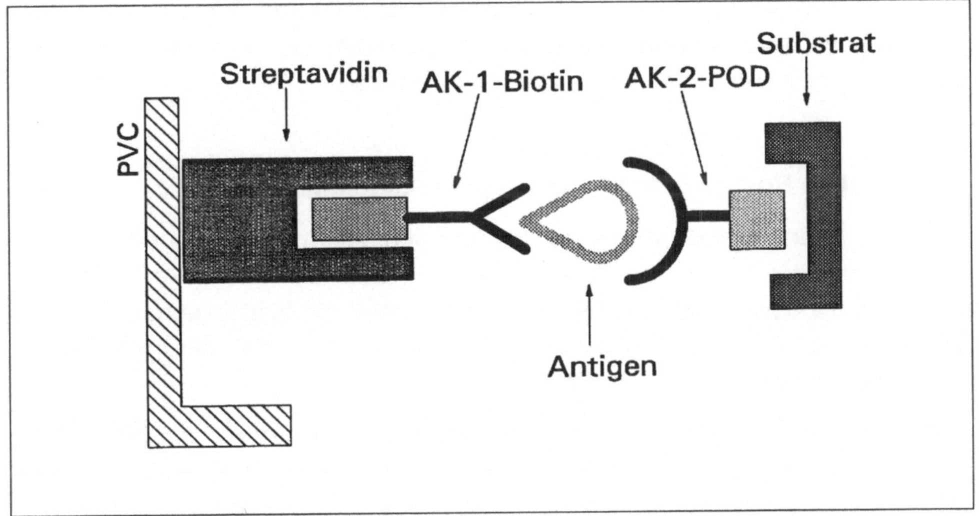

Abbildung 2:
Modell der Enzymimmunoassays. Der erste mit Biotin gekoppelte Antikörper (AK-1-Biotin) wird an der mit Streptavidin beschichteten Festphase (PVC) immobilisiert. Der zweite Antikörper (AK-2-POD) wird als Enzymkonjugat zugegeben. Beide Antikörper binden das Antigen an zwei verschiedenen Epitopen.

diospezifischen Antikörper M7 kann nur das kardiale Troponin-T (cH) nicht jedoch die skelettmuskulären Troponin-T Isoformen (cS) nachgewiesen werden.

Die Analyse des kreuzreaktiven Antikörpers 4B7 zeigt ebenfalls einen deutlichen Unterschied der Troponin-I Isoformen in Skelett-(dS) und Herzmuskulatur (dH). Die Myosinleichtkette 1 aus Skelett-(eS) und Herzmuskulatur (eH) zeigt eine vergleichbare Mobilität im SDS-Gel. Auch in weiterführenden Analysen konnte keine herzspezifische Myosinleichtkette 1 gefunden werden, so daß für dieses Protein kein herzspezifischer Immunoassay entwickelt werden konnte.

Im Troponin-T Testkit ist der kardiospezifische und mit Biotin gekoppelte Antikörper M7 mit dem kreuzreagierenden Peroxidase (POD) markierten Antikörper 1B10 kombiniert. Die Kreuzraktivität des Assays mit Troponin-T der Skelettmuskulatur lag unter 1 %. Die Spezifität des Assays mit Troponin-T der Skelettmuskulatur war an gesunden Probanden nach Muskelschädigung getestet worden. Bei 6 freiwilligen Kontrollpersonen, die sich exzentrischen Muskelbelastungen unterzogen, stieg die CK-Aktivität bis auf 5000 IU/L und die CK-MB auf 50 IU/L (gemessen bei 25 °C) an. Im Vergleich dazu fand sich nur bei einem Probanden für das Troponin-T eine eben grenzwertige Erhöhung des Parameters, während bei den anderen Testpersonen keine Absorption im Troponin-T Assay zu beobachten war.

Bereits 1987 wies Cummins die klinische Spezifität von Troponin-I bei Probanden nach Marathonrennen und bei Patienten mit kardialen und skelettmuskulären Erkrankungen nach (Cummins et al. 1987a).

Intrazelluläre Rompartimentierung und Freisetzungskinetik

Der ganz überwiegende Anteil der Myosinleichtketten (99,9 %) und ein sehr großer Anteil des Troponin-T (96 %) sind im kontraktilen Apparat kompartimentiert. Vom Troponin-T wurde zumindest funktionell ein zytosolischer Pool von 6 % des gesamten Troponingehaltes gefunden. Daten über die intrazelluläre Kompartimentierung von Troponin-I liegen noch nicht vor.

Aufgrund dieser intrazellulären Kompartimentierung müssen die Myosinleichtketten eine Freisetzungskinetik zeigen, die typisch für strukturell gebundene Proteine ist, während die Freisetzungskinetik des Troponin-T sowohl zytosolisch gelösten Proteinen wie auch strukturell gebundenen Proteinen entsprechen sollte.

Die Bedeutung der intrazellulären Kompartimentierung des Troponin-T für die Freisetzungskinetik kann tierexperimentell am isoliert perfundierten Rattenherzen gezeigt werden (Langendorf 1895). Nach Membranschädigung durch kalziumfreie Perfusion gefolgt von kalziumangereicherter Perfusion findet sich im koronaren Effluat des isoliert perfundierten Rattenherzens eine deutliche Auswaschung des Troponin-T (Abbildung 3). Die Kinetik dieses Troponin-T Pools entspricht der Freisetzung von zytosolisch gelöstem CK.

Werden dagegen die isoliert perfundierten Rattenherzen nach 60 Minuten Ischämie reperfundiert, so zeigt sich eine völlig andere Troponin-T Freisetzungskinetik. Jetzt wird das Troponin-T anhaltend aus dem Herzen ausgewaschen (Abbildung 3). Die Analyse der myokardialen Ultrastruktur zeigt unter diesen Bedingungen eine deutliche Mitochondrienschwellung als frühes strukturelles Korrelat einer irreversiblen Zellschädigung. Die anhaltende Troponin-T Freisetzung bei diesen Tieren spricht demnach für eine Degradation des kontraktilen Apparates. Die hier nicht gezeigte gleichzeitige CK-Freisetzung verhält sich jedoch identisch zu der zuvor im Ca-Paradox beobachteten CK-Freisetzungskinetik.

Diese experimentellen Daten belegen die Unterschiede von zytosolisch und strukturell gebundenem Troponin-T. Es ist deshalb zu erwarten, daß bei Patienten mit reperfundiertem Infarkt eine andere Freisetzungskinetik des Troponin-T gefunden wird, als bei Patienten mit anhaltend verschlossenem Koronargefäß.

Die Analyse der Troponin-T Freisetzungskinetik an 76 Patienten mit unter-

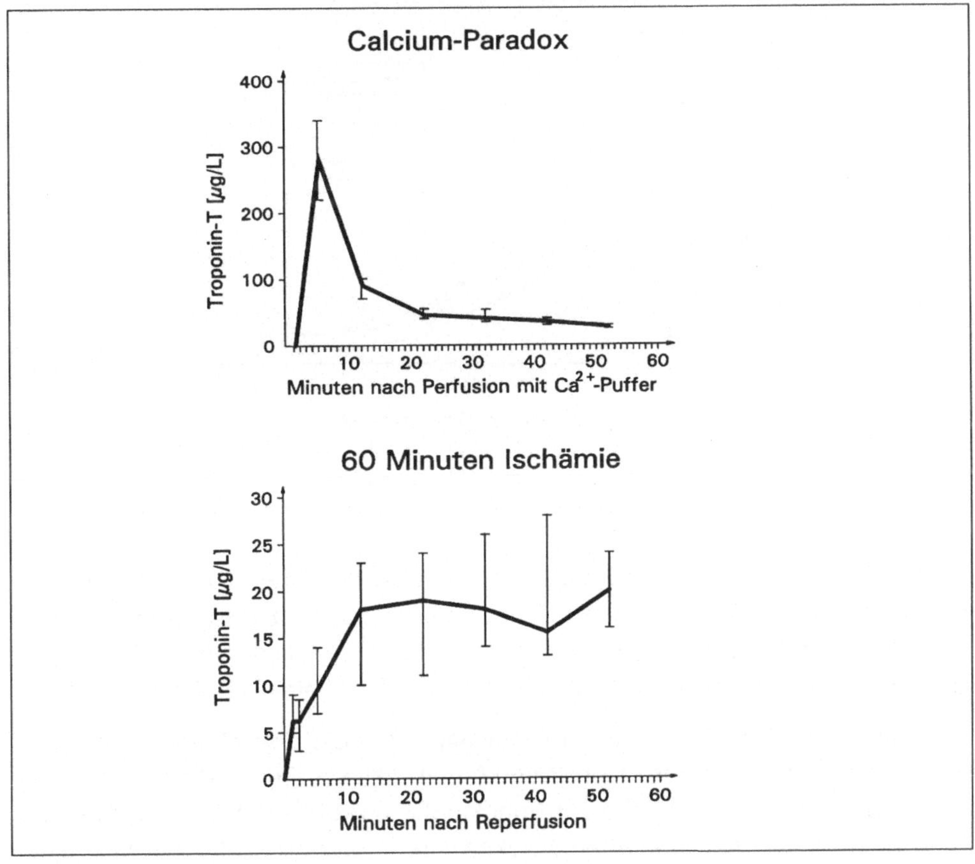

Abbildung 3:
Troponin-T Freisetzung im koronaren Effluat des isoliert perfundierten Rattenherzens (Langendorfpräparat). Nach isolierter Membranschädigung durch Ca-Paradox wird Troponin-T frühzeitig ausgewaschen. Bei Reperfusion nach 60 Minuten Ischämie findet sich dagegen eine anhaltende Freisetzung von Troponin-T.

schiedlicher Myokardperfusion in den ersten Stunden nach Schmerzbeginn bestätigte diese Hypothese (Abbildung 4). Bei Patienten mit permanent verschlossenem Koronargefäß fand sich die typisch anhaltende Freisetzung myofibrillärer Proteine, die weit über den zehnten Tag nach Schmerzbeginn anhielt. Bei Patienten mit früher Rekanalisation des Infarktgefäßes (< 3,5 Stunden nach Schmerzbeginn) fand sich zusätzlich eine deutliche Auswaschung eines Troponin-T Pools, der sich in seiner Kinetik sehr vergleichbar der CK-Aktivität verhielt. Bei Patienten mit später Rekanalisation (3,5 - 5,8 Stunden nach Schmerzbeginn) war diese Auswaschung des Troponin-T am ersten und zweiten Tag weniger deutlich ausgeprägt als bei Patienten mit früher erfolgreicher Rekanalisation und es war ein Übergang von der biphasischen zur monophasischen Freisetzungskinetik des Troponin-T zu beobachten (Katus et al. 1991a).

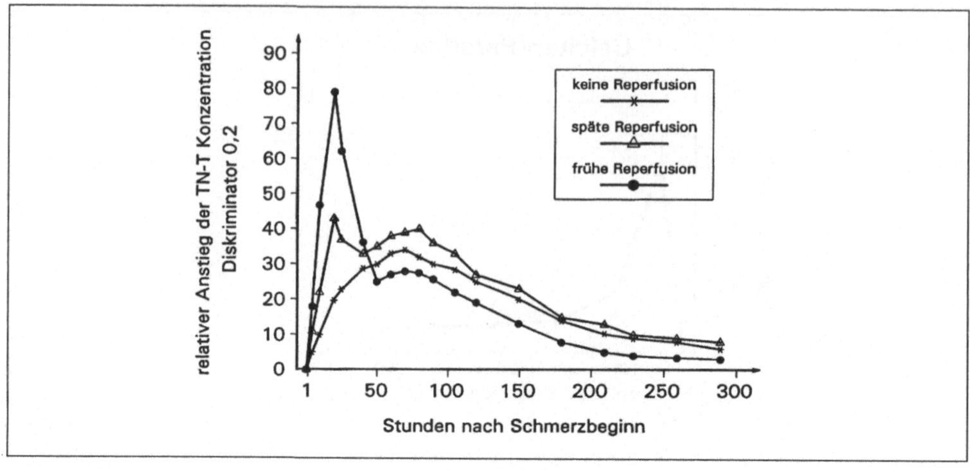

Abbildung 4:
Troponin-T Freisetzungskinetik in Abhängigkeit von der Reperfusion des Infarktareals.

Diese Unterschiede in der Freisetzungskinetik, die Daten zur intrazellulären Kompartimentierung des Troponin-T und die am isoliert perfundierten Langendorfpräparat gefundenen Befunde sprechen dafür, daß diese frühzeitige Troponin-T Auswaschung einem zytosolisch gelösten Troponin-T Pool entspricht.

Ein vergleichbarer Effekt der Rekanalisation auf die Freisetzungskinetik der Myosinleichtkette 1 konnte nicht beobachtet werden. Für Myosinleichtketten fand sich eine identische Freisetzungskinetik sowohl bei früher, später wie auch beim nicht reperfundierten Myokardinfarkt. Lediglich die Serumspiegel der Myosinleichtketten waren bei frühreperfundiertem Infarkt geringer als bei verschlossenem Infarktgefäß als Hinweis auf einen infarktgrößenbegrenzenden Effekt der thrombolytischen Behandlung (Katus et al. 1987).

Bezüglich des Troponin-I liegen noch keine Untersuchungen über den Einfluß der Reperfusion auf die Troponin-I Auswaschung vor. Im Gegensatz zur Troponin-T Freisetzung wird von Troponin-I auch bei permanenter Okklusion des Infarktgefäßes eine initiale Auswaschung beobachtet (Cummins et al. 1987b). Im weiteren Verlauf zeigt auch das Troponin-I eine Freisetzungskinetik, die typisch für myofibrilläre Proteine ist.

Klinische Sensitivität

Die Sensitivität eines diagnostischen Tests kann zum einen als relativer Anstieg des Markerproteins bezogen auf seinen Diskriminatorwert und zum anderen als diagnostisches Zeitfenster, in dem ein Test für die Infarktdiagnostik herangezogen werden kann, analysiert werden.

Die Messung von Troponin-T bei 52 Patienten mit transmuralem Myokardinfarkt ergab im Mittel eine Erhöhung um das 40-fache des Diskriminatorwertes (0,2 µg/L), während für die Kreatinkinase nur das 10-fache des Diskriminatorwertes (80 IU/L) nachgewiesen werden konnte. Neben dem höheren relativen Anstieg der Troponin-T Konzentration gegenüber der CK-Aktivität im Serum war auch die Dauer der Troponin-T Erhöhung um 5 x länger als die der CK-Aktivität (Katus et al. 1991b).

Der gewählte Troponin-T Diskriminatorwert von 0,2 µg/L, der für diese Untersuchung zugrunde gelegt wurde, entspricht nicht dem theoretischen Sensitivitätslimit der Troponin-T Messung. Bei dem Diskriminator von 0,2 µg/L konnten keine normalen Serumspiegel gefunden werden. Auch mit einer optimierten Testversion mit einer analytischen Sensitivität von 0,06 µg/l lagen 98 von 99 Troponin-T Messungen bei gesunden Blutspendern unter dieser analytischen Sensitivität. Lediglich bei einem dieser 99 Blutspender wurde ein Troponin-T Wert von 0,1 µg/L gemessen (Gerhard et al. in Vorbereitung). Demnach kann durch die Optimierung der Testempfindlichkeit die klinische Sensitivität des Troponin-T Assays weiter verbessert werden.

Für die Ermittlung des diagnostischen Zeitfensters wurde die zeitabhängige Erhöhung von Troponin-T und Kreatinkinase bei 76 Patienten mit transmuralem und nicht-transmuralem Myokardinfarkt gemessen. Troponin-T war bei allen Patienten von 10,5 - 144 Stunden nach Schmerzbeginn erhöht. 340 Stunden nach Schmerzbeginn war noch bei der Hälfte aller Patienten Troponin-T im Serum nachweisbar. Die absolute diagnostische Sensitivität des Troponin T war 5 mal länger als die der Kreatinkinase (Abbildung 5).

Aufgrund dieser hohen Empfindlichkeit der Assays für myofibrilläre Proteine

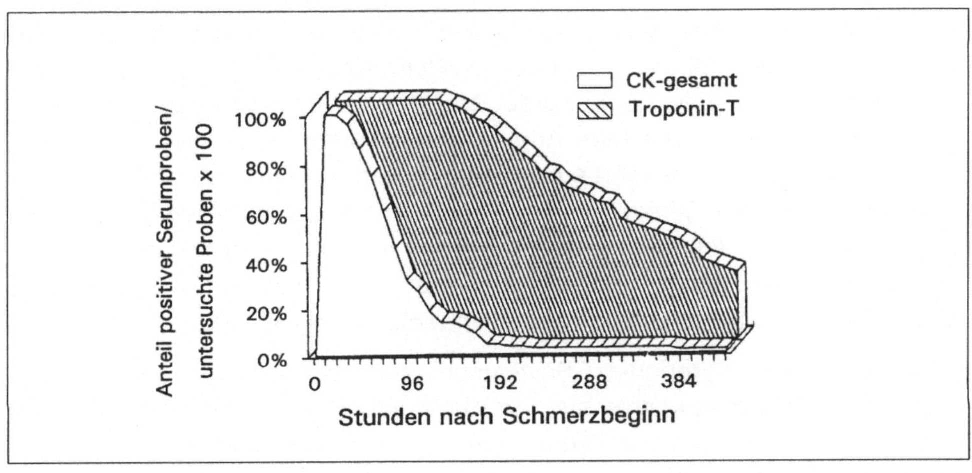

Abbildung 5:
Diagnostisches Zeitfenster von Troponin-T und CK-gesamt Aktivität bei Patienten mit akutem Myokardinfarkt.

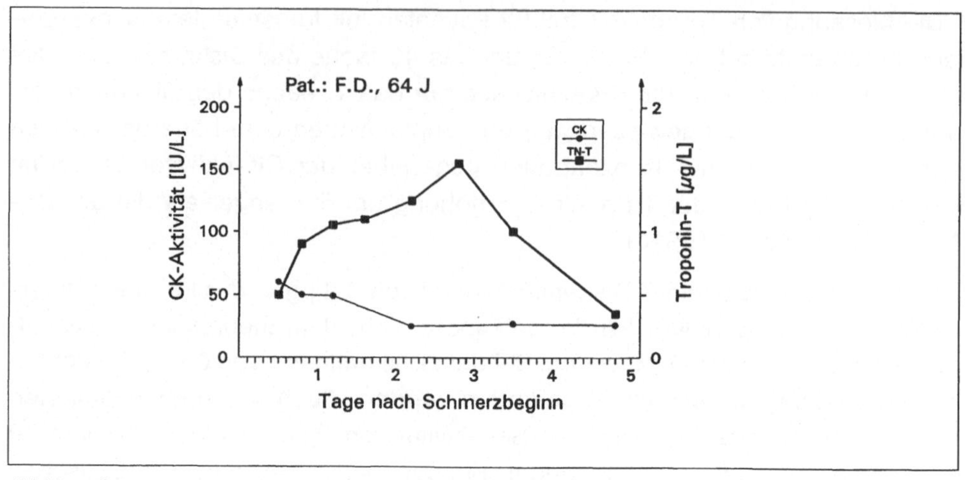

Abbildung 6:
Troponin-T und CK-Aktivität bei einem Patienten mit instabiler Angina pectoris.
CK maximal 60 IU/L (Normbereich m ≤80 IU/L, w ≥70 IU/L)
Troponin-T maximal 1,6 g/L (Normbereich ≤ 0,2 µg/L)

können auch myokardiale Zellschäden bei Patienten mit instabiler Angina nachgewiesen werden. Bei 40 % der Patienten mit instabiler Angina fanden sich erhöhte Troponin-T Spiegel. Abbildung 6 zeigt das Beispiel eines Patienten, der mit instabiler Angina stationär aufgenommen wurde.

Die Patienten mit instabiler Angina und erhöhten Troponin-T Spiegeln stellen ein Kollektiv mit erhöhtem Risiko im Krankenhaus und in den ersten 6 Monaten nach Krankenhausentlassung dar. In der Heidelberger Studie hatten 37 von 66 Patienten mit instabiler Angina eindeutig erhöhte Troponin-T Spiegel. Von diesen 37 Patienten erlitten 6 Patienten einen akuten Myokardinfarkt oder verstarben (Katus et al. 1991b). Diese Daten belegen ältere Ergebnisse, die mit einem Assay für Myosinleichtketten gefunden wurden (Katus et al. 1988). Auch in der europäischen Multicenterstudie wurden bis auf eine Ausnahme Komplikationen nur bei Patienten mit instabiler Angina und erhöhtem Troponin-T gefunden (Hamm et al. 1990). Umgekehrt entwickelten Patienten mit instabiler Angina und normalen Troponin-T Spiegeln in der Regel keine Komplikationen. Es ist allerdings zu betonen, daß nicht jeder Patient mit instabiler Angina und erhöhten myofibrillären Proteinen notwendigerweise einen akuten Myokardinfarkt während des Krankenhausaufenthaltes entwickelt oder verstirbt.

Die Wertigkeit der Troponin-T Bestimmung zur Risikostratifizierung von Patienten mit Ruheangina konnte auch in der skandinavischen Multicenterstudie belegt werden. Auch in dieser Studie wurde gezeigt, daß Patienten mit erhöhten Troponin-T-Spiegeln und instabiler Angina im Krankenhaus und nach Krankenhausentlassung eine deutlich schlechtere Prognose aufwiesen als Patienten ohne Troponin-T Erhöhung (Ravkilde et al. in Vorbereitung).

Zusammenfassung

Aus den vorgelegten Daten geht hervor, daß die Bestimmung zirkulierender kardialer myofibrillärer Proteine eine wesentliche Ergänzung zu dem derzeit verfügbaren Repertoir der laborchemischen Infarktdiagnostik sein kann. Diese Markerproteine finden sich intrazellulär in hoher Konzentration und zeigen eine organspezifischen Verteilung. Deshalb können mit diesen Markerproteinen sehr effiziente Testsysteme entwickelt werden. Da mit den verfügbaren Tests bisher keine normalen Serumspiegel gemessen werden konnten, ist eine weitere Verbesserung der klinischen Sensitivität möglich. Der endgültige Stellenwert dieser Parameter in der klinischen Diagnostik hängt jedoch noch von weiteren Determinanten wie der Praktikabilität der Testdurchführung und der Abarbeitungszeit der Messung ab.

Literatur

1. Cummins P, Auckland ML, Michie CA, Stone PCW, Shepstone BJ (1987a)
Comparison of serum cardiac specific Tropnin-T with Creatine kinase, Creatine kinase-MB isoenzyme, Tropomyosin, Myoglobin and C-reactive protein release in marathon runners: Cardiac or skeletal muscle trauma?
Eur J Clin Invest 17: 317-324

2. Cummins B, Auchland ML, Cummins P (1987b)
Cardiac-specific Troponin-I radioimmunoassay in the diagnosis of acute myocardial infarction.
Am Heart J 113: 1333-1344

3. Cummins P, McGurk B, Littler WA (1981)
Radioimmunoassay of human cardiac tropomyosin in acute myocardial infarction.
Clin Sci 60: 251-259

4. Edlavich SA, Crow R, Burke G, Baxter J (1991)
Secular trends in Q wave and non-Q wave acute myocardial infarction. The Minnesota heart survey.
Circulation 83:492-503

5. Hamm CW, Katus HA, Ravkilde J, Goldmann BU, Bleifeld W, Gerhardt W (1990)
Identification of high-risk patients with unstable angina by troponin T release.
Circulation 82, Suppl III: 7

6. Katus HA, Diederich KW, Schwarz F, Uellner M, Scheffold T, Kübler W (1987)
Influence of reperfusion on serum concentrations of cytosolic creatine kinase and structural myosin light chains in acute myocardial infarction.
Am J Cardiol 60:440-445

7. Katus HA, Diederich KW, Hoberg E, Kübler W (1988)
Circulating cardiac myosin light chains in patients with angina identification of a high risk subgroup.
J Am Coll Cardiol 11:487-493

8. Katus HA, Remppis A, Looser S, Hallermeier K, Scheffold T, Kübler W (1989)
Enzyme linked immuno assay of cardiac Troponin T for the detection of acute myocardial Infarction in patients.
J Mol Cell Cardiol 21:1349-1353

9. Katus KA, Remppis A, Scheffold T, Diederich KW, Kübler W (1991a)
Intracellular compartimentation of cardiac Troponin-T and its release kinetics in patients with reperfused and nonreperfudes myocardial infarction.
Am J Cardiol 67:1360-1367

10. Katus HA, Remppis A, Neumann FJ, Scheffold T, Diederich KW, Vinar G, Noe A, Matern G, Kübler W (1991b)
Diagnostic efficiency of troponin T measurements in acute myocardial infarction.
Circulation 83: 902-912

11. Köhler G, Milstein C (1975)
Continuous cultures of fused cells secreting antibody of predefined specificity.
Nature 256: 495-497

12. Langendorf O (1895)
Untersuchungen am überlebenden Säugetierherzen.
Pflügers Archiv für die gesamte Physiologie des Menschen und der Tiere 61:291-332

13. Lämmli UK (1970)
Cleavage of the structural proteins during the assembly of the head of bacteriophage.
Nature 227: 680-685

14. Leger JOC, Bouvagnet P, Pau B, Roncucci R, Leger JJ (1985)
Levels of ventricular myosin fragments in human sera after myocardial infarction, determined with monoclonal antibodies to myosin heavy chains.
Eur J Clin Invest 15: 422-429

15. Nicod P, Gilpin E, Dittrich H, Polikar R, Hjalmarson A, Blacky R, Henning H, Ross J (1989)
Short- and long-term clinical outcome after Q wave and non-Q wave myocardial infarction in a large patient population.
Circulation 79: 528-536

16. Towbin H, Stahlin T, Gordon J (1979)
Electrophoretic transfer of proteins from polyacrylamide gels to nitrocellulose sheets: procedure and some applications.
Proc Natl Acad Sci 76: 4350-4354

17. Wade R, Kedes L (1989)
Developmental regulation of contractile protein genes.
Ann Rev Physiol 51: 179-88

18. Yusuf S, Pearson M, Sterry H, Parish S, Ramsdale D, Rossi P, Sleight P (1984)
The entry ECG in the early diagnosis and prognostic stratification of patients with suspected acute myocardial infarction.
Eur Heart J 5:690-696.

Diskussion Vortrag Scheffold

Vogt:

Können Sie ganz kurz etwas zur Definition der instabilen Angina sagen?

Scheffold:

Als Studiengruppe mit instabiler Angina kann man Patienten ohne infarkttypische EKG-Veränderungen und mit belastungsunabhängigen starken präkardialen Beschwerden, die weniger als 30 Minuten dauern, definieren. Das ist vereinfachend die Zuordnung, die diese Patientengruppe in der erwähnten Studie kennzeichnet.

Vogt:

Es ist sicher wichtig, die instabilen Anginen zu erkennen, weil ja konsequenterweise ein Patient mit einer instabilen Angina, jedenfalls laut normaler üblicher Lernmeinung, sofort auf die Intensivstation gehört. Es bleibt natürlich die Frage, wie lange man ihn dort läßt.

Maisch:

Die instabile Angina hat ja verschiedene Definitionen, darauf haben Sie im Prinzip angesprochen. Letztenendes ist jede de novo-Angina auch eine instabile Angina. Ich erwarte nicht von jedem neu aufgetretenen Schmerz, wenn es das erste mal so wäre, und es muß ja nicht mal eine echte Angina, sondern könnte eine Pseudo-Angina sein, daß sie dann auch tatsächlich zeichnet, gleichgültig mit welchem System man das macht. Aber wenn die Frequenz der Angina pectoris-Anfälle zunimmt, die Intensität dieser Angina pectoris-Anfälle oder die Dauer der einzelnen, dann wäre es eine echte instabile Angina. Ich darf eine Frage wegen der instabilen Angina pectoris anschließen. Letztenendes geht es ja doch für uns Kliniker um die Frage, ist das Troponin T, wenn es freigesetzt wird, wirklich ein Nekrosemarker? Gibt es aus zellkulturellen Untersuchungen Hinweise ob die Freisetzung von Troponin T Folge einer irreversiblen Zellschädigung oder aber einer passageren Permeabilität der Membran ist.

Scheffold:

Ich kann nur soviel sagen, daß bei Thallium-szintigraphisch nachgewiesenen großen reversiblen Perfusionsdefekten keine Troponin T-Erhöhung stattfindet, d.h. wir haben da ja eigentlich einen reversiblen Schaden. Bei der schweren instabilen Angina pectoris muß man, glaube ich, schon davon ausgehen, daß hier ein irreversibler Zellschaden vorliegt. Natürlich kann das auch grenzwertig eine passagere Membranlücke sein, die zumindest den zytosolischen Pool in meßbaren Quantitäten freigibt. Das ist richtig.

Puschendorf:

Es gibt zwei Pools, den cytosolischen und den strukturgebundenen. Der strukturgebundene ist der größere. Eine länger andauernde Troponin T-Freisetzung kommt mit Sicherheit aus dem strukturgebundenen Pool heraus.

Scheffold:

Sie ist der Hinweis auf eine irreversible Schädigung.

Seidel:

Das aller Eindrucksvollste von dem, was Sie gezeigt haben, war eigentlich Ihr Hinweis auf die Existenz von zwei unterscheidbaren Gruppen von instabiler Angina. Die einen haben Troponin T und haben eine Komplikationsrate hinter sich, die anderen haben kein Troponin T und haben keine Komplikationsrate. Was ist denn nun morphologisch der Unterschied an der Zelle? Ich meine, da war doch der auffälligste diagnostische Unterschied zur CK. Worin unterscheiden sich diese beiden Gruppen mit instabiler Angina?

Scheffold:

Wenn Sie erhöhte Troponin T-Werte nachweisen, muß ja nicht unbedingt ein Infarktereignis folgen, das war in dem linken Bild dargestellt in solchen Fällen, wo instabile Angina plus Parameter nicht zwingend zu einem fatalen Ereignis führen.

Seidel:

Also, wenn die einfache Ischämie, die reversible Ischämie, der Nichtuntergang der Zelle sozusagen, schon zur Freisetzung von Troponin T führt, und wenn das vielleicht etwas ist, was dann auch häufig in der Folge zu einem Infarkt oder zu einer Nekrose führen kann, dann wäre es eine Sache. Dann frage ich mich, wieso die andere Gruppe ist, bei der das nicht so ist, die eine Angina, einen Ischämieschmerz, eine Ischämie hat, kein Troponin T auswirft?

Scheffold:

Mir ist jetzt kein morphologisches Korrelat bekannt. Es ist einfach ein Phänomen, daß man Patienten als Hoch-Risikogruppe einstufen muß, die mit instabiler Angina und erhöhtem Troponin T in die Klinik eingeliefert werden.

Vogt:

Ich glaube, man kann dazu noch eines nachtragen. Troponin T-Erhöhungen treten eigentlich nur in der Gruppe nach Braunwald Typ IV auf, d.h. tatsächlich also bei der schwersten Gruppe dieser instabilen Angina. Das sind Ergebnisse von Hamm aus Hamburg, der, ich glaube, 97 Fälle von instabiler Angina untersucht hat, die entsprechende Schweregrade hatten. Eben in dieser Gruppe, die ein erhöhtes Troponin T zeigen, haben etwa 30 % ein erhöhtes Risiko, während 70 % davon auch nichts entwickeln. Aber was an echtem histologischem Korrelat dahintersteckt, also das ist noch offen.

Puschendorf:

Dieses Troponin T ist herzmuskelspezifisch. Sie können es auch in dem perioperativen Infarkt sehen, Sie können sich bei der Herzkontusion die Sache anschauen, also aus diagnostischen Gründen. Sie haben nicht das Spezifitätsproblem bei Marathonläufern, das ist alles untersucht. Zweitens haben Sie eine Parameter, mit dem Sie die Reperfusion sehr gut, sehr viel genauer kontrollieren können. Sie können z.B. den Quotienten zwischen dem 30-Stunden-Wert und einen 10-Stunden-Wert bilden. Es geht einfach um den Wert des Quotienten 1, $<$ oder $>$ 1, ist es reperfundiert oder nicht reperfundiert?

Hauptansatzpunkt für die Entwicklung dieser Kenngröße war eben, einen absolut spezifischen Marker zu finden. Dieses prinzipielle Ziel ist sicher erreicht worden.

De Groot:

Ich möchte doch noch einmal auf die Enzymfreisetzung kommen, weil uns das auch einfach lange beschäftigt hat. Es ist sicherlich klar, daß solche cytosolischen Substanzen bei Nekrose freigesetzt werden. Aber das ist auch gar nicht unser Problem in den Zellkulturen, sondern die treten aus, ohne daß wir morphologische Korrelate finden. Und das ist ja da offensichtlich dann noch unterschiedlich, in welchen Pools sie sich jetzt befinden oder was es für Substanzen sind. Ich habe immer gedacht, klinische Chemiker wissen, warum jetzt die LDH oder die SGOT austritt.

Dargel:

Vielleicht eine kurze Ergänzung zu dem Problem. Wir haben sehr häufig aus Lebern Zellen isoliert, die unmittelbar nach der Isolierung ziemlich schlecht aussehen, auch elektronenmikroskopisch. Die Zellen sind in der Lage, im weiteren Verlauf der Inkubation völlig zu regenerieren. Man muß davon ausgehen, daß solche Zellen tatsächlich auch Bestandteile (Blepps) abgeben, ohne daß sie irreversibel geschädigt werden.

Gressner:

Eine Frage, die damit zusammenhängt, ist eigentlich noch nicht angeschnitten worden, auch im Bezug auf die CK. Ist es nicht so, daß die Expressionsstärke dieser Markerproteine sehr sehr unterschiedlich ist? Bei gesunden Herzen mit gesundem Myokard ist die Expressionsstärke relativ gering. Auch die CK MB z.B. wird bei vorgeschädigten Herzen wesentlich stärker expremiert. Mit anderen Worten, ist die diagnostische Empfindlichkeit für eine Nekrose bei einem vorgeschädigten Herzen nicht deutlich höher, oder theoretisch müßte sie höher sein, als bei einer Nekrose von einem nicht vorgeschädigten Herzen? Ich finde, sowohl Herr Stein als auch Sie müßten einmal Daten vorlegen, die sagen, wie hoch der CK MB- und CK-Spiegel in einem völlig gesunden Myokard ist bzw. in einem vorgeschädigten Myokard, das durch Hyperperfusion durch hämodynamische Belastung vorgeschädigt ist, und dasselbe für Troponin T. Ich glaube schon, daß dieser Gradient intrazellulär/extrazellulär für die Freisetzung des Markers wichtig ist, das kennen wir z. B. von der γ-GT bei Alkoholikern.

Neumeier:

Das ist überhaupt die interessanteste Frage in diesem Gebiet. Es gibt dazu nicht sehr viele Untersuchungen. Meines Wissens gibt es an humaner Herzmuskulatur nur drei Untersuchungen, die aber alle eindeutig zeigen, daß in gesunder Herzmuskulatur, also im Grunde von Organspendern, der CK MB-Anteil wie auch die mitochondriale CK signifikant niedriger ist als in ischämischer Herzmuskulatur bzw. Herzmuskulatur von Patienten mit Druckbelastung, mit Aortenstenosen. Das ist im Grunde der provokative Befund, der seit 1983 besteht, daß in gesunder Herzmuskulatur CK MB nicht oder nur kaum vorkommt. Und daran schließt sich jetzt natürlich die Frage für Troponin T an. Gibt es Ergebnisse für Troponin T über diese Verteilungen in Herzmuskulatur und in Abhängigkeit von der Schädigung einer Herzmuskulatur und auch insbesondere, gibt es solche Untersuchungen zur Skelettmuskulatur bzw. zu regenerierender Skelettmuskulatur? Ist dann dieses Troponin T immer noch herzmuskelspezifisch oder muß man erwarten, daß es auch in regenerierender Skelettmuskulatur gefunden wird, ähnlich wie für die anderen Systeme wie Myosin und CK?

Scheffold:

Die letzte Frage möchte ich zuerst beantworten. Wir haben eine große Anzahl von herzinsuffizienten Patienten mit verschiedenen NYHA-Stadien untersucht, bei denen wir in der Myokardbiopsie bei Verdacht auf dilatative CNP im Rahmen der Koronarangiographie oder beim explantierten Herzen keinen Isoformschift beim Troponin feststellen konnten. Das Troponin T wird konstant in dieser Form exprimiert. Es kommt keine Isoform dazu. Bei einer dilatativen CMP kommt es zu einer Anreicherung von Fibroblasten z.B., die, wie wir heute morgen gehört haben, bei der dilatativen Kardiomyopathie 30 %, jetzt auf die Gesamtmasse bezogen, ausmachen. Es ist klar, daß dann natürlich in diesem Verhältnis das

Troponin T allein aufgrund dieser Ursache reduziert sein muß und wahrscheinlich eben auch beim druckbelasteten Herzen. Immer wenn die Fibroblasten hoch gehen, könnte man sagen, daß dann relativ weniger Troponin T vorkommt.

Neumeier:

Welche Verhältnisse beobachtet man in der Skelettmuskulatur?

Scheffold:

Ich kenne nur die Daten von langsamer Skelettmuskulatur, die unter extremer Belastung zu schneller Muskulatur differenziert. Da sieht man beim Troponin T einen Isoformschift.

Neumeier:

Gibt es dabei eine Änderung zum kardialen Typ?

Scheffold:

Im Skelettmuskel konnten wir keine kardiale Troponin-T-Isoform nachweisen.

Greiling:

Ich bin absolut skeptisch. Wie Herr Puschendorf soeben formuliert hat, liegt hier ein herzmuskelspezifischer Indikator vor. Ich vermisse Aussagen zu den prädiktiven Werten, die ich für sehr wichtig halte, und Aussagen über die Epitopspezifität der verwendeten Antikörper, die eine große Rolle spielt. Auch wir haben mit dem Troponin T Erfahrungen gesammelt. Alle Analysen, die bisher gelaufen waren, haben noch nicht die Überlegenheit der Troponin-T-Bestimmung über die Bestimmung der CK MB gezeigt und mich noch nicht wirklich überzeugt.

Scheffold:

Der Test ist - bisher unwiderlegt - herzspezifisch.

Der monoklonale Antikörper M7 ist mit keinem anderen Protein kreuzreaktiv. Die Reaktion, die bei exzentrischer Muskelbelastung auftrat, liegt im Aufbau des Testes begründet und ist kein Hinweis auf eine Kreuzreaktivität von unter einem Prozent. Im Vergleich zur CK MB-Bestimmung hat der Test für Troponin T eine 5mal höhere Sicherheit. Das diagnostische Fenster ist wesentlich länger. Bei allen Patienten wurde zwischen 10,5 und 140 Stunden in 100 % der Fälle ein erhöhtes Troponin T gemessen. Das haben Sie bei CK MB nicht. Zur Berechnung der prädiktiven Werte haben wir den 14 Stunden- und den 38 Stunden-Wert bei früh reperfundierten Herzen verwendet. Wenn der Quotient aus 14 h-Wert zu 38 h-Wert über 1,2 ist, können Sie mit 95 % Sicherheit aussagen, daß das Gefäß wieder eröffnet ist. Wenn das Verhältnis unter 0,9 ist, kann man mit 95 % Sicherheit sagen, daß das Gefäß verschlossen ist.

Vogt:

Ich meine, man kann vielleicht die sehr scharfen Formulierungen von Herrn Greiling dahingehend modifizieren, daß vieles noch ungeklärt ist und daß man einiges noch tun muß. Es ist sicher ein interessanter Analyt, für den es sich lohnt, ihn einmal anzusehen. Auf der anderen Seite gibt es eine ganze Reihe von Einwänden von der Praktikabilität her, es dauert viel zu lange, der Test ist auch sehr teuer.

Creatin als frühzeitiger Marker für die Myokardinfarkt-Diagnostik

Jovis Delanghe und Marc De Buyzere

Laboratorium Klinische Chemie, Universitätskrankenhaus Gent, De Pintelaan 185 B, B 9000 Gent (Belgien)

1.Einleitung

Durch die Einführung der thrombolytischen Therapie zur Minimierung der Myokardschädigung beim akuten Myokardinfarkt (AMI), welche ihre Stellenwert bewiesen haben, steht an erster Stelle die schnelle Infarktdiagnose. Die thrombolytische Therapie ist nur dann erfolgreich, wenn sie innerhalb von 6 Stunden nach Entstehen der ersten Symptome angewendet wird [14,16]. Außerdem wird eine adäquate Diagnostik unter Berücksichtigung der Nebeneffekte und des hohen Selbstkostenpreises vorausgesetzt. Während der ersten Stunden des Infarktes ermöglichen die klinischen Symptome und die elektrokardiographischen (EKG) Untersuchungen nicht immer eine richtige Diagnose. Deshalb gibt es einen Mangel an frühzeitigen biochemischen Markern für die Diagnostik des Herzinfarktes. Da die Diffusionsgeschwindigkeit der intrazellulären Molekule von ihrem Molekulgewicht abhängig ist [15], kann eine frühzeitige Diagnose aus theoretischen Gründen nur mittels Bestimmungen von Kleinmolekülen verwirklicht werden. Deshalb gab es eine besondere Aufmerksamkeit für Markersubstanzen, wie z.B. Myoglobin (17 kD) [13,22] und Troponin T (37 kD)[18]. Dennoch ist die Analyse der Kleinproteine mittels Immunoassay zeitaufwendig und deshalb für ein Notfalllabor weniger geeignet. Außerdem wurde die diagnostische Spezifizität der Myoglobinbestimmung in Frage gestellt. Der menschliche Herzmuskel enthält große Mengen an Creatin (etwa 2-3 mg/g Herzgewebe) [33]. Im Gegensatz zu Herzenzymen (Molekulargewicht um 100 kD) und anderen Muskelproteinen (z.B. Myoglobin) ist Creatin wegen seines sehr niedrigen Molekulargewichtes (31) für die Frühdiagnostik des Infarktes sehr geeignet. Obwohl Creatinbestimmungen schon längst möglich sind, war die Bestimmung im Urin mittels üblicher kolorimetrischer Methoden wenig sensitiv. Erst seit Mitte der 80er Jahre steht die gentechnisch hergestellte Creatinase (Creatinamidinohydrolase, EC 3.5.3.3) in wirtschaftlichen Mengen für diagnostische Zwecke zur Verfügung. Diese Voraussetzungen bilden die Basis der Entwicklung der enzymatischen Creatinbestimmung als ein frühzeitiger Marker für die Herzinfarkt-Diagnostik.

Nach akutem Myokardinfarkt wurden kurzfristig erhöhte Creatinkonzentrationen im Serum und Urin beobachtet [8]. Obwohl Creatinverluste aus der Infarktzone beobachtet werden [9], waren die Creatinkonzentrationen in Serum und Urin nach AMI signifikant höher als erwartet. In der vorliegenden Arbeit wurde das Verhältnis zwischen Creatinkinetik, quantitativer Creatinfreisetzung und klinischen Parametern (Alter und Geschlecht der Patienten, Infarktgröße) untersucht. Da die gestiegenen extrazellulären Konzentrationen des Creatins in vitro einen protektiven Effekt auf den Abbau des ATP ausüben [21], wurde die Plasmahypoxanthinkonzentration parallel bestimmt.

Die Validität der Creatinbestimmung für die Frühdiagnose des AMI wurde getestet und mit den Prädiktionsdaten des ersten verfügbaren EKG's und der Herzenzyme bei Patienten mit typischen retrosternalen Schmerzen verglichen. Die Validität des EKG's und der Creatinbestimmung bei der Differenzialdiagnose zwischen AMI und unstabilen Angina pectoris wurde im besonderen beobachtet.

Als Vergleichsmodell der akuten Muskelnekrose diente eine Gruppe von Patienten, die sich einer Herzoperation unterzogen. Bei dieser Patientengruppe ist die Herzmuskelschädigung quantitativ vergleichbar mit der von AMI Patienten. Mit der Absicht, die Effekte der Creatinfreisetzung auf längere Sicht zu evaluieren, wurden die AMI-Patienten klinisch 2 Jahre verfolgt.

Da Creatin pharmakologische Eigenschaften besitzt, die mit den nichtsteroidalen antiphlogistischen Arzneimitteln vergleichbar sind [11], wurden die Effekte der Creatinfreisetzung nach den AMI auf die Überlebungsrate der Patienten mit denen der kumulativen CK-MB Freisetzung (Infarktgröße) verglichen.

1.1. Creatin: Biosynthese - Metabolismus

Der tägliche Bedarf an Creatin wird zum größten Teil durch die endogene Synthese gedeckt. Die Synthese des Creatins beim Menschen verläuft in zwei Stufen: in den Nieren wird aus Arginin und Glycin Guanidino-essigsäure synthetisiert [33]. Die weitere Methylierung findet im Lebergewebe statt. Dann wird das Creatin in die Blutbahn transportiert. Die Herz - und Skelettmuskelzellen nehmen das Creatin mittels eines aktiven Mechanismus auf. In diesen Zellen ist das Creatin teils als Creatinphosphat (70 %), teils als Creatin (30 %) anwesend. Das Creatinphosphat ist ein wichtiger Energiespeicher (45 kJ/mol) der Muskelzelle. Neben der Funktion als Energiespeicher wird dem Creatin die Rolle als Modulator-Molekul zugesprochen. In vitro wurden anti-phlogistische Eigenschaften nachgewiesen so wie z.B. beim Aspirin [20]. Bei Ischämie wurde eine Reduktion des intrazellulären Abbaus des Adenosintriphosphats [21] und ein positiver Effekt auf die Muskelregeneration beobachtet [27].

Creatin und Creatinphosphat werden mittels eines nicht-enzymatischen Prozesses in Creatinin umgesetzt. Bei Erwachsenen gehen täglich etwa 2 Gramm Creatin als Creatinin verloren.

1.2. Referenzwerte

Normales menschliches Serum enthält 6,1 ± 2,2 mg/l Creatin. Diese Konzentration ist bei Frauen höher als bei Männern (7,6 ± 2,5 mg/l vs. 5,7 ± 1,8 mg/l) und kaum altersbedingt [5]. Wegen der Existenz einer Nierenschwelle findet man dagegen im Urin vom Gesunden nur ganz geringe Mengen Creatin (0 bis 20 mg/24 Std.). Nur beim Überschreiten dieser Schwelle findet Creatinurie statt [21]. Die Nierenschwelle für Creatin liegt beim Erwachsenen bei 7,7 ± 1,5 mg /l.

2. Material und Methoden

2.1. Patienten

Untersucht wurden 134 Patienten (Alter: 65 ± 11 Jahre) mit klinischem Verdacht auf das Vorliegen eines AMI. Nach den Kriterien [34] der Weltgesundheitsorganisation (WHO) gab es davon 96 Patienten (76 Männer, Alter: 63 ± 11 Jahre und 20 Frauen, Alter: 74 ± 9 Jahre) mit bewiesenem Infarkt. Bei 38 Patienten (24 Männer, Alter: 67 ± 8 Jahre und 14 Frauen, Alter: 76 ± 7 Jahre), war die Enddiagnose eine unstabile Angina pectoris. Der mittlere Zeitraum zwischen dem Entstehen der Symptome (EDS) und der Krankenhausaufnahme beträgt 185 ± 170 Min. Achtunddreißig Patienten (40%) mit AMI bekamen eine thrombolytische Therapie: Streptokinase 1.500.000 U intravenöse (i.v.) Infusion über 60 Min. Bei 26 AMI Patienten (27%) war Reanimation innerhalb der ersten 24 Std notwendig. Ein EKG wurde bei der Krankenhausaufnahme und weiter im Abstand von 8 Std innerhalb der nächsten drei Tage aufgenommen. Blutproben wurden direkt nach ambulanter Aufnahme, in den ersten 4 Stunden in 30 minütigem Intervall und später 5, 6, 7, 8, 12, 16, 20 und 24 Stunden nach Aufnahme entnommen. Urinmuster wurden bei der Aufnahme und weiter nach spontaner Miktion während der folgenden 24 Std entnommen. Wenn das Einlegen eines Blasenkatheters aus medizinischen Gründen notwendig war (z.B. Schock), wurde der Urin nach dem gleichen Musterschema wie für Serumproben gewonnen. Die elektrokardiographischen Daten wurden bei Aufnahme nach den GISSI-Kriterien beurteilt (wenn die ST- Segmenterhebung 1 mm in mindestens einer der Standardableitungen oder mindestens 2 mm in einer der präkardialen Ableitungen überschritt) [14].

Der Creatinmetabolismus wurde nach Herzoperationen bei 24 Patienten untersucht (13 Männer, 11 Frauen; Alter: 62 ± 9 Jahre). Je nach Typ der Operation konnte diese Gruppe weiter in Koronärer Bypass (n = 17) und Herzklappenersatz (n = 7) aufgeteilt werden. Die Prämedikation bei diesen Patienten bestand aus Diazepam 0,15 mg/kg; Flunitrazepam 20 μg/kg; Fentanyl 30 μg/kg, Pancuronium 100 μg/kg, Isofluran 0,3-0,6 MAC. Das FIO_2-Verhältnis wurde um 1 gehalten. Während der Phase der extrakorporalen Zirkulation wurde die Körpertemperatur zwischen 20 und 28 °C gehalten.

2.2. Methoden

Das Creatin wurde in Serum und Urin mittels eines enzymatischen Verfahrens [6,10] bestimmt. Bei diesem Verfahren wird das Creatin in Sarcosin umgesetzt, das durch Sarcosinoxidase weiter oxidiert wird. Im Gegensatz zu nicht-enzymatisch-kolorimetrischen Methoden interferieren Strukturanaloge wie Aminosäuren und Creatinin nicht. Der gebildete Farbkomplex wurde photometrisch bei 545 nm gemessen. Die Plasmahypoxanthinkonzentration wurde nach Robbrecht bestimmt [24]. Im Hinblick auf die AMI-Diagnose wurden Creatinwerte als positiv angesehen, wenn 10 mg/l überschritten wurde oder wenn die Creatinurie größer als 20 mg/l war. Die Kombination CK und CK-MB (CK/CK-MB) wurde als positiv angesehen, wenn die CK-Aktivität 150 U/l und das Verhältnis CK-MB zu CK 0,08 überschritt. Die Aktivität der Gesamt-Creatinkinase (CK) wurde mittels kommerzieller Reagenzien von Merck und die Creatinkinase-MB (CK-MB) mit dem Roche-Kit nach Rosalki [26] bestimmt. Die Messungen erfolgten bei einer Temperatur von 37 °C gemäß des Immunopräzipitationsverfahrens [35]. Für die Ausführung der Teste wurde ein Technicon RA-1000 Analyzer (Technicon, Tarrytown USA) verwendet. Die Größenbestimmung des Infarktes wurde anhand der kumulativen Enzymausschüttung der CK-MB nach Roberts [25] berechnet. Die individuelle Eliminationsratenkonstante wurde berechnet, und die Ergebnisse wurden als Gramm CK-MB-Äquivalent angegeben. Die Nierenschwelle des Creatins wurde mittels linearer Regression der Serum- und Urin-Creatinkonzentration berechnet.

Zweihundert μl Serum oder Gewebeextrakt wurde 30 Min mit 25 nCi ^{14}C Creatin inkubiert und mittels Gelpermeationschromatographie (Sephadex G-100 ; Pharmacia, Uppsala, Schweden) analysiert. Nach der Chromatographie wurde die Radioaktivität in den enthaltenen Fraktionen in einem Wallac 81000 Scintillationszähler (Wallac, Bromma, Schweden) gezählt.

2.3. Statistik

Die Daten werden als Mittelwert ± Standardabweichung angegeben. Die statistische Analyse wurde mittels nicht-parametrischer Methoden ausgeführt. Unterschiede zwischen den Gruppen wurden mittels des Mann-Whitney U Testes geprüft. Die Korrelationsanalyse wurde mit Hilfe des Spearman Rang-Korrelationstestes ausgeführt. Unterschiede zwischen den erwarteten und beobachteten Frequenzen wurden mit einem Chi-Quadrat-Test berechnet.

3. Ergebnisse

3.1.1. Beobachtete Creatinkinetik im Serum und Urin der AMI-Patienten

Bei 73% der Patienten mit nachgewiesenem Infarkt wurde eine positive Creatinkinetik beobachtet. Ein typischer Kurvenverlauf wird in Abb. 1 gezeigt. Die maximalen Werte wurden im Serum 192 ± 112 Minuten nach den ersten Sympto-

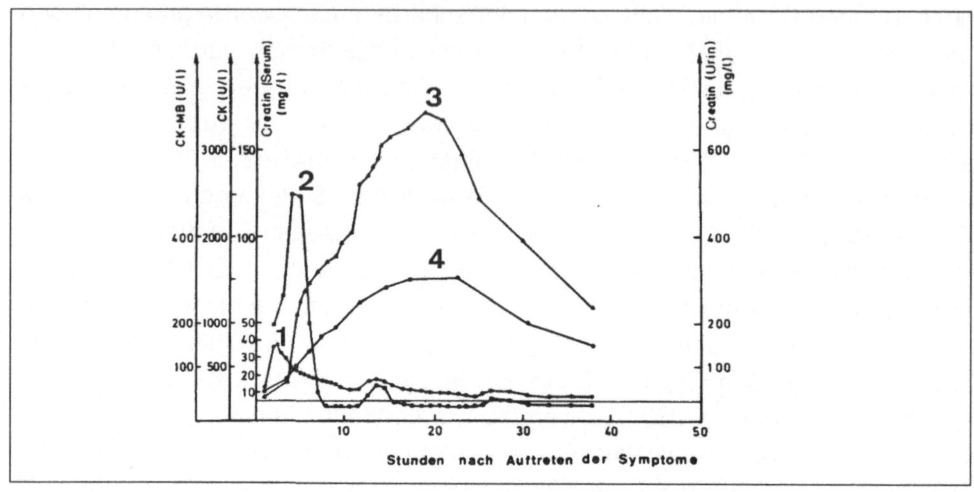

Abb.1.
Verlauf der Creatinkonzentration im Serum (1) und im Urin (2) im Vergleich zur CK (3) - und CK-MB (4)-Aktivität nach einem Herzinfarkt (nach: Delanghe J, et al. Ann Clin Biochem 1988;25:383-388). Die horizontale Linie repräsentiert die mittlere Nierenschwelle für Creatin.

men erreicht, und etwa 60 Minuten später fand man im Urin maximale Werte von 79 ± 116 mg/l (Tabelle 1). Die Creatinwerte im Urin werden nur dann positiv, wenn die Plasmakonzentration des Creatins die Nierenschwelle für Creatin überschreitet. Die maximalen post-AMI Serum-Creatinkonzentrationen waren signifikant unterschiedlich von dem Referenzbereich (6,1 ± 2,2 mg/l; $p < 0{,}005$) und korrelierten positiv mit der Nierenschwelle für Creatin (Spearman $r = 0{,}39$). Das Alter der AMI - Patienten korrelierte nicht (Spearman $r = 0{,}07$) mit der maximalen Creatinämie. Die benötigte Zeit zur Erreichung der maximalen Creatinkonzentration im Serum für Creatin korrelierte weder mit der Infarktgröße (Spearman r = - 0,09) noch mit der maximalen Creatinämie (Spearman r = - 0,03). Die Eliminierungsrate des Creatins ist hauptsachlich von der Nierenexkretionsrate und der Aufnahmegeschwindigkeit der Muskeln bestimmt. Bei weiblichen AMI-Patienten war die Plasmahalbwertszeit wesentlich länger als bei Männern: 12,8 ± 7,2 Std vs. 5,9 ± 7,1 Std; $p < 0{,}05$).Die Plasmahalbwertzeiten waren signifikant höher als die nach peroraler Einnahme von Creatin (1.5 ± 0.6 Std; $p < 0{,}05$).

3.1.2. Vergleich mit anderen diagnostischen Parametern

Im Vergleich zu den Daten der CK-MB - Aktivität und der ersten elektrokardiographischen Ergebnisse, die bereits bei der Aufnahme des Patienten bekannt sind, fällt eine gute Sensitivität und Spezifizität auf (Tabelle 2). Wenn man nur über die Daten der klinischen und der elektrokardiographischen Untersuchung

Tabelle 1.
Creatinkinetik nach Herzinfarkt

Parameter	**Mittelwert ± Standardabweichung**
Infarktgröße (g CK-MB equiv.)	14,2 ± 11,3
Maximale Serumkonzentration (mg/l)	13,7 ± 13,3[a]
Benötigte Zeit zur Erreichung der maximalen Creatinkonzentration im Serum[b] (Min)	192 ± 112
Halbwertszeit des Creatins im Serum (Std)	5,9 ± 7,1
Maximale Urinkonzentration (mg/l)	79,0 ± 115,6[a]
Benötigte Zeit zur Erreichung der maximalen Creatinkonzentration im Serum (Min)	333 ± 180
Nierenschwelle für Creatin (mg/l)	8,4 ± 2,6

[a]Signifikante Unterschiede im Vergleich zur Referenzpopulation ($p < 0{,}01$).
[b]Zeitverlauf nach Anfang der ersten Symptome

während der Frühphase des Infarktes verfügt, bekommt man eine Empfindlichkeit von 69%. Die zusätzlichen diagnostischen Information durch die Creatinkinase (CK und CK-MB) ist gering (Empfindlichkeit: 73%). Die zusätzliche Verwendung der Creatindaten ergeben dagegen eine Empfindlichkeit von 97 %.

Die Infarktgröße der Patienten, bei denen das Aufnahme-EKG falsch negative Ergebnisse gab, betrug 12,8 ± 3,6 g CK-MB-Äquivalent. Im Vergleich zur Infarktgröße findet man einen Korrelationskoeffizienten von nur 0,301: y (maximale Creatinämie, mg/l) = 0,232 x (Infarktgröße, CK-MB g-Äquivalent) + 10,72.

3.1.3. Variation der Creatinkinetik

Die Gelpermeationschromatographie zeigte, daß die makromolekulare Bindung des Creatins im Herzgewebeextrakte und im Serum quantitativ vernachlässigt

Tabelle 2.
Validität des Creatins im Vergleich zu Creatinkinase und Elektrokardiographie innerhalb der ersten sechs Stunden

	Creatin (Serum und Urin)	**CK-MB**	**Elektrokardiographie**
Empfindlichkeit (%)	63	17	70
Spezifizität (%)	69	100	58
Präd. Wert Pos. Test (%)	83	100	86
Präd. Wert Neg. Test (%)	44	43	32

werden konnte. Diese Befunde sagen voraus, daß die Creatinfreisetzung nach einem monophasischen Muster verläuft. Dennoch, neben der frühzeitigen Erhöhung der Serum-Creatinkonzentration wurden bei 47/92 (49 %) AMI-Patienten zusätzlich späte Creatinmaxima im Serum beobachtet. Das zweite Creatinmaximum wurde 20,9 ± 8,1 Std nach Entstehen der Symptome beobachtet. Die Werte des zweiten Maximums im Serum korrelierten mit dem Wert für das erste Creatinmaximum (y (zweites Maximum, mg/l) = 0,82x (erstes Maximum, mg/l) + 4,30, Spearman r = 0,66). Die Anwesenheit dieses zweiten Creatinmaximums konnte nicht mit Unterschieden in Geschlecht, Alter, Therapie oder Infarktgröße verknüpft werden. Bei 41 Patienten wurden Konzentrationen von über 1 mg/l innerhalb der ersten 6 Stunden (früher Maximalwert) nach Entstehen der Symptome ohne weitere spätere Erhöhungen beobachtet.

3.1.4. Beziehung zwischen quantitativer Creatinfreisetzung und Infarktgröße

Tabelle 3 vergleicht die beobachteten Serum-Creatinmaxima mit den erwarteten bei verschiedenen Subgruppen von AMI-Patienten, je nach Infarktgröße.

Tabelle 3
Vergleich zwischen beobachteten und theoretisch erwarteten maximale Creatinämie nach AMI
Werte sind angegeben als Mittelwert ± SD.

Infarktgröße (g CK-MB equiv.)	**Anzahl**	**Beobachtetes Serum-Creatinmaximum**[a] (mg/l)	**Theoretisch erwartete Werte**[b] (mg/l)	**p Wert**
0-5	26	13,0 ± 8,0	6,00 - 6,85	< 0,05
6-10	24	10,3 ± 6,2	6,85 - 7,45	< 0,05
11-15	10	16,0 ± 11,6	7,45 - 8,07	< 0,05
16-20	9	9,4 ± 2,8	8,07 - 8,70	NS
21-30	13	16,9 ± 12,6	8,70 - 9,97	< 0,05
31-40	7	22,7 ± 19,6	9,97 - 11,28	< 0,05
41-70	7	20,6 ± 17,2	11,28 - 15,39	< 0,05
Früh verstorbene Patienten	4	41,4 ± 48,8	[c]	

[a] Basiert auf Werte die innerhalb der 12 Std nach Entstehen der Symptome gemessen wurden.
[b] Berechnet auf einen 70-Jährige Mann mit einem basalen Serumcreatin von 6,00 mg/l.
[c] Keine Berechnung möglich.

Während der ersten 24 Stunden nach dem Entstehen der Symptome wurde die Creatinkinetik zwischen unkomplizierten und komplizierten Infarkten, in denen Reanimation erforderlich war, verglichen. Tabelle 4 illustriert die Effekte der Reanimation auf die Creatinkinetik nach AMI.

3.1.5. Vergleich zwischen Serumcreatin und Hypoxanthinkonzentrationen

Nach dem AMI wurden starke Erhöhungen der Plasmahypoxanthinkonzentrationen beobachtet (50,8 ± 69,8 μmol/l vs. Referenzbereich 1,4 - 8,4 μmol/l; $p<0,05$). Bei Patienten mit ausgeprägter Hypercreatinämie (> 10 mg/l) waren die Hypoxanthinkonzentrationen signifikant niedriger als bei Patienten mit nur mäßiger Hypercreatinämie (< 10 mg/l). Diese Daten suggerieren, daß extrazelluläres Creatin den Abbau des ATP hemmt. Dies wird durch in vitro Befunde bestätigt [21].

3.1.6. Creatinkinetik bei unstabiler Angina

Bei Patienten mit unstabiler Angina pectoris wurden keine signifikante Änderungen der Serum- und Urin-Konzentrationen während der 24-Stunden Observationsperiode gefunden. Maximale Creatinkonzentrationen waren für beide Geschlechter vergleichbar (Männer 7,0 ± 3,8 mg/l, Frauen 7,1 ± 3,6 mg/l). Im Urin waren alle gemessenen Creatinkonzentrationen innerhalb des Referenzbe-

Tabelle 4
Effekte der Reanimation auf die Creatinkinetik nach AMI
Werte sind angegeben als Mittelwert ± SD.

	Nicht-reanimierte Patienten	**Reanimierte Patienten**
Anzahl	70 26	
Alter (Jhr)	65,4 ± 10,0	65,5 ± 8,7
Maximales Serum-Creatin (mg/l)	11,3 ± 6,4	23,8 ± 13,7[a]
Benötigte Zeit zur Erreichung der maximalen Creatinkonzentration im Serum(Min)	183 ± 64	197 ± 103
Apparente Halbwertszeit (Std)	5,0 ± 3,6	4,0 ± 2,6
Maximales Urin-Creatin (mg/l)	108 ± 173	74 ± 84
Infarktgröße (g CK-MB-Äquiv.)	13,2 ± 13,3	29,2 ± 19,7[a]
Nierenschwelle für Creatin (mg/l)	9,0 ± 2,5	9,5 ± 3,1

[a] $p<0,05$

reiches (niedriger als 20 mg/l). Nur bei sechs Patienten waren die Serumcreatinwerte höher als 10 mg/l. Alle unstabile Angina-Patienten zeigten normale CK/CK-MB Aktivitäten im Serum. Dennoch zeigten 35 % ein positives Aufnahme-EKG. Bei 3 Patienten (8 %) konnte das Aufnahme-EKG wegen des Faszikelblocks nicht interpretiert werden.

3.1.7. Creatinkinetik nach Herzoperationen

Herzchirurgiepatienten wurden als Kontrollgruppe für die Evaluation der Effekte der akuten Muskelschädigung auf die Creatinkinetik ausgewählt. Die passive Diffusionsgeschwindigkeit des Creatins aus den Geweben zum extrazellulären Kompartiment ist nicht temperaturabhängig. Jedoch beträgt der Temperaturkoeffizient (Q10) für die aktive Creatinaufnahme 2,7. Dennoch war die glomeruläre Filtrationsrate während Hypothermie stark erniedrigt (bis 10 ± 3% der Referenz). Infolgedessen erwartet man für eine ähnliche Gewebeschädigung höhere Plasma-Creatinwerte während der Phase des extrakorporalen Kreislaufes bei Herzoperationen im Vergleich mit AMI. Tabelle 5 faßt die Daten über Creatin, Hypoxanthin und CK während Herzoperationen für beide Gruppen (Koronärer Bypass und Herzklappenersatz) zusammen. Trotz einer starken Muskelschädigung findet nur eine beschränkte Creatinfreisetzung nach Herzoperationen statt, wie nach den mathematischen Modell berechnet.

3.1.8. Diskussion: Creatin und Frühdiagnose des AMIs

Die enzymatische Creatindiagnose ist für das Notfallabor sehr geeignet, da die Methode in Autoanalyzern angewendet werden kann und die benötigte Reakti-

Tabelle 5.
Creatinkonzentration in Serum und CK- Aktivität während Herzoperationen

	Koronäre Bypass Operationen	Klappenersatzoperationen
Anzahl	17	7
Alter (Jahre)	63,0 ± 6,3	58,4 ± 13,7
Maximale CK Aktivität (U/l)	1400 ± 912	784 ± 616
Basales Serum-Creatin (mg/l)	8,3 ± 2,1	9,8 ± 4,3
Maximales Serum-Creatin (mg/l)	9,5 ± 3,4	9,5 ± 2,9
Basales Hypoxanthin (μmol/l)	34 ± 34	73 ± 87
Maximales Plasma-Hypoxanthin (μmol/l)	118 ± 72	92 ± 86

onszeit nur 8 Minuten beträgt. In der frühen Phase des Infarktes findet man bei der Mehrzahl der Patienten erhöhte Creatinwerte im Serum und im Urin. Wegen der Existenz einer Nierenschwelle gibt es im Urin von Gesunden eine sehr niedrige Creatinkonzentration. Bei Infarktpatienten ist die Höhe der Nierenschwelle vergleichbar mit der von Gesunden. Nach Reanimation wurden höhere Serumcreatinwerte beobachtet. Dennoch, trotz vergleichbarer Werte für die Nierenschwelle in diesen Patienten, wurden niedrigere Urin-Creatinwerte gefunden. Diese Befunde finden ihren Ursprung in einer erniedrigten glomerulären Filtrationsrate infolge des Schocks. Skelettmuskelschädigung infolge Reanimation hat nur einen beschränkten Effekt auf die Creatinkinetik.

Im Vergleich zu theoretisch-kinetischen Modellen für die Ausschüttung von Creatin findet man hier höhere Werte als erwartet. Da normales Herzgewebe nur 2 mg Creatin/Gramm enthält und bei AMI nur eine relative Extraktion von 65% aus dem Gewebe stattfindet, kann die nach dem AMI bestimmte Erhöhung der Creatinkonzentration nicht durch einen Verlust aus dem Herzen erklärt werden. Ähnliche Ergebnisse wurden von Threllfall [31] bei tierexperimentellen Skelettmuskelschädigungen festgestellt. Diese Ergebnisse weisen darauf hin, daß die beobachtete freigesetzte Menge an Creatin nach einem Herzinfarkt nicht nur aus dem Herzgewebe entstammt. Dies erklärt auch die relativ geringe Korrelation zwischen der maximalen Serum-Creatinkonzentration und der Infarktgröße. Da die endogene Synthese ein in mehreren Stufen verlaufender, langsamer Prozeß ist, ist eine stark erhöhte „de novo“ Creatinsynthese während der ersten Stunden des Infarktes unwahrscheinlich. Wegen des hohen Creatingehaltes ist nur das Skelettmuskelgewebe imstande, ähnliche Mengen von Creatin schnell auszuschütten. Ähnliche Ergebnisse wurden auch bei anderen Kleinmolekülen gefunden [23]. Die diagnostische Nützlichkeit des CK-MB und der elektrokardiographischen Daten ist bei der Krankenhausaufnahme beschränkt [1]. Wegen des hohen Molekulargewichtes der Herzenzyme (± 100 kD) findet man eine geringe Sensitivität in den ersten Stunden nach dem Entstehen des Infarktes.

Empfindlichkeit und Spezifizität für Creatin sind vergleichbar mit dem Aufnahme-EKG. Wo zweifelhafte elektrokardiographische Daten vorliegen (z.B. bei Faszikelblock), gelingt es mittels der frühen Creatinbestimmungen die diagnostische Sicherheit stark zu erhöhen. Nach einem AMI findet man bei 73% der Patienten eine kurzfristige Erhöhung der Creatinkonzentrationen im Serum und im Urin. Bei der Aufnahme eines Patienten im Krankenhaus trifft man im Vergleich zu den klassischen Herzenzymen viel höhere Werte für Empfindlichkeit und Spezifizität. In der unstabilen Angina, die nicht mit Muskelnekrose assoziert ist, findet man keine signifikante Creatinfreisetzung.

Falsch positive Ergebnisse werden bei Skelettmuskelschädigung gesehen. Intramuskuläre Injektionen bis 2 ml verursachen keine falsch positiven Ergebnisse. Auch muskuläre Anstrengungen stören die Creatinbestimmung nicht: z.B. bei Langstreckenläufern findet nur eine beschränkte Erhöhung der Creatinwerte statt, trotz erhöhter Enzymwerte. Der Einfluß einer Creatin-haltigen Diät auf die Creatinkonzentrationen im Serum und im Urin ist beschränkt, da Creatin nach Einnahme schnell absorbiert wird und eine kurze Plasmahalbwertszeit besitzt. Bei Patienten mit einer vegetarischen Diät sind die Referenzwerte für Serum-Creatin jedoch niedriger als in Patienten mit einer Standarddiät [8].

Im Gegensatz zu üblichen Proteinmarkern (Myoglobin, Herzenzyme) ist die Halbwertszeit des Creatins sehr kurz (etwa 1 bis 2 Stunden). Ab sechs Stunden nach Entstehen des Infarktes sind Creatinbestimmungen im Serum nicht mehr sinnvoll. Creatinbestimmungen im Urin haben den Vorteil, daß sie wegen der Kapazität der Harnblase länger diagnostisch nützlich bleiben. Man kann in Theorie auch den Creatingehalt im Speichel messen; wesentliche Vorteile hat das jedoch nicht. Der Kurvenverlauf im Speichel folgt im allgemeinen dem Konzentrationsverlauf im Serum.

Das geringe Molekulargewicht sorgt dafür, daß keine Autoimmunreaktionen entstehen können. Dies bedeutet einen Vorteil gegenüber Proteinen [3,11]. Da man in der Praxis während der ersten Stunden nach den ersten Symptomen meistens nur preliminäre Daten des EKGs zur Verfügung hat, bedeutet die enzymatische Creatinbestimmung eine Ergänzung der üblichen diagnostischen Parameter des Herzinfarktes. Die Benutzung von Teststreifen könnte eine Diagnose innerhalb weniger Minuten nach Entstehen der ersten Symptome ermöglichen.

Da die Körpertemperatur bei Herzoperationen circa 24 °C beträgt, sind die Aufnahmegeschwindigkeiten von Muskelzellen und Nierenexkretionsraten niedriger als normal. Obwohl Änderungen der Creatinkonzentration bei Herzchirurgie-Patienten mit den Voraussagen des Modells übereinstimmen [30], ist die Creatinfreisetzung nach Herzoperationen signifikant niedriger als die post-AMI-Freisetzung, trotz vergleichbarer Muskelschädigung. Diese Daten suggerieren, daß der für die exzessive Creatinfreisetzung verantwortliche Auslösemechanismus wahrscheinlich während der Herzoperationen blockiert wird.

3.2. Creatin und Prognose nach AMI

Eine Subgruppe von 89 AMI-Patienten (70 Männer, 19 Frauen, Alter 62 ± 11 Jahre), die den AMI mindestens 2 Monate überlebten, wurden weitere 2 Jahre verfolgt. Drei Patienten überlebten einen weiteren AMI, 16 Patienten starben an Herzkrankheiten; 66 Patienten blieben ohne AMI-Rezidive. Vier Patienten starben an nicht-kardiovaskulären Ursachen und wurden von den Studien ausgeschlossen. Die Infarktparameter sind zusammengefaßt in Tabelle 6. Die Gruppe ohne wichtige kardiovaskulären Komplikationen war ungefähr 7 Jahre jünger als die mit ernsthaften Komplikationen. In der letzten Gruppe war die Infarktgröße ausgeprägter, aber dafür zeigte sie eine sehr starke Variation (Bereich: 1 bis 45 g CK-MB-Äquivalent). Die Patienten ohne kardiovaskuläre Komplikationen zeigten während der Frühphase des Infarktes eine signifikant höhere Creatinämie und Creatinurie, trotz geringerer Infarktgröße. Die Lokalisationsverteilung der Infarkte war bei beiden Gruppen miteinander vergleichbar. Wenn die post-AMI-Creatinämie (0-12 h nach EDS) 13 mg/l übertraf (das Zweifache des Medianwertes des Referenzbereiches), war die Inzidenz der kardiovaskulären Komplikationen nur bei 3 von 41 Patienten vs. 16 zu 44 Patienten mit niedrigen (<13 mg/l) Serum-Creatinwerten (p <0,005, Chi-Quadrat-Test). Wie erwartet sind das Alter der Patienten und die Infarktgröße mit einer höheren Inzidenz von kardiovaskulären Komplikationen assoziert. Dennoch gibt es auch eine Assoziation zwischen den niedrigen Creatinwerten während der Frühphase des Infarktes, eines höheren kardiovaskulären Risikos und einer erniedrigten Lebenserwartung. Dieses Phänomen läßt sich nicht auf Grund des Altersunterschiedes zwischen beiden Gruppen erklären, da die Referenzwerte für das Creatin kaum altersbedingt sind [5]. Pharmakologische Effekte der repetitiven Creatinfreisetzung bei Patienten mit wichtigen post-AMI-Creatinämien könnte für die Unterschiede in der Inzidenz der Spätverwicklungen teilweise verantwortlich sein. Neben der Bedeutung als diagnostischer Test hat Creatin auch einen prädiktiven Wert für die Spätverwicklungen des Infarktes [9].

Tabelle 6.
Infarktparameter, Creatin und Prognose nach Myokardinfarkt.
Werte sind angegeben als Mittelwert ± SD.

	Patienten ohne wichtige kardiovaskuläre Komplikationen	**Patienten mit wichtige kardiovaskuläre Komplikationen**
Anzahl	66	19
Alter (Jahre)	61 ± 12	68 ± 9[a]
Maximales Serum-Creatin (mg/l)	14,9 ± 7,3	9,7 ± 3,7[a]
Maximales Urin-Creatin (mg/l)	45,7 ± 72,4	14,0 ± 9,7[a]
Infarktgröße (g CK-MB-Äquiv.)	11,5 ± 13,1	17,3 ± 18,5[a]

[a] p < 0,01, Mann-Whitney U test.

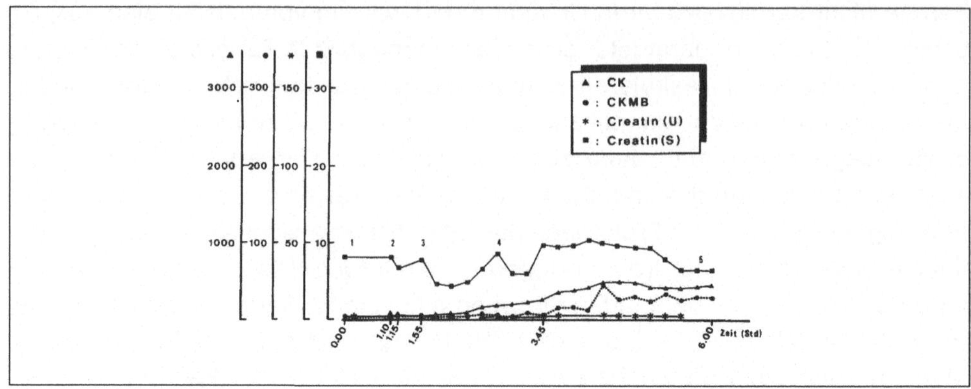

Abb. 2.
Creatinkinetik während einer Koronärer Bypass-Operation. Die CK und CK-MB Aktivität sind in U/l angegeben. Die Creatinkonzentrationen in Serum (S) und Urin (U) (mg/l) werden in mg/l angegeben. 1: Präinduktion; 2: Inzision; 3: Aortenkannulation; 4: Ende der Cross Clamping; 5: Ende der Operation.

3.3 Creatin und Plättchenaggregation

Creatin besitzt pharmakologische Eigenschaften, welche mit den nicht-steroidalen antiphlogistischen Arzneimitteln vergleichbar sind [20]. Aspirin, ein repräsentatives Arzneimittel der letzten Gruppe, ist bei Sekundarprävention und Behandlung des Infarktes effektiv [17]. Während der akuten Phase des AMI wurde eine kurzfristige Hemmung der Plättchenaggregation beobachtet. Diese Hemmung wurde in Zusammenhang gebracht mit dem Koronarverschluß und der Ausbreitung der Thrombusbildung [19]. Die spontane Plättchenaggregation in vitro ist ein Parameter für die Vorhersage der Spätkomplikationen bei Überlebenden des AMI [19].

Während der Frühphase des Infarktes können Erhöhungen der Serumcreatinwerte beobachtet werden. Niedrige Creatinwerte während der Frühphase des Infarktes sind mit einem höheren kardiovaskulären Risiko assoziert [9]. Im Rahmen der Aspirin-ähnlichen antiphlogistischen Eigenschaften des Creatins wurde der Effekt der Creatinämie zur Plättchenaggregation getestet. Das plättchenreiche Plasma von gesunden Freiwilligen (n = 11) wurde präinkubiert mit Creatin (Endkonzentrationen 100 und 200 mg/l) 30 Min lang bei Raumtemperatur. Nachher wurde die durch ADP(4,27 mg/l)- und Kollagen (1 mg/l)-induzierte Plättchenaggregation in Ab- oder Anwesenheit des Creatins gemessen.

In der Absicht, den schützenden Effekt des Creatins zu erklären, haben wir den Effekt des Creatins auf der Thrombozytenaggregation in vitro getestet. Citratblut wurde gesunden Freiwilligen (n = 11; Alter: 30 ± 11 Jahre) entnommen und bei 250 g 15 Min lang zentrifugiert. Das so erhaltene plättchenreiche Plasma (PRP) wurde mit 0,15 M Natriumchlorid verdünnt bis zu einer Plättchen-

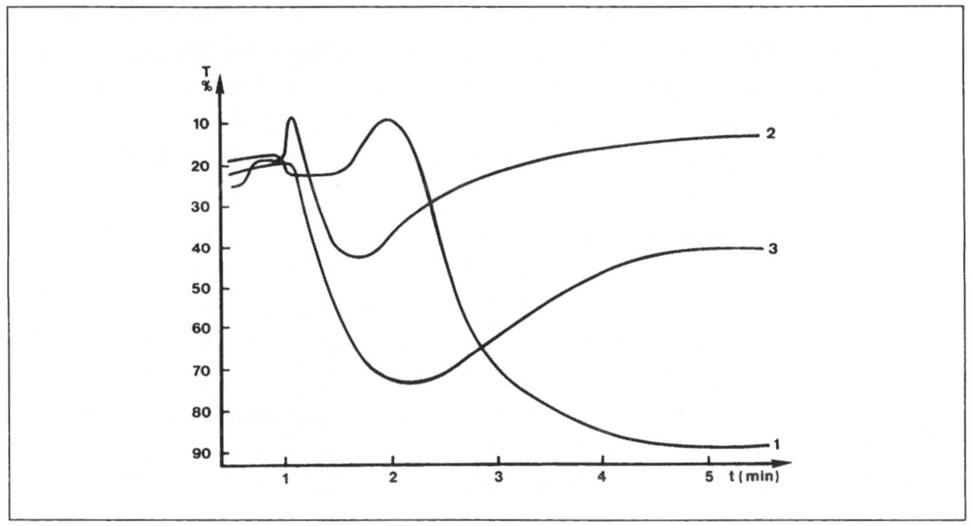

Abb. 3.
Effekt des Creatins auf der ADP-induzierte Plättchenaggregation. Der Verlauf der Transmission (T, %) als Funktion der Zeit (t, Min) nach Zusatz von ADP wird gezeigt. Im Vergleich zum Kontrollmuster (1), findet nach Zugabe von Creatin bei Endkonzentrationen von 200 mg/l (2) und 100 mg/l (3) eine Hemmung der Plättchenaggregation statt, die von einer Desaggregation gefolgt wird. (nach: Delanghe J, De Buyzere M, Baele G. Creatine inhibits ADP and collagen induced platelet aggregation, in: Guanidino Compounds in Biology and Medecine, John Libbey Publishers 1992, 207-211).

zahl von 300.000/mm^3 und danach mit Creatin (bis Endkonzentrationen 100 und 200 mg/l) während 30 Min bei Raumtemperatur vorinkubiert. Danach wurden Adenosin 5'- diphosphat (ADP; 4,27 mg/l, Sigma Chemical Co, St Louis, USA) und Kollagen (1 mg/l; Hormon Chemie, München) induzierte Aggregationsreaktionen ausgeführt in Ab- oder Anwesenheit des Creatins mit einem Elvi 840 Aggregometer (Elvi, Mailand, Italien). Die Aggregationshemmung wurde durch Messung der Extinktionsabnahme 5 Min nach Zusatz von Kollagen oder ADP (ΔE5) bestimmt.

Bei Creatin-Endkonzentrationen von 100 mg/l wurde eine Hemmung der ADP-induzierten Aggregation notiert. Dennoch wurden große interindividuelle ΔE5 Unterschiede beobachtet: die Extinktionsänderung nach 5 Min (ΔE5) betrug 0,40 $\pm$ 0,33 (Mittelwert $\pm$ SD) vs. 0,77 $\pm$ 0,16 für die Kontrollen ($p < 0,05$). Bei einer Konzentration von 200 mg/l waren die Effekte des Creatins mit der Endkonzentration von 100 mg/l (ΔE5 0,39 $\pm$ 0,30) vergleichbar. Ähnlich war die Kollagen induzierte Aggregation vom Creatinzusatz beeinflußt: ΔE5 0,45 $\pm$ 0,35 (100 mg/l) und 0,36 $\pm$ 0,21 (200 mg/l) vs. 0,74 $\pm$ 0,13 für Kontrollen ($p < 0,05$). Figur 3 zeigt die Effekte der unterschiedlichen Creatinkonzentrationen auf die ADP-induzierte Aggregation. Serienmäßige Verdünnungen des Creatins innerhalb des Bereiches von 10 mg/l - 200 mg/l zeigten, daß die Effekte des Creatins schon bei Konzentrationen von 20 mg/l nachweisbar sind.

Wie Aspirin und Thromboxansynthetase-Hemmer ist Creatin imstande, die Plättchenaggregation zu hemmen. Plättchenhemmende Eigenschaften wurden schon für Strukturanaloge wie Imidazol und die giftigen Guanidinderivate Arcaine (1,4 - Diguanidinobutan) und Diguanidindiphenylsulphon beschrieben [2]. Die Effekte zeigen grosse interindividuelle Unterschiede, so wie es für Aspirin der Fall ist [29]. Effekte des Creatins auf der ADP-induzierte Aggregation können bei Konzentrationen von 20 mg/l, welche mit denen nach einem AMI vergleichbar sind, nachgewiesen werden. Diese in vitro Ergebnisse suggerieren, daß die zeitliche Erhöhung der Serum-Creatinkonzentration in vivo während der Frühphase des Infarktes imstande ist, die intravasale Aggregation zu hemmen. Die Thrombozytenaggregation spielt eine wichtige Rolle in der Pathogenese des Infarktes [12]. Nützliche Effekte der Plättchenaggregationshemmer als Adjuvant zur thrombolytischen Therapie wurden nachgewiesen [17]. Die Beziehung zwischen der hohen Creatinfreisetzung nach AMI und der Prognose kann wegen der Effekte des Creatins auf die Plättchenaggregation erklärt werden [9].

Diese Arbeit wurde von den FGWO Kredieten nr. 33002586 und 33008789 unterstützt.

Danksagung

Wir danken Herrn Prof. Dr. M. Hanot und Herrn Dr. J. Steinbeck für wertvolle Hinweise bei der Abfassung des Manuskriptes.

Literatur

1. Bren G, Wasserman A, Ross A (1987)
The electrocardiogram in patients undergoing thrombolysis for myocardial infarction.
Circulation 76 (Suppl II):18-24

2. De Gaetano G, Vermylen J, Verstraete M (1970)
Inhibition of platelet aggregation-its potential clinical usefulness: a review.
In: Anbrus J (ed) Hematological reviews, vol 2. M Dekker, New York, p 205

3. Delanghe J, De Buyzere M, De Scheerder I, Algoed L, Robbrecht J (1986)
Macro CK type I as a marker for autoimmunity in coronary heart disease.
Atherosclerosis 60:215-219

4. Delanghe J, De Buyzere M, De Scheerder I, Vogelaers D, Van Den Abeele A, Wieme R (1986)
Early diagnosis of myocardial infarction by enzymatic creatine determination.
Clin Chem 32:1611

5. Delanghe J, De Buyzere M, De Scheerder I, Vogelaers D, Vandenbogaerde J, Van Den Abeele A, Gheeraert P, Wieme R (1988)
Creatine determinations as an early marker for myocardial infarction diagnosis.
Ann Clin Biochem 25: 383-389

6. Delanghe J, Robbrecht J, De Buyzere M, De Scheerder I, Vanhaute O, Baert M, Thierens H (1988)
Enzymatic creatine determinations as early marker for acute myocardial infarction diagnosis.
Fresenius Z Anal Chem 330:366-367

7. Delanghe J (1989)
Contribution to early diagnosis of acute myocardial infarction (in Dutch).
Habilitationsschrift, Universität Gent

8. Delanghe J, De Slypere JP, De Buyzere M, Wieme R, Vermeulen A (1989)
Normal reference values for creatine, carnitine and creatinine are lower in vegetarians.
Clin Chem 35:1802-1803

9. Delanghe J, De Buyzere M, Leroux-Roels G, Clement D (1991)
Can creatine predict major cardiovascular complications after acute myocardial infarction?
Ann Clin Biochem 28:101-102

10. Delanghe J, De Buyzere M (1991)
Kreatin als frühzeitiger Marker für die Myokardinfarktdiagnostik.
Labor Medizin 14:275-279

11. De Scheerder I, Vandekerckhove J, Robbrecht J, Algoed L, De Buyzere M, Delanghe J (1985)
Post cardiac injury syndrome and an increased humoral immune response against the major contractile proteins (Actin and myosin)
Am J Cardiol 56:631-633

12. DeWood M, Spores J, Notske R, Mouser L, Burroughs R, Golden M, Lang H (1980)
Prevalence of total coronary occlusion during the early hours of transmural myocardial infarction.
N Engl J Med 303:897-902

13. Gibler W, Gibler C, Weinschenker E, Abottsmith C, Hedges J, Barsan W, Sperling M, Chen I, Embry S, Kereiakes D (1987)
Myoglobin as an early indicator of myocardial infarction.
Ann Emerg Med 16:851-856

14. Gruppo Italiano per lo studio della streptochinasi nell'infarto miocardico (GISSI) (1986)
Effectiveness of intravenous administered thrombolytic treatment in myocardial infarction.
Lancet i:397-402

15. Hearse D (1977)
Molecular enzyme leakage.
J Mol Med 2:185-200

16. The I.S.A.M. study group (1986)
A prospective trial of intravenous streptokinase in myocardial infarction. Mortality, morbidity and infarct size at 21 days.
N Engl J Med 314:1465-1471

17. ISIS-2 (second international study of infarct survival) collaborative group (1988)
Randomised trial of intravenous streptokinase, oral aspirin, both, or neither among 17187 cases of suspected myocardial infarction; ISIS-2
Lancet ii:349-360

18. Katus H, Remmpis A, Looser S, Hallermayer K, Schefffold T, Kübler W (1989)
Enzyme linked immuno assay of cardiac troponin T for the detection of an acute myocardial infarction in patients.
J Mol Cell Cardiol 21:1349-1353

19. Kawai C (1988)
Myocardial infarction: pathogenesis and implications for treatment: where do we go now?
Int J Cardiol 18:5-14

20. Khanna N, Madan B (1978)
Studies on the antiinflammatory activity of creatine.
Arch Int Pharmacodyn 231:340-350

21. Millanvoye-Van Brussel E, Freyss M, Griffaton G, Lechat P (1984)
Energy metabolism of cardiac cell cultures during oxygen deprivation: effects of creatine and arachidonic acid.
Biochem Pharmacol 34:145-147

22. Norregaard Hansen K, Hyltoft Petersen P, Hangaard J, Simonsen E, Rasmussen O, Horder M (1986)
Early observations of S-myoglobin in the diagnosis of myocardial infarction. The influence of discrimination limit, analytical quality, patient's sex and prevalence of disease.
Scand J Clin Lab Investig 46:561-569

23. Robbrecht J, Delanghe J, De Buyzere M, Vanhaute O, Baert M, De Scheerder I. (1988)
Non-esterified carnitine in the early phase of acute myocardial infarction.
Acta Clin Belgica 43 (Suppl 12):O10 (Abstrakt)

24. Robbrecht J, De Buyzere M, Delanghe J, De Scheerder I, Mortier E, Vanderschueren S (1989).
Increase of hypoxanthin during cardiac surgery measured by an indirect automated enzymatic assay.
Clin Chem 35:898-899

25. Roberts R, Henry P, Sobel B (1975)
An improved basis for enzymatic estimation of infarct size.
Circulation 52:743-754

26. Rosalki S (1967)
An improved procedure for creatine phosphokinase determination.
J Lab Clin Med 69:696-705

27. Seraydarian M, Artaza L, Abbott B (1974)
Creatine and the control of energy metabolism in cardiac and skeletal muscle cells in culture.
J Mol Cell Cardiol 6:405-413

28. Surber C, Dubach U, Forgo I (1988)
Veränderung der Kreatinkinase-Aktivität im Serum nach intramuskulärer Injektion.
Klin Wschr 66:96-102

29. Szczeklik A, Gryglewski R, Grodzinska L, Musial J, Serwonska M, Marcinkiwicz E (1979)
Platelet aggregability, thromboxane A2 and malonaldehyde formation following administration of aspirin to man.
Thromb Res 15:405-413

30. Thierens H, Delanghe J, Seuntjens J, De Buyzere M, Segaert O (1988)
Compartment model analysis of creatine kinetics in man.
Physics in Med Biol 33 (Suppl 1):234 (Abstrakt)

31. Threllfall C, Maxwell A, Stoner H (1984)
Post-traumatic creatinuria.
J Trauma 24:516-523

32. Trip M, Cats V, van Capelle F, Vreeken J (1990)
Platelet hyperreactivity and prognosis in survivors of myocardial infarction.
N Engl J Med 322:1549-1554

33. Walker J (1980)
Creatine: biosynthesis, regulation, and function.
Adv Enzymol 48:177-242

34. WHO Working Groups (1972)
Evaluation of comprehensive rehabilitive and preventive programs for patients after myocardial infarction.
WHO Regional Office for Europe (Copenhagen), p26-30

35. Wicks R, Usategui-Gomez M, Miller M, Warshaw M (1982)
Immunochemical determination of CK-MB isoenzyme in human serum. II. An enzymic approach.
Clin Chem 28:54-58

Diskussion Vortrag Delanghe

Bassenge:

Hat man die Kreatin-induzierte Plättchen-Aggregationshemmung auch einmal unter in vivo-Bedingungen getestet? Vielleicht ist sie unter in vivo-Bedingungen viel stärker oder auch viel schwächer ausgeprägt.

Delanghe:

Sie wurde nur in vitro ausgetestet.

Bassenge:

Spielt die Hemmung der Plättchenaggregation unter physiologischen Bedingungen oder unter pathophysiologischen Bedingungen beim Herzinfarkt eine Rolle?

Delanghe:

Bei Konzentrationen von 20 mg pro Liter, also bei ganz ähnlichen Konzentrationen wie nach einem Herzinfarkt, findet man bei manchen Patienten einen Effekt. Trotzdem gibt es eine große interindividuelle Variation wie beim Aspirin.

Bassenge:

Die Konzentration in der Nähe der Kollateralgefäße kennt man ja nun nicht, also um den Infarkt herum können sie ja ganz anders sein, z.B. wahrscheinlich viel höher.

Delanghe:

Ja.

Seidel:

Es ist ja bekannt, daß rote Blutzellen eine sehr hohe Konzentration an Kreatin haben, etwa 10fach höher als im Plasma. Es wäre denkbar, daß das Kreatin, wenn der Spiegel erhöht ist, auch in die roten Blutzellen hineingeht und dort die Konzentration erhöht. Man könnte das dann vielleicht als ein Diagnostikum für länger zurückliegende Prozesse benutzen. Haben Sie dazu Vergleichsmessungen gemacht?

Delanghe:

Das haben wir auch gedacht, aber wir konnten nach einem Herzinfarkt keine Diffusion vom Plasma in die Erythrozyten feststellen. Es gibt keinen Transport in der einen oder anderen Richtung.

Kleesiek:

Es ist bekannt, daß Aspirin eine Langzeitwirkung auf die Thrombozytenaggregation hat, es hält ja über die gesamte Lebenszeit der Thrombozyten an. Wie ist das bei Kreatin? Ist das ein kurzer oder längerer Effekt?

Delanghe:

Wir haben nur in vitro-Ergebnisse. Es wäre vielleicht interessant, das noch einmal in vivo zu bestimmen.

Neumaier:

Sie sagten, die Kreatinkonzentrationen zu verschiedenen Zeitpunkten nach Infarkt waren immer höher als die geschätzten Größen. Sie geben als Erklärung, daß das Kreatin möglicherweise aus Skelettmuskulatur kommt. Was ist der Grund dafür?

Delanghe:

Das Herzgewebe enthält nur relativ geringe Mengen an Kreatin, 2 - 3 mg pro g Gewebe. Wir stellen uns im Durchschnitt eine Infarktgröße von etwa 10 g vor. Das bedeutet, daß wir bei einer Ausschüttung von 65 % etwa 13 mg Kreatin transportieren. Oft findet man im Urin alleine schon eine Menge von 40 mg pro Liter.

Neumaier:

Was passiert an der Skelettmuskulatur? Warum soll aus Skelettmuskulatur beim Infarkt Kreatin frei werden?

Delanghe:

Wahrscheinlich gibt es Auslösemechanismen, die imstande sind, einen Teil des Kreatins zu transportieren. Ähnliche Ergebnisse wurden von Threllfall bei tierexperimentellen Versuchen beobachtet, wobei man einen Kreatinverlust auch aus intakten Skelettmuskelzellen beobachten konnte. Bei Tieren, die auf dem Tisch liegen, findet man nach Verletzung einer bestimmten Muskelgruppe einen Kreatinverlust aus ganz anderen intakt gebliebenen Muskelzellen.

Baumann:

Ist es nicht viel wahrscheinlicher, daß das Folge von der Hämolyse ist, z.B. als Folge der Abnahme. Sind die Kaliumwerte auch verändert, d.h. höher?

Delanghe:

Nein. Nach einem Infarkt findet eine sehr beschränkte Hämolyse statt, das ist richtig. Aber diese Menge ist nicht imstande, diese Ergebnisse zu erklären.

Jaroß:

Man könnte sich natürlich vorstellen, daß Kreatin eigentlich ein Schockparameter ist. Ein Parameter über Hypoxie und Schock, nicht so sehr ein Parameter für den Herzinfarkt. Haben Sie sich das an anderen Krankheitsbildern angesehen, bei denen nicht das Herz sondern bloß die periphere Hypoxie eine Rolle spielte?

Delanghe:

Man merkt es auch bei ganz kleinen Infarkten, wobei ein Schock da keine Rolle spielt. Bei Infarktgrößen von 1 - 2 g kann man manchmal eine ziemlich starke Kreatinerhöhung beobachten, so daß Schock als Hypothese nicht sehr wahrscheinlich ist. Auch andere Krankheiten, wie z.B. Schilddrüsenprobleme, sowohl Hypo- als Hyperthyreose, können eine Hyperkreatinämie auslösen.

Puschendorf:

Sie hatten gesagt, daß Sie bei Langläufern keine Ausschüttung hatten.

Delanghe:

Es gibt eine beschränkte Ausschüttung.

Puschendorf:

Wenn Sie das messen wollen, sollten Sie nicht die Daten an Langläufern erheben. Ihre Belastung ist eine sog. konzentrische Belastung, die sportmedizinisch relativ harmlos ist. Sie müssen exzentrische Belastungen machen, wie das auch von Herrn Scheffold vorgestellt worden ist, um zu zeigen, daß die Kreatinausschüttung wirklich eine Spezifität hat. Sie werden dort vermutlich sehr viel höhere Kreatinwerte bekommen.

Scheffold:

Wie erklären Sie sich eigentlich, daß bei der Herzoperation und beim extrakorporalen Kreislauf kein Kreatin freigesetzt wird. Wir messen regelmäßig in Abhängigkeit von der Dauer des extrakorporalen Kreislaufes z.B. Troponin T, als Zeichen, daß da doch eine Schädigung der Herzmuskulatur vorkommt.

Delanghe:

Im Gegensatz zu den Proteinen wird das freigesetzte Kreatin teilweise von intakten Muskelzellen aufgenommen, so daß eben nach einer beschränkten Ausschüttung des Kreatins schnell eine Rückreaktion abläuft. Man beobachtet nur den Nettoeffekt. So haben wir auch theoretisch nachgewiesen, daß man nach solchen Muskelverletzungen theoretisch nur eine geringe Kreatinerhöhung erwarten kann. Im Gegensatz zu Ihrem Troponin T-Marker wurden diese Stoffe gleich wieder zurück aufgenommen.

Scheffold:

Das Problem der laborchemischen Infarktdiagnostik ist ja der kleine Infarkt. Bei dem großen Infarkt, den haben Sie auch gezeigt, kommt das Kreatin heraus. Aber die Domäne der laborchemischen Diagnostik ist ja, wenn der Infarkt wieder klinisch noch durch das EKG sicher ist. Den Mikroinfarkt würden Sie aber auch nicht erkennen, weil ja dann das Kreatin wieder rückresorbiert werden würde. Der Parameter wäre wenig spezifisch und wenig sensitiv, gerade in der für die laborchemische Diagnostik eigentlich wichtigen Fragestellung.

Delanghe:

Der Zeitpunkt der Ausschüttung ist viel günstiger als bei den Proteinmarkern.

Scheffold:

Beim großen Infarkt trifft das zu, der aber sowieso sicher zu diagnostizieren ist. Wo ist der Vorteil der Kreatinbestimmung?

Delanghe:

Wir haben gezeigt, daß wir bei solchen Infarktanfällen, bei denen das EKG nur zweifelhafte oder falsch negative Ergebnisse zeigte, in vielen Fällen mittels Kreatinbestimmung eine richtige Diagnose bekommen konnten. Es gibt eine Empfindlichkeitserhöhung von 69 bis 97 %.

Puschendorf:

Ich möchte vorschlagen, daß wir bei der Diskussion über frühe Parameter Myoglobin einbeziehen. Das Myoglobin ist der sensitivste und schnellste Parameter. Er ist noch nicht sehr spezifisch. Sie müssen das Kreatin mit diesem Parameter vergleichen.

Stein:

Werden Sie auf diesem Gebiet in Zukunft weiterarbeiten, werden wir noch mehr Informationen von Ihnen bekommen?

Delanghe:

Die meisten Arbeiten liegen schon hinter uns. Wir wissen nicht genau, ob wir dieses Projekt weiterführen.

Hypoxanthin und Xanthin als Meßgrößen für die ischämische Schädigung

Rüdiger Kock und Helmut Greiling

Institut für Klinische Chemie und Pathobiochemie, Medizinische Fakultät der Rheinisch-Westfälischen Technischen Hochschule Aachen, Pauwelsstraße 30, D-52057 Aachen

In den letzten Jahren hat das Interesse an der Bedeutung der freien Sauerstoffradikale für die Gewebsschädigung bei ischämischen Prozessen beträchtlich zugenommen [1]. Bei der kardialen Ischämie sind möglicherweise die Myocyten und die Gefäßendothelien sowohl Quelle als auch Ziel dieser Radikale, die während der Ischämie und in der Reperfusionsphase entstehen. Einer der Mechanismen der Radikalbildung in der Reperfusionsphase beruht auf der Aktivität der Xanthinoxidase in den Endothelzellen des ischämischen Areals. Die Bedeutung der Xanthinoxidase für die Entstehung von Sauerstoffradikalen und ihre Bedeutung bei den postischämischen Gewebsschäden wird in der Literatur, zum Teil in Abhängigkeit vom ischämischen Organ, sehr unterschiedlich beurteilt [2,3]. Für die kardiale Ischämie liegen, wenn auch umstrittene, tierexperimentelle Hinweise vor [4], daß Allopurinol, ein spezifischer Inhibitor der Xanthinoxidase, das Ausmaß des Infarktgebietes wirksam reduziert. Bislang ist beim Menschen noch nicht die Anwendbarkeit dieser Ergebnisse überprüft worden. Da die physiologischen Substrate der Xanthinoxidase die Purine Hypoxanthin und Xanthin sind, möchte ich in diesem Vortrag eine analytische Methode zur Bestimmung von Hypoxanthin und Xanthin vorstellen und die diagnostische Wertigkeit dieser Parameter beim akuten Myokardinfarkt.

Die Pathobiochemie des Purinstoffwechsels bei der akuten kardialen Ischämie

Im Falle einer hypoxischen oder ischämischen Situation kommt es, wie aus vorwiegend tierexperimentellen Untersuchungen bekannt ist, zunächst nur zu reversiblen Veränderungen des Stoffwechsels, die bei bestehender Hypoxie in irreversible, dann auch morphologisch nachweisbare Veränderungen übergehen [5]. Bei Eintritt der Ischämie kommt es - entsprechend dem Abfall des intrazellulären Sauerstoffpartialdruckes zu einer Abnahme der oxidativen Phosphorylierung. Zunächst ist der Quotient ATP/O_2 kaum verändert, wird aber im weiteren Verlauf bei bestehender Ischämie absinken. Gleichzeitig fallen die Konzentrationen von Glykogen und Kreatinphosphat [6] als Zeichen einer gesteigerten anaeroben Glykolyse und eines abfallenden Energiegehaltes der ischämischen Zelle ab. Gleichzeitig kommt es zu einer verstärkten Degradation von ATP über ADP hinaus zu AMP und in der Folge über weitere Degradationsschritte zur Bildung von Hypoxanthin. Außerdem wird in einer calciumabhängigen Reaktion aus der D-Form der Xanthinoxidase durch eine zytosolische Protease die O-Form gebildet. Während die D-Form zur Umsetzung von Hypoxanthin zu Xanthin und weiter zu Harnsäure NAD+ benötigt, verwendet die O-Form molekularen Sauerstoff zur Oxidation dieser Substrate [7]-[9]. Nach Beendigung des ischämischen Zustandes kommt es dann zu einer vermehrten Umsetzung von Hypoxanthin zu Xanthin und weiter zu Harnsäure, wobei durch die univalente Reduktion von molekularem Sauerstoff Superoxidradikale gebildet werden, die in der postischämischen Phase weitere Gewebsschäden verursachen können [1], [10]-[13]. Außerdem ist die Xanthinoxidase unabhängig von den von ihr gebildeten Superoxidradikalen in der Lage, Eisen aus Ferritin freizusetzen; dieses kann seinerseits den durch Sauerstoffradikale verursachten Gewebsschaden vergrößern [14].

Mc Cord und Mitarbeiter haben 1981 einen Mechanismus postuliert, der die Rolle der Superoxidradikale bei den postischämischen Schäden im Dünndarm der Katze zu erklären vermag [15]. Für die kardiale Ischämie jedoch ist die

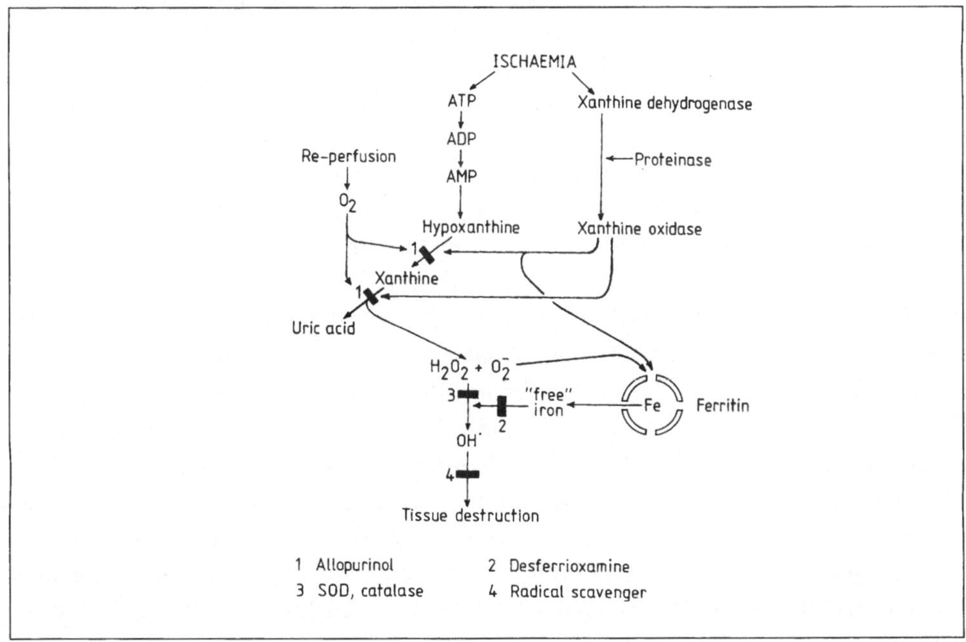

Abb. 1:
Pathobiochemische Veränderungen des Purinstoffwechsels in Phase der Ischämie und der Reperfusion sowie Bedeutung der Xanthinoxidase für das Entstehen postischämischer Gewebsschäden. Mit 1 bis 4 sind die Inhibitoren einiger wesentlicher Reaktionen bezeichnet. (Modifiziert nach Biemond et al., [14])

Bedeutung der freien Radikale für die in der Reperfusionsphase entstehenden Gewebsschäden noch nicht geklärt. Abbildung 1 zeigt diese wesentlichen Aspekte des Purinstoffwechsels in der Phase der Ischämie und der Reperfusion, die Bedeutung der Xanthinoxidase und die möglichen Inhibitoren: 1. Allopurinol zur Unterbindung der Radikalbildung und möglicherweise auch der Eisenfreisetzung [15], 2. Desferrioxamine als Komplexierungsmittel für das „freie Eisen", 3. Superoxiddismutase (SOD) und Katalase zur Zerstörung von Superoxid bzw. Wasserstoffperoxid und schließlich Radikalfänger wie Ascorbinsäure und Tocopherol.

Hochdruckflüssigkeitschromatographie zur Bestimmung von Hypoxanthin und Xanthin im Serum

Die Messungen von Hypoxanthin, Xanthin und Harnsäure erfolgten auf einer RP-18-Säule mit einem isokratischen Kaliumphosphatpuffer mit einer Phosphatkonzentration von 50 mmol/l und einem pH von 4,5, die Detektion wurde mittels eines Photodiodenarray-UV-Detektors bei 200 - 300 nm vorgenommen, die Kalibration für Hypoxanthin und Xanthin erfolgte auf der Basis der Peakflächen bei 254 nm. Die sich ergebenden Chromatogramme für ein Standardgemisch mit Harnsäure, Hypoxanthin, Uridin und Xanthin bzw. ein Serum sind in Abb. 2 dargestellt, Uridin war in variablem Anteil in sämtlichen Serumproben vorhanden und wurde deshalb zur Überprüfung der Qualität der Trennung im Standard mitgeführt. Die zur Kalibrierung der Methode verwendete Standardmischung enthielt Hypoxanthin, Uridin und Xanthin in einer Konzentration von 20 μmol/l sowie Harnsäure in einer Konzentration von 100 μmol/l. Von diesem Standard wurden 10 μl injiziert. Von den Seren der Kontrollgruppe und der Patienten wurden 200 μl mit 800 μl Laufmittelpuffer verdünnt. Nach Filtration durch einen Membranfilter mit einer Porengröße von 0,45 μm wurden von dieser Verdünnung 50 μl in die HPLC injiziert. Die Peakreinheit wurde überprüft durch Vergleich der Spektren beim Peakmaximum hmax sowie bei hmax/10, hmax/5 und hmax/2 an der ansteigenden und an der abfallenden Flanke des Peaks mit dem Referenzspektrum eines Einzelstandards. Das Übereinstimmungsmaß wurde mit der Library-Software des Photodiodenarraydetektors ermittelt. Für die Peaks im Chromatogramm der unbekannten Probe wurde eine Basislinienabsorptionskorrektur durchgeführt. Außer dem in allen Serumchromatogrammen erscheinenden Peak des Uridins zwischen Hypoxanthin und Xanthin, der aber chromatographisch einwandfrei zu trennen war, eluierten im interessierenden Retentionsbreich keine weiteren Substanzen.

In Tabelle 1 sind die mit dieser analytischen Methode erhaltenen Impräzisionen und Wiederfindungen dargestellt. Aufgrund der wenig fehlerträchtigen Pro-

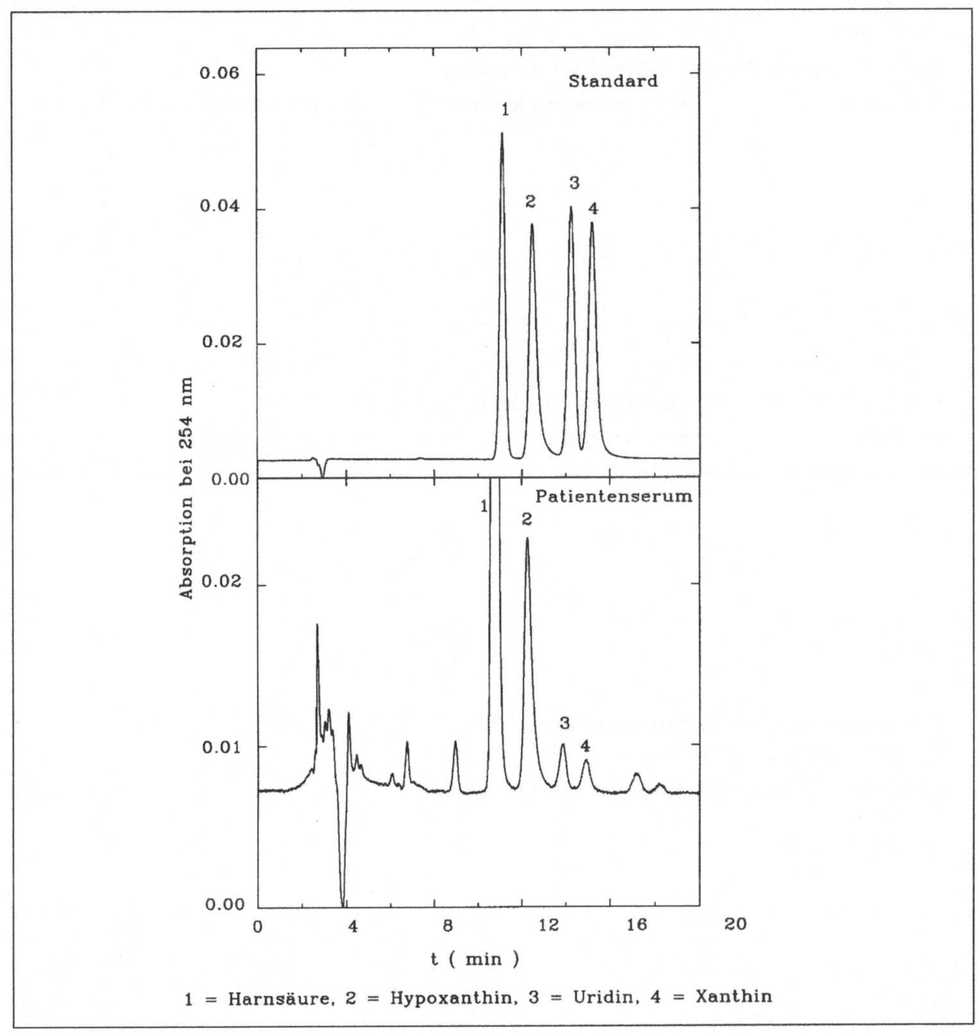

Abb. 2:
Chromatogramm eines Standards mit Harnsäure, Hypoxanthin, Uridin und Xanthin sowie eines Patientenserums

benvorbereitung liegen die Impräzisionen in der Serie unter 5%, von Tag zu Tag unter 6%, die analytische Wiederfindung liegt zwischen 90% und 110% für beide Analyte.

Die bei 180 klinisch-chemisch gesunden männlichen Probanden und bei 149 klinisch-chemisch gesunden weiblichen Probanden ermittelten Referenzbereichsdaten für Hypoxanthin, Xanthin, ihre Summe und die ermittelten Quotienten Xanthin/Hypoxanthin sind in Tab. 2 bis 4 zusammengestellt. Sie sind für Hypoxanthin weder alters- noch geschlechtsabhängig, bei Xanthin ergeben sich eindeutige Geschlechtsunterschiede, die gut mit der Geschlechtsabhängigkeit der Harnsäurekonzentration im Serum korrespondiert.

Tabelle 1:

a) Impräzision in der Serie (n=20 Messungen)

Substanz	Konzentration in µmol/l	Variationskoeffizient in %
	27,6	1,9
	5,5	2,3
Hypoxanthin	1,1	3,1
	0,3	4,5
	26,9	1,5
	6,1	2,0
Xanthin	1,2	2,9
	0,3	4,7

b) Impräzision von Tag zu Tag (n=20 Tage)

Substanz	Konzentration in µmol/l	Variationskoeffizient in %
	25,3	2,2
	4,8	3,1
Hypoxanthin	1,0	3,9
	0,3	5,0
	27,2	2,7
	7,2	2,9
Xanthin	1,4	4,6
	0,4	5,3

c) Wiederfindungen für Hypoxanthin, Xanthin

Mittelwert und Standardabweichung aus n=20 Versuchen

Substanz	Hinzugefügte Konzentration in µmol/l	Recovery in %
	20,3	101,2 ± 2,8
Hypoxanthin	4,1	94,3 ± 3,2
	1,0	95,8 ± 4,6
	0,2	90,2 ± 5,4
	20,5	97,9 ± 2,4
Xanthin	4,1	90,8 ± 2,9
	1,0	108,4 ± 3,8
	0,2	107,3 ± 4,9

Aussagen der Hypoxanthin- und Xanthinbestimmung beim akuten Myokardinfarkt, bei Angina Pectoris und beim cerebralen Insult

Im weiteren wurde bei 155 Patienten mit der klinisch gesicherten Diagnose Myokardinfarkt und bekanntem Zeitpunkt des Schmerzbeginns zu sämtlichen Zeitpunkten, zu denen auch die CK und CK-MB bestimmt wurde, die Hypoxanthin- und Xanthinkonzentration im Serum bestimmt. Ein typischer Verlauf bei einem 60-jährigen männlichen Patienten bei Reinfarkt fünf Tage nach einem primären Hinterwandinfarkt ist in Abb. 3 dargestellt. Die bei den 155 Patienten ermittelten Konzentrationen in den ersten Seren, die im Intervall 5 - 10 Stunden

Tabelle 2:
Referenzbereiche für Hypoxanthin im Serum

a) Männer

Alter	**Anzahl**	**Konzentration von Hypoxanthin in µmol/l** Mw.	St.-Abw.	Bereich
10-20	45	12,8	5,4	1,0 - 16,1
21-30	31	13,5	6,6	1,5 - 15,4
31-40	24	12,1	7,1	1,1 - 16,7
41-50	36	12,2	5,9	1,3 - 17,3
51-60	32	11,6	6,2	2,1 - 16,7
>60	12	11,3	5,7	2,2 - 16,9
insgesamt	180	12,2	5,3	1,7 - 16,9

b) Frauen

Alter	**Anzahl**	**Konzentration von Hypoxanthin in µmol/l** Mw.	St.-Abw.	Bereich
10-20	32	11,8	6,1	1,4 - 14,3
21-30	26	11,2	5,5	1,2 - 15,1
31-40	32	10,4	6,3	1,4 - 17,5
41-50	23	10,8	5,7	1,5 - 13,6
51-60	24	11,5	5,1	2,5 - 14,7
>60	12	10,1	7,1	2,2 - 16,7
insgesamt	149	11,1	6,8	1,2 - 16,7

Mw. = Mittelwert St.-Abw. = Standardabweichung

nach Schmerzbeginn abgenommen wurden, wurden für die Ermittlung der Sensitivitäten und Spezifitäten herangezogen. Die Ergebnisse sind summarisch mit denen für 45 Seren von Patienten, die mit der Diagnose Angina Pectoris hospitalisiert wurden, und denen für 19 Seren von Patienten, die sich wegen cerebralem Insult in stationärer Behandlung befanden, in Tab. 5 zusammengefaßt. Es ergaben sich allein für die Gruppe der Myokardinfarkte deutliche Unterschiede zum Referenzkollektiv. In Abb. 4a - 4d sind für die Parameter Hypoxanthin, Xanthin, Summe (Hypoxanthin + Xanthin) und Quotient Xanthin/Hypoxanthin die relativen Häufigkeiten der erhaltenen Analysenergebnisse des Referenzkollektivs - getrennt nach Männern und Frauen - der Gruppe der Patienten mit der gesicherten Diagnose eines akuten Myokardinfarktes gegenübergestellt worden, außerdem die ermittelten Sensitivitäten und Spezifitäten. Für Hypoxanthin ergibt sich bei einem Grenzwert von 17,2 µmol/l eine Sensitivität von 70% bei einer Spezifität von 95%, für Xanthin entsprechend für einen Grenzwert von 4,8 µmol/l eine Sensitivität von 90% bei gleicher Spezifität. Ursache für die

Tabelle 3:
Referenzbereiche für Xanthin im Serum

a) Männer

Alter	**Anzahl**	**Konzentration von Xanthin in µmol/l**		
		Mw.	St.-Abw.	Bereich
10-20	45	3,4	1,4	0,2 - 4,8
21-30	31	3,1	1,3	0,2 - 4,1
31-40	24	3,7	1,9	0,6 - 6,2
41-50	36	3,2	1,1	0,7 - 5,3
51-60	32	2,9	2,1	0,4 - 5,5
>60	12	2,7	1,8	0,9 - 4,6
insgesamt	180	3,1	1,6	0,2 - 6,2

b) Frauen

Alter	**Anzahl**	**Konzentration von Xanthin in µmol/l**		
		Mw.	St.-Abw.	Bereich
10-20	32	2,1	1,2	0,2 - 3,2
21-30	26	1,8	1,8	0,2 - 4,4
31-40	32	2,4	1,2	0,3 - 4,5
41-50	23	2,7	1,7	0,3 - 4,9
51-60	24	1,6	1,3	0,3 - 3,1
>60	12	1,3	1,4	0,7 - 5,4
insgesamt	149	2,1	1,4	0,2 - 5,4

Mw. = Mittelwert St.-Abw. = Standardabweichung

schlechteren Resultate beim Hypoxanthin ist, daß zu einer Erhöhung der Serumkonzentration von Hypoxanthin auch präanalytische Fehler (Hämolyse, zu langes Stehen des unseparierten Serums über dem Blutkuchen etc.) beitragen können. Bei der Summe (Hypoxanthin + Xanthin) ergab sich für einen Grenzwert von 18,9 µmol/l eine Sensitivität von 82% bei einer Spezifität von 95%, bei dem Quotienten Xanthin/Hypoxanthin für einen Grenzwert von 0,49 eine Sensitivität von 62% bei einer Spezifität von 95%. Sowohl Summe als auch Quotient sind durch die niedrige Sensitivität der Hypoxanthinbestimmung beeinflußt.

Zusammenfassend kann man feststellen, daß die im peripheren Blut bei Patienten mit akutem Myokardinfarkt 5 -10 Stunden nach Schmerzbeginn meßbaren Xanthinkonzentrationen für einen Grenzwert von 4,8 µmol/l mit 90% eine sehr hohe Sensitivität bei einer Spezifität von 95% aufweisen. Der Grenzwert für Hypoxanthin wurde in den beobachteten Verläufen im Mittel 7,7 h +/- 4,2 h

Tabelle 4:
Berechnete Größen aus den Konzentrationen von Hypoxanthin und Xanthin

a) Männer

	Mw.	**St.-Abw.**	**Bereich**
HX+X	15,9	8,1	1,9 - 25,4
X/HX	0,180	0,096	0,054 - 0,667

b) Frauen

	Mw.	**St.-Abw.**	**Bereich**
HX+X	13,1	7,4	2,1 - 22,7
X/HX	0,151	0,114	0,046 - 0,515

Mw. = Mittelwert St.-Abw. = Standardabweichung

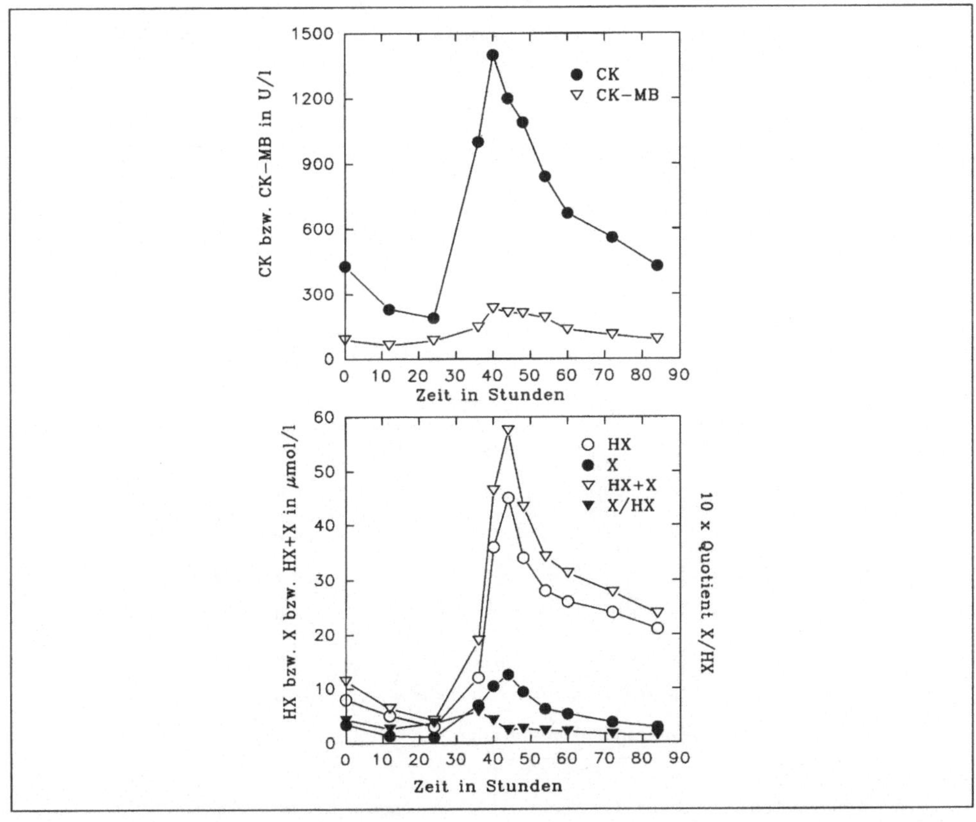

Abb. 3:
Verlauf der Serumaktivitäten CK und CK-MB sowie der Serumkonzentrationen von Hypoxanthin und Xanthin, der Summe Hypoxanthin + Xanthin sowie der Quotienten Xanthin/Hypoxanthin bei einem 60j Patienten mit Reinfarkt nach 5 Tage zurückliegendem Hinterwandinfarkt.

Tabelle 5:

a) Mittelwert und Standardabweichung der zur Berechnung der Testperformance verwendeten Proben von 155 Patienten mit AMI

	Mittelwert	**St.-Abw.**	**Bereich**
HX	28,8	9,1	2,9 - 62,0
X	7,7	3,7	0,6 - 23,0
HX + X	33,5	13,9	4,0 - 69,1
X/HX	0,623	0,554	0,061 -2,847

b) Mittelwert und Standardabweichung 45 Patienten mit Angina Pectoris

	Mittelwert	**St.-Abw.**	**Bereich**
HX	12,3	4,1	5,3 - 16,9
X	2,4	1,7	0,3 - 4,2
HX + X	17,5	5,6	6,7 - 20,5
X/HX	0,226	0,135	0,021 - 0,600

c) Mittelwert und Standardabweichung 19 Patienten mit cerebralem Insult

	Mittelwert	**St.-Abw.**	**Bereich**
HX	10,3	6,3	2,3 - 15,1
X	1,4	1,5	0,4 - 3,9
HX + X	13,4	4,9	3,3 - 16,1
X/HX	0,177	0,107	0,034 - 0,466

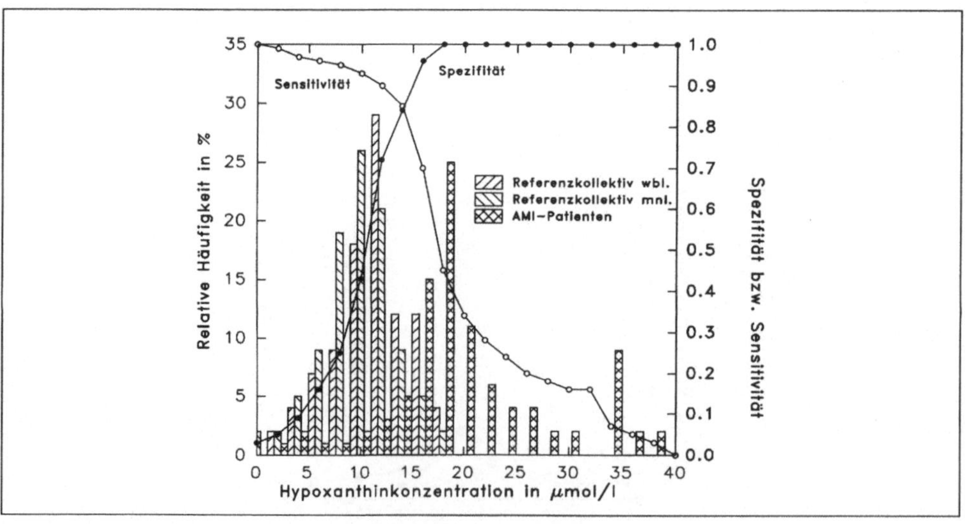

Abb. 4a:
Hypoxanthinkonzentration im Serum bei dem Normalkollektiv im Vergleich zu Herzinfarktpatienten.

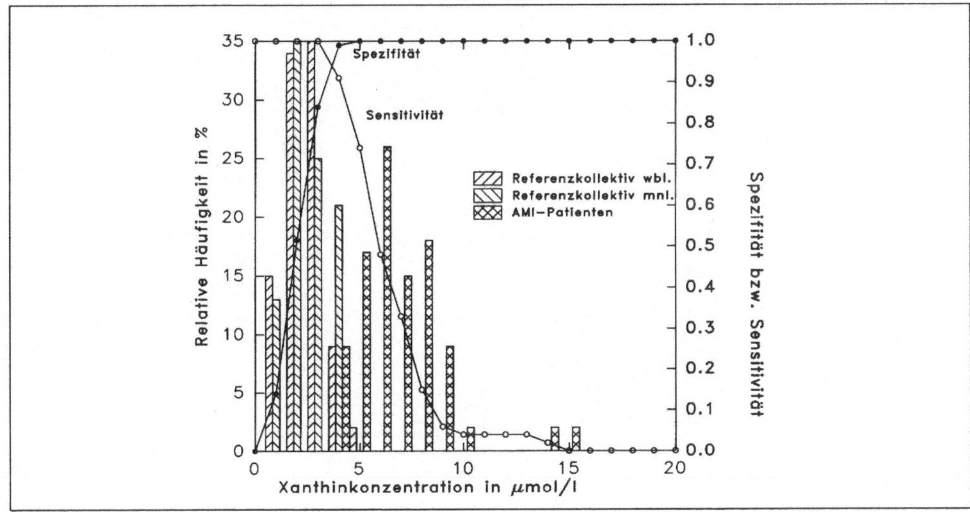

Abb. 4b:
Xanthinkonzentration im Serum bei dem Normalkollektiv im Vergleich zu Herzinfarktpatienten.

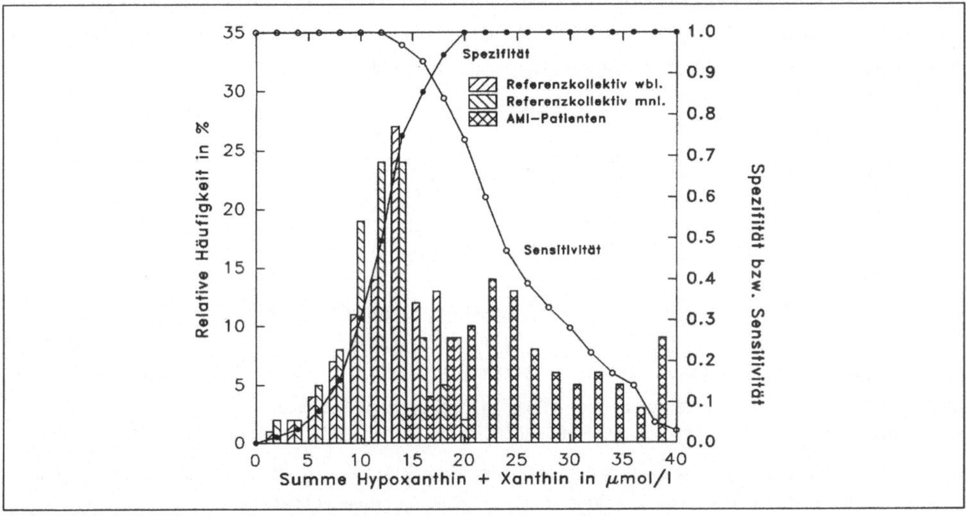

Abb. 4c:
Summe Hypoxanthin + Xanthin im Serum bei dem Normalkollektiv im Vergleich zu Herzinfarktpatienten.

nach Schmerzbeginn erreicht, bei Xanthin im Mittel 9,8 h +/- 5,9 h nach Schmerzbeginn.

Die nachweisbare Xanthinkonzentration ist ein eindeutiges Resultat der Aktivität der Xanthinoxidase und unterliegt nicht den präanalytischen Störeinflüssen wie die Hypoxanthinkonzentration. Nur bei Patienten mit akutem Myokardinfarkt konnte eine signifikante Zunahme der Xanthinkonzentration im Serum beobachtet werden. Daraus ist allerdings weder eine Lokalisation der

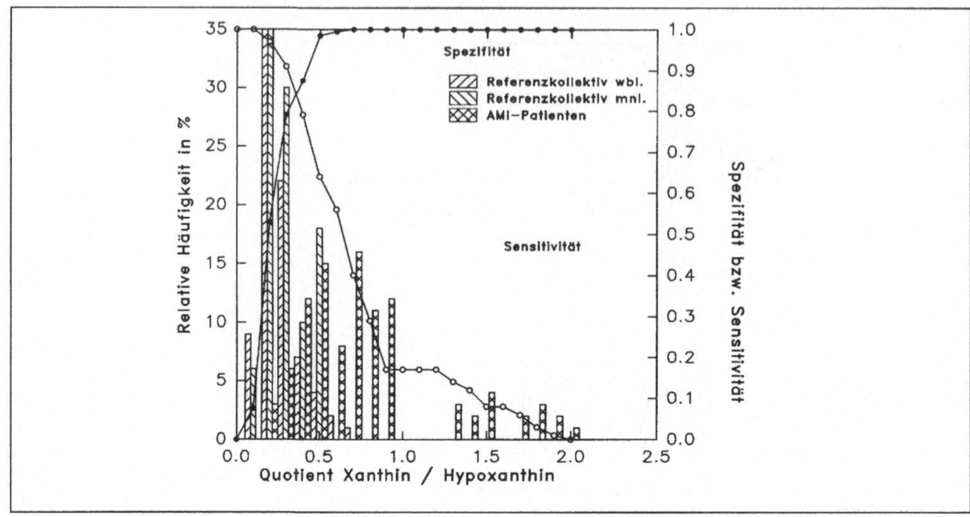

Abb. 4d:
Quotient Hypoxanthin/Xanthin im Serum bei dem Normalkollektiv im Vergleich zu Herzinfarktpatienten.

Xanthinoxidaseaktivität abzuleiten noch kann etwas über die Relevanz der Aktivität der Xanthinoxidase im ischämischen Gebiet in der Reperfusionsphase bei der kardialen Ischämie des Menschen ausgesagt werden.

Literatur

1. Mc Cord JM (1985)
Oxygen-derived free radicals in postischemic tissue injury.
N Engl J Med 312: 159-163.

2. Lynch MJ, Grum CM, Gallagher KP, Bolling SF, Deeb GM, Morganroth ML (1988)
J Surg Res 44: 538-544.

3. Betz AL, Randall J, Martz J (1991)
Xanthine oxidase is not a major source of free radicals in focal cerebral ischemia.
Am. J. Physiol. 260 (Heart Circ. Physiol. 29): H563-H568

4. Werns SW, Shea MJ, Mitsos SE, Dysko RC, Fantone JC, Schork MA, Abrams GD, Pitt B, Lucchesi BR (1986)
Reduction of the size of infarction by allopurinol in the ischemic-reperfused canine heart.
Circulation 73: 518-524

5. Reimer, KA, Jennings RB, Cobb FR, Murdock RH, Greenfield JC, Becker LC, Bulkley BH, Hutchins GM, Schwartz RP, Bailey KR, Passamani ER (1985)
Animal models for protecting ischemic myocardium: results of the NHLBI cooperative study.
Circ Res 56: 561-665

6. Waldenström AP, Hjalmarson AC, Jodal M, Waldenström J (1977)
Significance of enzyme release from ischemic isolated rat heart.
Acta med scand 201: 525-532.

7. Iriyama K (1987)
Uric Acid in ischemic tissues.
Jikeikai Med J 34: 145-168.

8. Mc Cord JM, Fridovich I (1968)
The reduction of cytochrome c by milk xanthine oxidase.
J Biol Chem 243: 5753-5760

9. Mc Cord JM (1987)
Oxygen-derived radicals: a link between reperfusion injury and inflammation.
Fed Proc 46: 2402-2406

10. Chambers DE, Parks DA, Paterson G, Roy RS, Mc Cord JM, Yoshida S, Parmley L, Downey JM (1985)
Xanthine oxidase as a source of free radical in myocardial ischemia.
J Mol Cell Cardiol 17: 145-152

11. Hammond B, Kontos HA, Hess ML (1985)
Oxygen radicals in the adult respiratory distress syndrome, in myocardial ischemia and reperfusion injury, and in cerebral vascular damage.
Can J Physiol Pharmacol 63: 173-187

12. Peterson DA, Asinger RW, Elsperger KJ, Homans DC, Eaton JW (1985)
Reactive oxygen species may cause myocardial reperfusion injury.
Biochem Biophys Res Comm 127: 87-93

13. Shlafer M, Kane PF, Kirsh MM (1982)
Superoxide Dismutase plus catalase enhances the efficacy of hypothermic cardioplegia to protect the globally ischemic, perfused heart.
J Thorac Cardiovasc Surg 83: 830-839

14. Biemond P, Swaak AJG, Beindorff CM, Koster JF (1986)
Superoxide-dependent and -independent mechanisms of iron mobilization from ferritin by xanthine oxidase.
Biochem J 239: 169-173

15. Granger DN, Rutili G, Mc Cord JM (1981)
Superoxide radicals in feline intestinal ischemia.
Gastroenterology 81: 22-29

Diskussion Vortrag Kock

Heubner:

Zwei Fragen zur Methodik. Was ist Multiwellenlängendetektion, meinen Sie damit Diodenarray-Detektion? Und zweitens, wie haben Sie Ihr System standardisiert und verwenden Sie interne Standards?

Kock:

Zur ersten Frage, ja. Was die Standards anbetrifft: Wir arbeiten mit externer Standardisierung. Als Referenzsubstanzen haben wir die saubersten käuflichen Standards verwendet. Es ist natürlich nicht so wie bei z.B. Harnsäure oder Kreatinin, daß es für diese Substanzen z.B. Referenzsubstanzen des National Bureau of Standards gibt, sondern wir haben Substanzen der Fa. Sigma verwendet, die eine chromatographische Reinheit von 98 % besessen haben.

De Groot:

Ich möchte mich an die Frage anschließen, die Herr Jaroß vorhin schon gestellt hat. Ist dieser Analyt auch eher ein Schockparameter oder ein zusätzlicher Parameter? Bei Leberischämie sollte das z.B. auch so verlaufen.

Kock:

Ja, im Grunde genommen sollte sich das bei sämtlichen ischämischen Erkrankungen, die zu einer tiefgreifenden Ischämie führen, so ausdrücken. Was mich ein bißchen gewundert hat, ist, daß es beispielsweise beim zerebralen Insult, also auch bei schweren Ereignissen, nicht nachzuweisen war. Es kann auch einfach an der Durchblutung, d.h. an der Anflutung und Abflutung der Substanz, liegen, daß man hier einfach in einem bestimmten Zeitraum etwas nachweisen kann. Vielleicht kommt es beim zerebralen Insult aufgrund einer irreversibel geschädigten Durchblutung zu einem sehr viel längerfristigen und langsameren Auswaschen dieser Substanzen.

De Groot:

Sie haben ja Allopurinol-Patienten gehabt, wie war denn da der Verlauf? Das würde mich jetzt beim Herzinfarkt interessieren.

Kock:

Wir haben da an der Stelle keine Unterschiede gefunden. Es handelt sich bei den 155 Patienten, die wir da im Kollektiv haben, um insgesamt 13 Patienten, die auch vor dem Ereignis mit Allopurinol behandelt wurden. Ein Einfluß des Allopurinols auf den Verlauf war, zumindest bei dieser Analyse, nicht feststellbar.

Schimke:

Sie haben sich ja selbst die Frage nach dieser Zeitverzögerung gestellt und konnten sie bisher leider nicht beantworten. Haben Sie sich einmal überlegt, daß u.U. das Hypoxanthin und das Xanthin nicht direkt aus dem Herzmuskel, also aus der Herzmuskelzelle oder dem Endothel stammen. Die Produktion dieser beiden Metabolite könnte mit der Aktivierung der Entzündungszellen zusammenhängen, die beispielsweise dann ins Myokard einwandern.

Kock:

Das wäre schon die plausibelste Erklärung, denn wenn es aus dem Myozyten stammen würde und die Xanthinbildung über die Xanthinoxidase in den Endothelzellen abläuft, müßte es eigentlich schneller stattfinden. Das ist schon klar, da müßte man ein ähnliches Verhalten wie beim Kreatin haben.

Vogt:

Meine Wortmeldung ist weniger eine Frage an Herrn Kock, als eine allgemeine Äußerung. Diese Tagung steht ja unter dem großen Thema „Zusammenarbeit zwischen Klinik und klinischer Chemie". Wenn man diese Vorträge hört, dann ist eigentlich wichtig, was der Kliniker im Grunde braucht. Meiner Kenntnis nach, und das ist gestern auch deutlich geworden, ist der akute Myokardinfarkt, was die Diagnostik anlangt, für den Kliniker kein Problem. Es ist egal, ob wir ihm etwas liefern oder ob wir ihm nichts liefern, er dilatiert oder er lysiert. Die Reperfusion ist für ihn auch kein Problem, da arbeitet er nämlich mit der Koronarangiographie. Es ist die Frage, ob der ganze Aufwand, den wir in diese Dinge stecken, einen Sinn für den klinischen Kollegen hat. Es wäre wichtig, einmal zu hören, was der Kliniker in der kardiologischen Diagnostik sonst noch nötig hat. Z. B. ist es für ihn wichtig, zu wissen, wie es bei der instabilen Angina aussieht. Sie erwähnen als Positivum, daß bei der instabilen Angina sich nichts bewegt. Im Grunde ist es möglicherweise ein Vorteil, wenn sich etwas bewegen würde, denn da sehe ich aus meiner Sicht der Inneren Medizin tatsächlich einen gewissen Nachholbedarf. Insofern wäre eigentlich die Frage an die Kliniker, die hier unter uns sind, ob sie irgendwelche besonderen Wünsche oder irgendwelche Zielsetzungen haben, bei denen wir ihnen helfen können. Die laborchemische Diagnose des akuten Myokardinfarktes ist für mich erledigt. Ob Myoglobin oder Troponin T oder CK gemessen werden, das bringt alles nichts, wenn der Kliniker vorher bereits handelt und ich ihm hinterher nur sagen kann, ja wir haben auch etwas gefunden.

Stein:

Möchte jemand von den Klinikern gleich Stellung nehmen? Das ist ein neues Thema für einen ganz neuen Tag.

Uebis:

Das finde ich auch. Ich finde es sehr wichtig, daß diese Frage aufgegriffen worden ist. Ich denke, daß heute viele klinische Probleme des akuten Infarktes sowohl in der Diagnostik als auch in der Therapie ganz gut gelöst sind. Trotzdem gibt es Lücken. Aber wichtige Punkte wären, daß wir von Ihnen zusätzliche schnelle Informationen, da scheint mir das Hauptproblem zu liegen, und verläßliche Informationen bekommen für die Patienten, bei denen wir mit der klinischen Diagnostik mit nicht-invasiven Methoden nicht ohne weiteres zu Rande kommen. Das sind zugegebenermaßen nicht mehr sehr viele, wenn Sie das gesamte Spektrum hereinnehmen, also z.B. bei unklarem EKG oder unklarer Klinik auch sofort ein Echo machen können und Sie sehen, ob der Patient nun eine Wandbewegungsstörung hat oder nicht. Es sind wenig Patienten, aber es gibt sie schon. Der zweite Punkt wäre die Infarktgrößenbestimmung. Die klinische Chemie müßte sich auch im Rahmen prospektiver Studien mit anderen nicht-invasiven kardiologischen Verfahren messen lassen. Wir fragen uns, ob es Parameter gibt, die die Prognose auch des einzelnen Patienten beurteilen können.

Maisch:

Die Problemfälle, die der Kliniker hat, sind eigentlich der Patient mit Reinfarkt, bei dem im EKG schon Narben da sind und bei dem schwer zu interpretieren ist, ob Veränderungen, die in der Endstrecke des EKG's vorliegen, nun tatsächlich wieder transmurale Infarkte oder nur Wandbewegungsveränderungen und -störungen der ST-Strecke sind. Weitere Problemfälle sind der nicht-transmurale Infarkt und dann letztenendes der Patient, der klinisch instabil ist und der möglicherweise im Rahmen seines Infarktes nachschiebt. Genau an diesen Stellen wäre uns natürlich eine rasche Information wichtig, die wir innerhalb von 30 Minuten zur Verfügung hätten, nämlich kurz nachdem wir EKG, vielleicht auch Echokardiographie gemacht haben und die Entscheidung, Lyse oder nicht Lyse treffen müssen. Da bleibt relativ wenig übrig von den verfügbaren Laborparametem, da ist nämlich auch die CK-MB zum Teil in der Diagnostik schon zu spät, das Myoglobin zu unspezifisch und vielleicht das Troponin T doch eine gewisse Hilfestellung.

Baumann:

Man muß dazu auch noch bemerken, daß die hier anwesenden Kliniker, das trifft auf Herrn Uebis wie Herrn Maisch wie auch auf mich zu, eben halt an einem großen Zentrum arbeiten, wo, wenn der geringste Zweifel besteht, wir selbstverständlich die Patienten auf den nächst freiwerdenden Tisch legen. Wir wissen dann 10 Minuten später bescheid, wenn wir die Koronarangiographie gemacht haben. Aber man sollte bedenken, daß das ja nicht die Mehrzahl der Häuser repräsentiert, die wir in der Bundesrepublik haben. Was machen die vielen anderen tausend kleinen Krankenhäuser, die nicht über eine Herzkatheteranlage und auch nicht mal über ein Echo verfügen.

Metabolische Darstellung ischämischer Bereiche durch die Positronenemissionstomographie

Carsten Altehoefer und Udalrich Büll

Klinik für Nuklearmedizin, RWTH Aachen, Pauwelsstr. 30, D-52057 Aachen

Inhaltsverzeichnis

1. Zusammenfassung

Die Positronenemissionstomographie (PET) erlaubt als einziges nichtinvasives Verfahren die absolute Quantifizierung von Blutfluß und Stoffwechselvorgängen. Die wesentliche klinische Bedeutung der PET in der Kardiologie liegt in der akkuraten Differenzierung von prolongierter Myokardischämie gegenüber einer Myokardnarbe bei Patienten mit koronarer Herzerkrankung und gestörter regionaler Ventrikelfunktion. Die nichtinvasive Darstellung erhaltenen myokardialen Glucosestoffwechsels durch die PET erlaubt mit einer Treffsicherheit zwischen 78 % und 85 % (36,37) die Vorhersage des Erfolgs von Revaskularisationsmaßnahmen in Bezug auf die Wiederkehr der regionalen Kontraktilität. Während eine konkordante Reduktion von Blutfluß und Glucosestoffwechsel bei Narbengewebe zu finden ist, gilt der Nachweis erhaltenen Stoffwechsels in Regionen deutlich verminderter Ruheperfusion als Kriterium vitalen Myokards. Die PET kann durch Identifizierung derarter Bereiche einen wesentlichen Beitrag zur Therapieentscheidung liefern.

2. Einleitung

Die PET ist ein emissionstomographisches Verfahren mit hoher zeitlicher und räumlicher Auflösung, bei der die Vernichtungsstrahlung zwischen Elektron und emittiertem Positron der verwendeten Radionuklide für die Detektion und Ortsbestimmung des Tracers ausgenutzt wird (Wienhard et al. 1989). Durch Markierung biologischer Substanzen mit Positronenstrahlern können unter

Zugrundelegung geeigneter Kinetikmodelle dynamische biologische Prozesse wie Blutfluß, Substrattransport und biochemische Prozesse von außen untersucht und quantifiziert werden.

Unter klinischen Gesichtspunkten hat die Darstellung des myokardialen Glucosestoffwechsels mit der (^{18}F)Fluor-Desoxy-Glucose (^{18}FDG) PET die bisher größte Bedeutung erlangt, da sie im Gegensatz zu herkömmlichen invasiven und nichtinvasiven Verfahren eine genauere Differenzierung von vitalem Myokard und Narbe bei KHK ermöglicht. Der PET mit ^{18}FDG kommt daher ein prospektiver Wert für den funktionellen Erfolg einer Revaskularisation zu (Tillisch et al. 1986, Tamaki et al. 1989, Nienhaber et al. 1991). Es sollen daher im Rahmen dieser Arbeit die Grundlagen, pathophysiologischen Zusammenhänge und klinische Anwendung der ^{18}FDG-PET bei koronarer Herzerkrankung kurz dargestellt werden.

In der Nuklearkardiologie verwendete, mit Positronenstrahlern markierte Substanzen und ihre Anwendungsgebiete sind in Tabelle 1 aufgeführt.

Zur Darstellung anderer Stoffwechselvorgänge mit der PET wie Fettsäuren-, Aminosäuren-, Intermediärstoffwechsel sowie Untersuchung des myokardialen Sauerstoffverbrauchs mit ^{11}C-Azetat sei auf die einschlägige Literatur verwiesen (Schelbert und Schwaiger 1986, Armbrecht et al. 1989, Antar 1990, Saha et al. 1992, Schwaiger and Hicks 1991).

3. Myokardialer Glucosestoffwechsel

Das Myokard kann eine Reihe von Substraten zur Energiegewinnung heranzie-

Tabelle 1.
Wichtigste Radiopharmazeutika für die Positronenemissionstomographie in der Kardiologie

Nuklid	Halbwertzeit (min)	Substanz	Anwendungsgebiet
^{82}Rb	1,25	^{82}RbCl	Durchblutung
^{13}N	9,96	$^{13}NH_3$	Durchblutung
^{15}O	2,05	$H_2{}^{15}O$	Durchblutung
^{11}C	20,4	^{11}C-Palmitat ^{11}C-Glutamat ^{11}C-Azetat	Fettsäurestoffwechel Aminosäurenstoffwechsel Sauerstoffverbrauch
^{18}F	109,7	^{18}FDG (Fluor-deoxy-glucose)	Glucosestoffwechsel

hen (Bing 1965), wobei unter normalen Bedingungen bevorzugt freie Fettsäuren verstoffwechselt werden (Neely und Morgan 1974). Abhängig vom Substratangebot nimmt der Anteil der Glucose am Energiestoffwechsel nach kohlenhydratreicher Mahlzeit zu (Neely und Morgan 1974, Camici et al. 1986). Im hypoxischen und ischämischen Myokard wird Glucose zum Hauptenergielieferanten (Opie 1976, Liedke 1981, Taegtmeyer 1986, Camici et al. 1989). Glucose wird unter dem Einfluß von Insulin (Barrett et al. 1984) über spezielle Glucose-Transporterproteine (Lienhard et al. 1992) in die Zelle aufgenommen und durch das Enzym Hexokinase zu Glucose-6-Phosphat phosphoryliert. Von dieser Schlüsselsubstanz aus werden die weiteren Stoffwechselwege der Glucose: Glykolyse, Glykogensynthese, Pentosephosphatzyklus beschritten. Obwohl mehrere mit Positronenstrahlern markierte Substanzen zur Messung des Glucosestoffwechsels mit der PET zur Verfügung stehen (Schelbert und Schwaiger 1986) hat sich die ^{18}Fluor-2-Desoxyglucose (^{18}FDG) als die geeignetste erwiesen. ^{18}FDG, ein Glucoseanalog, wird kompetitiv zur Glucose in die Zelle aufgenommen und zu ^{18}FDG-Phosphat phosphoryliert, fungiert jedoch nicht als Substrat für die Glykolyse, die Glykogensynthese und den Pentosephosphatzyklus. Da die Zellmembran nur eine geringe Permeabilität für ^{18}FDG-6-Phosphat aufweist und die Dephosphorylierung zu ^{18}FDG sehr langsam verläuft, wird ^{18}FDG in der Zelle akkumuliert („metabolic trapping“, Gallagher et al. 1978, Phelps et al. 1979). Unter Zugrundelegung eines 3-Kompartment-Modells und Berücksichtigung der unterschiedlichen Transport- und Phosphorylierungskinetiken zwischen Glucose und ^{18}FDG durch die sogenannte „lumped constant“ (Huang et al. 1987, Krivokapich et al. 1987) kann der regionale myokardiale Glucoseverbrauch mit der ^{18}FDG-PET nichtinvasiv quantitativ bestimmt werden (Ratib et al. 1982, Gambhir et al. 1989).

Untersuchungen des myokardialen Glucosestoffwechsels mit ^{18}FDG an Normalpatienten im Nüchternzustand zeigten regionale Unterschiede der ^{18}FDG Aufnahme, die nicht durch eine gleichsinnige Änderung von Myokardperfusion oder Sauerstoffverbrauch zu erklären waren (Gropler et al. 1990). Da unterschiedliche Kinetiken zwischen Glucose und ^{18}FDG für den transmembranösen Transport und die Phosphorylierungsreaktion bestehen, die im Tracerkinetikmodell durch die „lumped constant“ berücksichtigt werden (Krivokapich et al. 1987), wurde eine mögliche Erklärung für die regional unterschiedliche ^{18}FDG-Akkumulation in regionalen Differenzen dieser Konstante gesehen (Schwaiger und Hicks 1990). Nach oraler Glucosegabe vor der Untersuchung wird die ^{18}FDG-Aufnahme im Myokard homogener (Gropler at al. 1990). Regionale Unterschiede wurden jedoch auch nach oraler Glucosegabe (Hicks et al. 1990) und unter kontrollierten metabolischen Bedingungen der „hyperinsulinämischen-euglykämischen clamp“ Technik (DeFronzo et al. 1979) beschrieben

(Hicks et al. 1991).

4. Untersuchungen bei koronarer Herzerkrankung

Erste Überprüfungen des myokardialen Glucosestoffwechsels mit PET bei Patienten nach Myokardinfarkt wurden durch Marshall et al. 1983 beschrieben. In 14 von 19 Infarktregionen zeigte die PET eine konkordant reduzierte Perfusion und Glucoseutilisation als Hinweis für avitales metabolisch inaktives Gewebe. In 11 anderen Regionen fand sich eine in Relation zur Perfusion diskordant erhöhte Glucoseutilisation, was als Zeichen ischämischen Glucoseverbrauchs gewertet wurde. Dieser Befund korrelierte mit klinischer Postinfarktangina, Ort ischämischer EKG-Veränderungen während Angina und regionaler linksventrikulärer Dysfunktion bei nachgewiesener schwerer KHK. In einer Reihe weiterer Arbeiten ließ sich in Regionen, die nach elektrokardiographischen oder ventrikulographischen Kriterien als Myokardnarbe gewertet worden wären, häufig ein noch erhaltener Glucosestoffwechsel (Brunken et al. 1986, Fudo et al. 1988) nachweisen. Die Bedeutung dieser Befunde im Hinblick auf die Myokardvitalität konnten Studien belegen, die die regionale Kontraktilität abhängig von der metabolischen Charakterisierung dieser Regionen durch PET vor und nach Koronarrevaskularisation verglichen. Eine Besserung der regionalen Ventrikelfunktion nach Revaskularisation trat in 78 % bis 85 % der Segmente mit einem sogenannten „mismatch“ zwischen Blutfluß und Glucosestoffwechsel (relativ zur eingeschränkten Perfusion erhöhter Stoffwechsel) auf. Demgegenüber zeigten Segmente mit einem sogenannten „match“ zwischen Blutfluß und Glucosestoffwechsel (konkordante Reduktion von Perfusion und Stoffwechsel) nach Revaskularisation in 78 % bis 92 % keine Besserung der regionalen Ventrikelfunktion (Tillisch et al. 1986, Tamaki et al. 1989). Die zeitlichen Zusammenhänge zwischen Wiederherstellung von Blutfluß durch perkutane transluminale Koronarangioplastie, Normalisierung von Glucosestoffwechsel und Besserung der regionalen Wandbewegung wurde kürzlich von Nienhaber und Mitarbeiter (24) erhellt. Trotz frühzeitiger Verbesserung des Blutflusses blieb der Glucosestoffwechsel in diesen Bereichen initial noch relativ erhöht. Eine signifikante Besserung der regionalen Wandbewegung und die Normalisierung des Stoffwechsels war erst mit einer zeitlichen Verzögerung zwei Monate nach Intervention festzustellen.

In eigenen Untersuchungen wurde der myokardiale Glucosestoffwechsel bei Patienten mit regionalen Kontraktilitätsstörungen nach Infarkt in Segmenten mit eingeschränkter Ruheperfusion charakterisiert (Altehoefer et al. 1992a). Im Gegensatz zu anderen Studien, in denen die myokardiale Perfusion ebenfalls mit PET gemessen wurde, untersuchten wir den regionalen Blutfluß mit ^{99m}Tc-

MIBI (methoxyisobutylisonitrile) SPECT (Single Photon Emission Computed Tomography). Dieser neue Technetium-markierte myokardiale Perfusionsmarker für die SPECT weist im Vergleich zu ^{201}Thallium (^{201}Tl) günstigere Abbildungseigenschaften bei geringerer Strahlenexposition auf. Die Sensitivität und Spezifität für die Diagnostik der KHK sind für ^{201}Tl und ^{99m}Tc-MIBI vergleichbar (Kiat et al. 1989, Stirner et al. 1988). Die myokardiale Aufnahme von ^{99m}Tc-MIBI in Ruhe korreliert gut mit dem durch markierte Mikrosphären bestimmten Blutfluß (25). Im Tierexperiment zeigen ^{99m}Tc-MIBI Defekte in der SPECT eine gute Übereinstimmung mit der Infarktgröße (Verani et al. 1988). In unseren Untersuchungen fanden sich bei Patienten mit Ruhedefekten in der ^{99m}Tc-MIBI SPECT in lediglich 53% der Segmente eine konkordant reduzierte ^{18}FDG-Aufnahme („match", Abb.1), während in 23% der Segmente eine erhaltene ^{18}FDG-Aufnahme („mismatch", Abb.2), in den übrigen 24% der Segmente eine zumindest

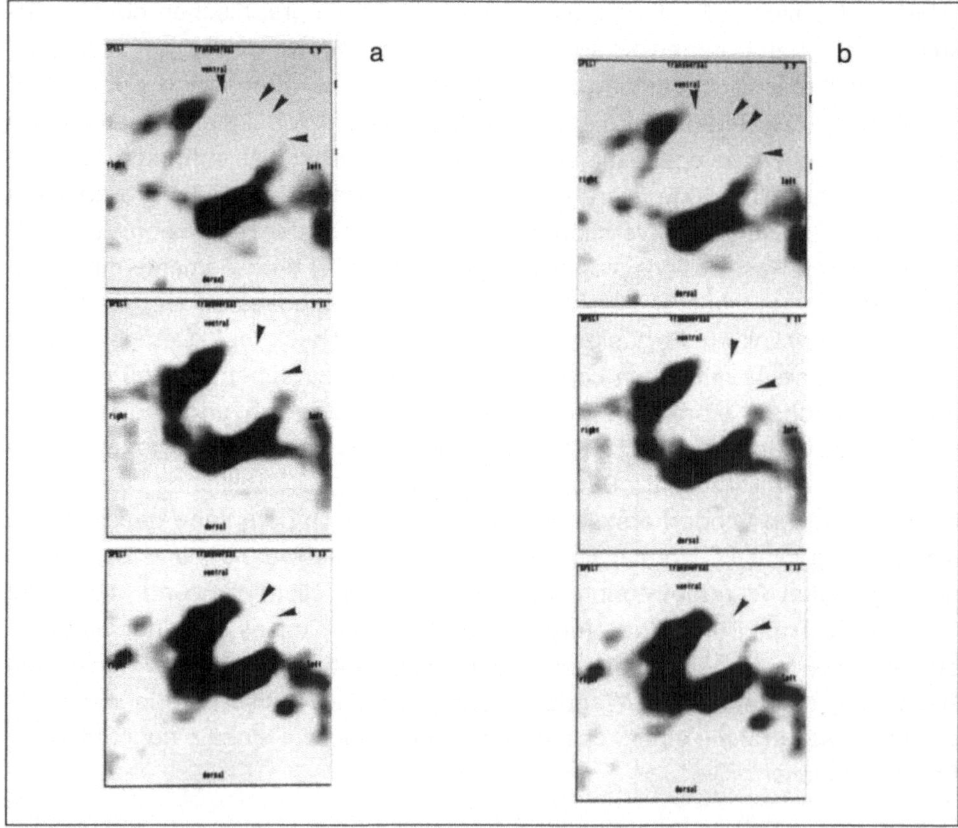

Abb.1
56jähriger Patient, Vorderwandinfarkt vor einem Jahr, hochgradige RIVA- und RCA-Stenose, Vorderwandspitzendyskinesie. Die SPECT (a) zeigt die fehlende Perfusion in der Vorderwand und in den spitzennahen Anteilen von Septum und Seitenwand (Pfeile). In identischer Schnittführung (transversal) weist die ^{18}FDG-PET (b) den in diesen Bereichen fehlenden Glucosestoffwechsel (Pfeile) als Hinweis auf eine Myokardnarbe nach. (Befund eines sog. „match" von Perfusion und Stoffwechsel).

randständig erhaltene ^{18}FDG-Aufnahme nachzuweisen war. Erhaltener Glucosestoffwechsel als Zeichen vitalen Myokards war hierbei häufiger in Regionen mit weniger ausgeprägten Perfusionsstörungen zu finden. Erste Ergebnisse bei diesen Patienten nach Koronarrevaskularisation weisen auf eine Besserung der Perfusionsstörungen in Segmenten mit einem derartigen „mismatch“ hin (Altehoefer et al. 1992b).

Während die Bedeutung der ^{18}FDG-PET für die Indikationsstellung einer Revaskularisationsmaßnahme und der Vorhersage des funktionellen Erfolges dokumentiert ist, sind die Erfahrungen beim akuten Myokardinfarkt und bei belastungsinduzierter Myokardischämie beschränkt. In einer Studie von Schwaiger und Mitarbeiter (1986) bei Patienten mit akutem Myokardinfarkt fanden sich sehr unterschiedliche Befundmuster im Infarktgebiet, wobei eine ein-

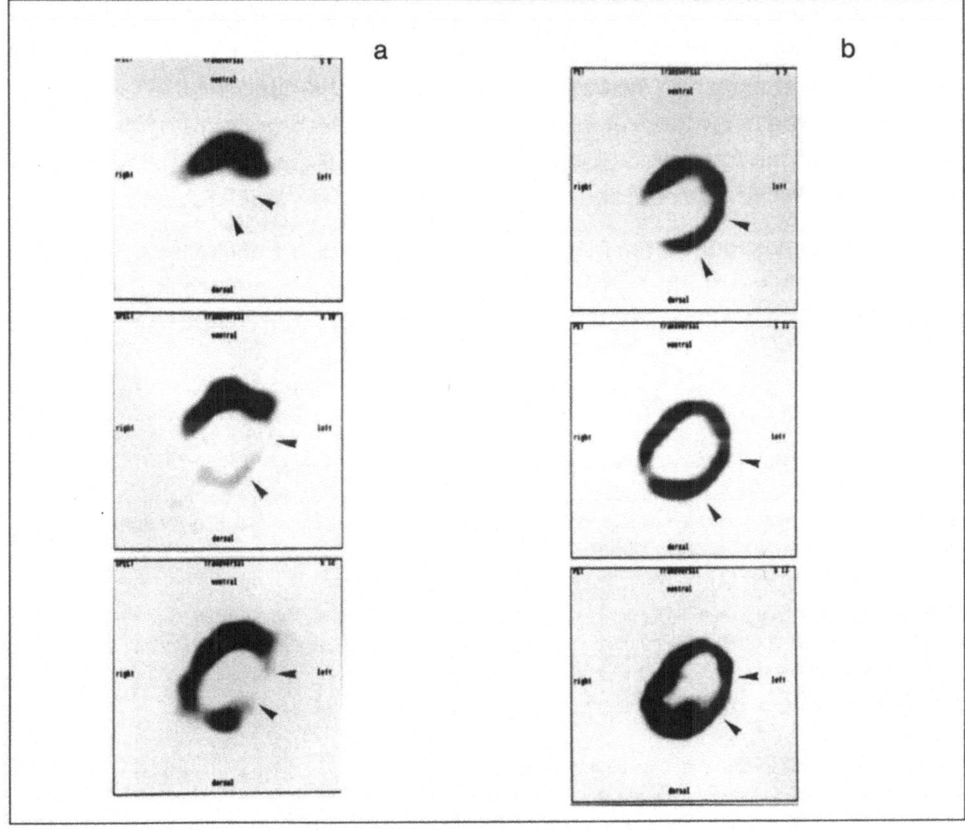

Abb.2
52jähriger Patient, Posterolateralwandinfarkt mit nachfolgender Streptokinaselyse vor acht Monaten, CKmax 1214 U/l, subtotale proximale Stenose des Ramus circumflexus und hochgradige RCA-Stenose, Akinesie der Posterolateralwand. In der SPECT (a) Nachweis einer hochgradig eingeschränkten Ruheperfusion in der Seitenwand (Pfeile). Als Zeichen vitalen Myokards in diesem Bereich (Pfeile) weist die ^{18}FDG-PET einen regelrechten Glucosestoffwechsel nach. Normale Verhältnisse im Septum und der Vorderwand. (Befund eines sog. „mismatch“ von Perfusion und Stoffwechsel).

geschränkte metabolische Aktivität häufig mit einer fehlenden funktionellen Besserung assoziiert war.

Nach Induktion einer belastungsinduzierten Ischämie fanden Camici und Mitarbeiter (1986) eine persistierende Störung des Glucosestoffwechsels in der Erholungsphase. Eine mögliche Erklärung wurde in der Wiederauffüllung der während Ischämie verbrauchten Glykogenreserven gesehen.

5. Schlußfolgerungen und Ausblick

Bei Patienten mit hochgradig eingeschränkter Ventrikelfunktion und Perfusionsstörungen in Ruhe, bei denen ein Ischämienachweis mit herkömmlichen Methoden zum Nachweis vitalen Myokards nicht gelingt, vermag die Darstellung vorhandenen Glucosestoffwechsels mit der PET eine zuverlässige Unterscheidung von Myokardnarbe und Myokardischämie zu erbringen. Hier kann die PET mit ^{18}FDG einen wesentlichen Beitrag zur Therapieentscheidung leisten. Die Definition einer Schwelle für Vitalität in absoluten Glucoseverbrauchsraten steht noch aus, wobei eindeutige metabolische Bedingungen, z.B. im Rahmen einer Glucose-clamp Technik, während der Untersuchung jedoch Voraussetzung sind.

Die Weiterentwicklung von Tracerkinetikmodellen und Entwicklung neuer mit Positronenstrahlern markierter Substanzen lassen eine genauere und zuverlässigere Gewebecharakterisierung durch Stoffwechselparameter erhoffen.

Literaturverzeichnis

1. Altehoefer C, Kaiser HJ, Dörr R, Feinendegen C, Beilin I, Uebis R, Büll U (1992a)
Fluorine-18 deoxyglucose positron emission tomography for assessment of viable myocardium in perfusion defects found on technetium-99m methoxyisobutyl-iso-nitrile single photon emission tomography: a comparative study in patients with coronary artery disease.
Eur J Nucl Med 19: 334-342

2. Altehoefer C, vom Dahl J, Büll U, Uebis R, Dörr R, Feinendegen C, Kaiser HJ, Beilin I, Kleinhans E (1992b)
Erste Ergebnisse der vergleichenden 99mTc-MIBI SPECT und 18FDG PET bei Patienten mit KHK vor und nach Koronarrevaskularisation.
Nuklearmedizin 31:A9

3. Antar MA (1990)
Radiopharmaceuticals for studying cardiac metabolism.
Nucl Med Biol 17:103-128

4. Armbrecht JJ, Buxton DB, Brunken RC, Phelps ME, Schelbert HR (1989)
Regional myocardial oxygen consumption determined noninvasively in humans with [1-^{11}C]acetate and dynamic positron tomography.
Circulation 80:863-872

5. Barrett EJ, Schwartz RG, Francis CK, Zaret BL (1984)
Regulation by insulin of myocardial glucose and fatty acid metabolism in the conscious dog.
J Clin Invest 74:1073-1079

6. Bing RJ (1965)
Cardiac metabolism.
Physiol Rev 45:171-213

7. Brunken R, Tillisch J, Schwaiger M, Child JS, Marshall R, Mandelkorn M, Phelps ME, Schelbert HR (1986)
Regional perfusion, glucose metabolism, and wall motion in patients with chronic electrocardiographic Q wave infarctions: Evidence for persistence of viable tissue in some infarct regions by positron emission tomography.
Circulation 73:951-963

8. Camici P, Araujo LI, Spinks T, Lammertsma AA, Kaski JC, Shea MJ, Selwyn AP, Jones T, Maseri A (1986)
Increased uptake of ^{18}F-fluorodeoxyglucose in postischemic myocardium of patients with exercise-induced angina.
Circulation 74:81-88

9. Camici P, Ferrannini E, Opie LH (1989)
Myocardial metabolism in ischemic heart disease: Basic principles and application to imaging by positron emission tomography.
Prog Cardiovasc Dis 32 (3):217-238

10. DeFronzo RA, Tobin JD, Andres R (1979)
Glucose clamp technique: a method for quantifying insulin secretion and resistence.
Am J Physiol 237:E214-E223

11. Fudo T, Kambara H, Hashimoto T, Hayashi M, Nohara R, Tamaki N, Yonekura Y, Senda M, Konishi J, Kawai C (1988)
F-18 deoxy-glucose and stress N-13 ammonia positron emission tomography in anterior wall healed myocardial infarction.
Am J Cardiol 61:1191-1197

12. Gallagher BM, Folwer JS, MacGregor RR, Wan CN, Wolf AP (1978)
Metabolic trapping as a principle of radiopharmaceutical design: some factors responsible for the biodistribution of (^{18}F)2-deoxy-2-fluoro-D-glucose.
J Nucl Med 19:1154-1161

13. Gambhir SS, Schwaiger M, Huang SC et al. (1989)
Simple noninvasive quantification method for measuring myocardial glucose utilization in humans employing positron emission tomography and fluorine-18-deoxyglucose.
J Nucl Med 30:359-366

14. Gropler RJ, Siegel BA, Lee KJ, Moerlein SM, Perry DJ, Bergmann SR, Geltman EM (1990)
Nonuniformity in myocardial accumulation of fluorine-18-fluorodeoxyglucose in normal fasted humans.
J Nucl Med 31:1749-1756

15. Hicks R, Herman W, Wolfe E, Kotzerke J, Kuhl D, Schwaiger M (1990)
Regional variation in oxidative and glucose metabolism in the normal heart: comparison of PET-derived ^{11}C-acetate and FDG kinetics.
J Nucl Med 31:774

16. Hicks RJ, Herman WHH, Kalff V, Molina E, Wolfe ER, Hutchins G, Schwaiger M (1991)
Quantitative evaluation of regional substrate metabolism in the human heart by positron emission tomography.
J Am Coll Cardiol 18:101-111

17. Huang SC, Williams BA, Barrio JR et al. (1987)
Measurement of glucose and 2-deoxy-2-(^{18}F)fluoro-D-glucose transport and phosphorylation rates in myocardium using dual-tracer kinetic experiments.
Febs Lett 216:128-132

18. Kiat H, Maddahi J, Roy LT, van Train TS, Friedman J, Resser K, Berman DS (1989)
Comparison of Tc-99m methoxy isobutyl isonitrile with thallium-201 for evaluation of coronary artery disease by planar and tomographic methods.
Am Heart J 117:1-11

19. Krivokapich J, Huang SC, Selin CE, Phelps ME (1987)
Fluorodeoxyglucose rate constants, lumped constant, and glucose metabolic rate in rabbit heart.
Am J Physiol 252:H777-H787

20. Liedtke JA (1981)
Alterations of carbohydrate and lipid metabolism in the acutely ischemic heart.
Prog Cardiovasc Dis 23:321-336

21. Lienhard GE, Slot JW, James DE, Mueckler MM (1992)
Glucose-Transportproteine.
Spektrum der Wissenschaft 3:48-54

22. Marshall RC, Tillisch JH, Phelps ME, Huang SC, Carson R, Henze E, Schelbert HE (1983)
Identification and differentiation of resting myocardial ischemia and infarction in man with positron computed tomography, ^{18}F-labelled fluorodeoxyglucose and N-13 ammonia.
Circulation 67:766-778

23. Neely JR, Morgan HE (1974)
Relationship between carbohydrate and lipid metabolism and the energy balance of the heart muscle.
Ann Rev Physiol 36:413-459

24. Nienhaber CA, Brunken RC, Sherman CT, Yeatman LA, Gambhir SS, Krivokapich J, Demer LL, Ratib O, Child JS, Phelps ME, Schelbert HR (1991)
Metabolic and functional recovery of ischemic human myocardium after coronary angioplasty.
J Am Coll Cardiol 18:966-978

25. Okada RD, Glover D, Gaffney T, Williams S (1988)
Myocardial kinetics of technetium-99m-hexakis-2-methoxy-2-methylpropyl-isonitrile.
Circulation 77:491-498

26. Opie LH (1976)
Effects of regional ischemia on metabolism of glucose and fatty acids. Relative rates of aerobic and anaerobic energy production during myocardial infarction and comparison of effects of anoxia.
Circ Res 38:52-74 (Suppl)

27. Phelps ME, Huang SC, Hoffmann EJ, Selin CE, Sokoloff L, Kuhl DE (1979)
Tomographic measurement of local glucose metabolic rate in humans with (^{18}F)2-fluoro-2-deoxy-D-glucose: validation of method.
Ann Neurol 6:371-388

28. Ratib O, Phelps ME, Huang SC, Henze E, Selin CE, Schelbert HE (1982)
Positron tomography with deoxyglucose for estimating local myocardial glucose metabolism.
J Nucl Med 23:577-586

29. Saha GB, Go RT, MacIntyre WJ (1992)
Radiopharmaceuticals for cardiovascular imaging.
Nucl Med Biol 19:1-20

30. Schwaiger M, Hicks R (1990)
Regional heterogeneity of cardiac substrate metabolism?
J Nucl Med 31:1757-1760

31. Schwaiger M, Hicks R (1991)
The clinical role of metabolic imaging of the heart by positron emission tomography.
J Nucl Med 32:565-578

32. Schwaiger M, Brunken R, Grover-McKay M, Krivokapich J, Child J, Tillisch JH, Phelps ME, Schelbert HR (1986)
Regional myocardial metabolism in patients with acute myocardial infarction assessed by positron emission tomography.
J Am Coll Cardiol 8:800-808

33. Schelbert HR, Schwaiger M. (1986)
Pet studies of the heart.
In: Phelps M, Mazziotta J, Schelbert H (eds.) Positron Emission Tomography and Autoradiography: principles and applications for the brain and heart. Raven Press, New York , p581-661

34. Stirner H, Buell U, Kleinhans E, Bares R, Grosse W (1988)
Myocardial kinetics of 99m-Tc hexakis-2-methoxy-isobutyl-isonitrile (HMIBI) in patients with coronary heart disease: a comparative study versus 201-Tl with SPECT.
Nucl Med Commun 9:15-23

35. Taegtmeyer H (1986)
Myocardial metabolism.
In: Phelps M, Mazziotta J, Schelbert H (eds.) Positron Emission Tomography and Autoradiography: principles and applications for the brain and heart. Raven Press, New York , p149-194

36. Tamaki N, Yonekura Y, Yamashita K, Saji H, Magata Y, Senda M, Konishi Y, Hirata K, Ban T, Konishi J (1989)
Positron emission tomography using fluorine-18 deoxyglucose in evaluation of coronary bypass grafting.
Am J Cardiol 64:860-865

37. Tillisch J, Brunken R, Marshall R, Schwaiger M, Mandelkern M, Phelps M, Schelbert H (1986)
Reversibility of cardiac wall motion abnormalities predicted by positron tomography.
N Engl J Med 314:884-888

38. Verani MS, Jeroudi MO, Mahmarian JJ, Boyce TM, Borges-Neto S, Patel B, Bolli R (1988)
Quantification of myocardial infarction during coronary occlusion and myocardial salvage after reperfusion using cardiac imaging with technetium-99m-hexakis 2-methoxyisobutyl isonitrile.
J Am Coll Cardiol 12:1573-1581

39. Wienhard K, Wagner R, Heiss WD (1989)
PET: Grundlagen und Anwendungen der Positronen-Emissions-Tomographie.
Springer, Berlin Heidelberg New York

Diskussion Vortrag Altehoefer

Jaroß:

Wie ist das derzeitige Auflösungsvermögen der Positronen-Emissions-Tomographie? Was wird in der Zukunft erreichbar sein? Zum myokardialen Glukosestoffwechsel möchte ich wissen, ob es Myokardzellen oder Fibroblasten sind, die Glucose aufnehmen.

Altehoefer:

Das physikalische Auflösungsvermögen unseres Systems liegt bei etwa 5 - 7 mm. Man muß allerdings bedenken, daß das Myokard ein sich im Thorax bewegendes Organ ist, welches auch noch Atemexkursionen ausgesetzt ist. Zwischen Diastole und Systole kann nur über eine EKG-Triggerung unterschieden werden, was die Statistik erheblich verschlechtern würde. Gerade bei der Diagnostik von myokardialen Funktionsstörungen haben Sie da einfach schon die Limitation der Auflösung, auch bei sehr guter physikalischer Auflösung des Systems.

Warum können wir sicher sein, daß der myokardiale Glukosestoffwechsel nachgewiesen wird? Das wesentliche dieser Untersuchung ist ja die Vorhersage des Revaskularisationserfolges. Das Kriterium der Vitalität, wenn man es einmal ganz eng sieht, ist die Wiederkehr der regional gestörten Wandbewegung nach erfolgreicher Revaskularisation und nicht der Nachweis einer Traceraufnahme. Wir haben durch die Positronen-Emissions-Tomographie den Nachweis erbracht, daß die Aufnahme von ^{18}FDG einen prädiktiven Wert für die Wiederkehr dieser regionalen Kontraktilitätsstörung hat.

Jaroß:

Sagt diese Methode etwas über die Aktivitäten der Narbe oder des funktionsfähigen Myocards? Gibt es eine Aussage über den Verlauf?

Uebis:

Vielleicht kann ich etwas zur Klärung beitragen. Das Beispiel ist der Patient, der mit Angina kommt, deswegen angiographiert wird, bei dem Sie eine große Vorderwandakinese sehen, der aber klinisch und vielleicht auch im Elektrokardiogramm Ischämie hat, typische Angina, positives Belastungs-EKG. Sollen Sie die proximale Reverstenose dilatieren oder soll der Chirurg bei Mehrgefäßerkrankung diese Region mit einem Bypass versorgen? Das würden Sie nur dann tun, wenn Sie glauben, daß in dem akinetischen, also funktionsgestörten Areal, noch vitales Myokard ist. Die Vorstellung ist jetzt, daß wir diese Frage mit Hilfe der Nuklearmedizin klären können und dann diejenigen Patienten zum Chirurgen schicken, bei denen wir glauben, daß die Situation verbesserbar ist. Natürlich machen wir im derzeitigen Stadium der ganzen Untersuchung eine serielle Angiographie, d.h. die Patienten haben ein Ventrikulogramm vor der Revaskularisation und nachher. Wir würden nur dann die nuklearmedizinische Vorhersage als richtig klassifizieren, wenn die gestörte Ventrikelfunktion sich in der Nachfolgeuntersuchung zumindest in Grenzen gebessert hat.

Baumann:

Ich möchte da vielleicht noch einmal auch einen um eine Nuance anderen Kommentar geben als Herr Uebis und das mit einer Frage verbinden. Wir haben in großen klinischen Zentren oftmals folgende Situation: Der Patient kommt mit den Zeichen eines weitgehend abgelaufenen Vorderwandinfarktes, nicht mehr ganz frisch nach der Anamnese. Wir sehen in der Angiographie einen hoch sitzenden LAD-Verschluß, also einen Verschluß vom Ramus interventricularis anterior. Im Ventrikulogramm sieht man, das ganze Vorderwandsegment inkl. Spitze steht, funktioniert nicht mehr. Jetzt ist ja die Frage, ist das Nekrose, so wie Herr Altehoefer das gezeigt hat, oder ist das, wie Ronwald das nennt, ein „stunt" oder „hybernating" Myocardium, also das überwinternde Myokard, was dadurch charakterisiert ist, daß es noch den Strukturstoffwechsel aufrecht erhält, aber nicht mehr den Funktionsstoffwechsel, also möglicherweise auch nicht genügend ATP-Reserven hat, um eine Kontraktion zu zeigen. In dieser Situation stellt sich oft die Frage, ob man rekanalisieren oder die Finger davon lassen soll. Und in einer solchen Situation wäre dieses Verfahren ganz hervorragend geeignet. Haben Sie dazu Erfahrungen?

Altehoefer:

Die überwiegende Zahl der von uns untersuchten Patienten war im chronischen Stadium mehrere Monate nach dem Infarkt. Es gibt eine Untersuchung von Schwaiger und Mitarbeitern aus dem Jahre 1986, die Patienten mit akutem Herzinfarkt untersucht haben. Da hat man in Segmenten, die gleichzeitig auch eine verminderte metabolische Aktivität gezeigt haben, keine Verbesserung der Funktion über den Zeitverlauf nachweisen können. Bei Patienten, bei denen im Infarktgebiet, definiert durch den Perfusionsausfall, noch vitales Gewebe nachgewiesen wurde, war der Verlauf sehr unterschiedlich.

Baumann:

Wir haben eine ganze Serie von Patienten, die wir im Abstand von 6 oder 8 Wochen nach PTCA angiographiert haben. Sie haben hinterher einen ganz normalen Ventrikel gehabt. Möglicherweise liefert die Positronen-Emissions-Tomographie einen entscheidenden Beitrag in einer solchen Situation.

Wenzel:

Ich möchte Ihre Annahmen zur physiologischen Regulation von Fettsäurestoffwechsel und Glukosestoffwechsel durch den Herzmuskel kommentieren. Sie hatten unter physiologischen Bedingungen oder auch unter Bedingungen der Arbeitsleistung und unter aeroben Bedingungen gezeigt, daß die Glykolysehemmung über das Filtrat durch die vermehrte Fettsäureverwertung läuft. Es ist viel wahrscheinlicher, daß unter diesen Bedingungen, wo ja auch nur ein basaler Insulinspiegel vorliegt, eher die Regulation über das Fruktose-2,6-biphosphat läuft. Sein Spiegel ist sehr niedrig, als wirksamster allosterischer Aktivator der PFK 1. Es ist nicht zu erwarten, daß der Citratspiegel hier hoch geht, denn das ist ja mitochondreal. Es gibt auch keinen Grund, daß der zytosolische Citratspiegel hier hochgeht. Die PFK 1 würde unter diesen Bedingungen nicht durch Fruktose 2,6-biphosphat aktiviert. Ein zweiter Grund ist, daß der zytosolische ATP-Spiegel als Resultat der Fettsäureoxidation und natürlich dann der mitochondrialen Atmung sicherlich sehr hoch ist. Ich denke, das Bild müßte man sich überlegen.

Greiling:

Wir haben in den letzten zwei Jahren den Stoffwechsel der 2-Fluor-2-desoxyglucose mit ^{14}C markierter 2-Fluor-2-desoxy-glucose bei Chondrozyten untersucht. Es ist nicht so, wie bisher in der Literatur beschrieben, daß durch den Trapping-Effekt mit Hexokinase nur das 2-Fluor-2-desoxy-glucose-6-phosphat entsteht. Es geht jedoch weiter. Man kann mit HPLC UDP-2-Fluor-2-desoxyglucuronat nachweisen und auch andere UDP-Zucker wie UDP-2-Fluor-2-desoxy-galactose (Fedders, G., Kock, R., van de Leur, E., Greiling, H.: A radiochemical high-performance liquid chromatographic method for the analysis of 2-fluoro-2-deoxy-D-glucose-derived metabolites in human chondrocytes. Analytical Biochemistry 211: 81-86 (1993)).

Altehoefer:

Mein Vortrag sollte auch nur den Erkenntniszuwachs aus der Pathobiochemie für die Klinik zeigen.

Dargel:

Wie weit können Sie diesen Stoffwechseleffekt auch quantifizieren? Ist es möglich, Abweichungen von 10, 20, 30 % im Glukosestoffwechsel auf diese Art und Weise zu erfassen? Und zweitens, können Sie dann dazu evtl. im Tierexperiment auch morphologische Korrelate finden? Kann man unter Umständen sehen, daß eine 30 %ige Reduktion auch mit einer Nekrose von 30 % der Muskelzellen einhergeht? Sieht man quantitative Verschiebungen, auch wenn es noch nicht zum völligen Ausfall des Gewebeareals gekommen ist?

Altehoefer:

Die bisherigen Untersuchungen basieren insbesondere auf der relativen Darstellung der FDG-Speicherung. Unter Zugrundelegung geeigneter Tracerkinetikmodelle kann eine quantitative Auswertung vorgenommen werden. Dies geht auch beim Patienten. Es gibt dabei zwei Möglichkeiten. Beim sog. Sokolow-Modell müssen die einzelnen Ratenkonstanten eingegeben werden. Beim Verfahren nach Patlak werden diese Einzelratenkonstanten nicht mehr gebraucht. Es handelt sich hierbei um ein graphisches Verfahren, bei dem die Absolutrate aus der Steigung einer Geraden abgelesen werden kann. Es gibt eine Untersuchung von Schwaiger und Hicks von 1991 bei Normalpersonen. In dieser Untersuchung wurde der Myokardstoffwechsel absolut quantifiziert, unter allerdings standardisierten metabolischen Bedingungen der hyperinsulinämischen-euglykämischen clamp Technik. Es handelte sich hierbei um neun freiwillige Personen, glaube ich. Der normale Glukosestoffwechsel wurde hier zu 39 μmol/100g/min berechnet, mit allerdings einer Standardabweichung von 1/3 des Mittelwertes. Wenn man nun anhand dieser Zahlen einen normalen Glukosestoffwechsel als Mittelwert plus/minus zwei Standardabweichungen angeben würde, sieht man schon, daß eine 35 %ige Glukoseutilisation praktisch noch in den Normalbereich fällt. Also die Definition einer metabolischen Schwelle in absoluten Glukoseverbrauchsraten als Schwelle Narbe/keine Narbe steht sicherlich noch aus.

De Groot:

Für Verlaufskontrollen ist das sicherlich sehr interessant. Aber wesentlich ist, daß man auch standardisierte metabolische Bedingungen hat. Das ist unter klinischen Gesichtspunkten nicht immer ganz einfach.

Hütter:

Wie ist eigentlich die Situation beim Diabetiker? Haben Sie Erfahrungen zur Aufnahme vom FDG unter diesen Bedingungen bei einem Diabetes, oder verhält sich da die Herzmuskelzelle annähernd normal. Das kann ja eigentlich gar nicht sein.

Altehoefer:

Schlecht eingestellte Diabetiker zeigen häufig fast gar keine FDG-Aufnahme, so daß das Myokard visuell nicht vom Untergrund, d.h. umliegendem Gewebe, zu trennen ist oder der Unterschied so gering ausfällt - mit z.T. auch sehr inhomogener Anreicherung -, daß die Untersuchung wenig interpretierbar ist. Da gibt es zum einen die Möglichkeit, Insulin vor der Untersuchung abhängig vom Glukosespiegel intravenös zuzugeben. Noch besser, aber sehr aufwendig, ist die eben schon erwähnte clamp Technik, bei der Glukose und Insulin infundiert und Glukose- und Insulinspiegel aufeinander abgestimmt werden, um so optimale metabolische Bedingungen für diese Untersuchung zu schaffen. Unter diesen Bedingungen kann man auch Diabetiker untersuchen.

Hütter:

Das ist dann aber auch eine Frage der Diffusion durch die Membran. Bei der Herzmuskelzelle genauso wie bei der peripheren Muskelzelle.

Neumann:

Ich versuche, den diagnostischen Nutzen der Positronen-Emissions-Tomographie einmal mit den Augen eines Laboratoriumsdiagnostikers zu sehen und zu bewerten. Man braucht ein Investment für das Gerät und technisches Personal, vielleicht einen Physiker oder Ingenieur, der das Gerät bedient. Man muß eine Logistik für die Substanz organisieren, die eine kurze Verfallszeit hat. Wenn wir das jetzt als Vision umsetzen, was sind dann die Einschlußkriterien, mit denen Sie Patienten an eine solche wirtschaftlich und organisatorisch anspruchsvolle Analytik heranführen? Denn diese Analyse muß ja wohl an Leistungszentren gemacht werden und das wird in der nächsten Zukunft nicht flächendeckend verfügbar sein. Welche Patienten würden Sie in solche Analysen hineinnehmen?

Altehoefer:

Ich glaube sicher, daß nur ein kleiner Teil der Patienten wirklich eine enge Indikation für diese Untersuchung hat. Man braucht sie sicherlich nicht in der Vorfelddiagnostik der KHK, da gibt es andere Methoden. Einen Ischämie-Nachweis kann man auch mit anderen Methoden erbringen. Hat ein Patient z.B. nach Infarkt rezidivierende Ischämien, die mit herkömmlichen Methoden nicht nachweisbar sind, hat diese Untersuchung sicherlich eine Indikation. Eine zweite Indikation liegt bei Patienten mit hochgradig eingeschränkter Ventrikelfunktion vor, die ja auch eine prognostische Bedeutung für diesen Patienten hat. Wenn man zeigen kann, daß nicht alles Myokard, das nach anderen Kriterien als Narbe anzusehen wäre, avital ist, kann man diesen Patienten vielleicht noch helfen. Gerade die Patienten, die eine hochgradig eingschränkte Ventrikelfunktion aufweisen, profitieren am meisten von einer Revaskularisation, wenn man mit der Positronen-Emissions-Tomographie noch vitales Gewebe nachweisen kann.

Baumann:

Wie lange brauchen Sie für eine Untersuchung?

Altehoefer:

Bei dieser Art der Untersuchung, bei der die Perfusionsmessung mit der SPECT nur in Ruhe durchgeführt wird, da wir nur nach Vitalität schauen wollen, brauchen wir etwa 30 Minuten für die Perfusion. Bei der PET-Untersuchung müssen zwei Aufnahmen gemacht werden, eine ohne Tracer zur Schwächungskorrektur, das sind noch mal zwei mal eine Stunde. Dies hängt aber auch vom Gerät ab. Bei einem axialen Gesichtsfeld von 5 cm wie bei unserem Gerät müssen, um das gesamte Herz abzubilden, mehrere Aufnahmen gemacht werden. Bei Zwei- oder gar Drei-Ringsystemen würde sich diese Zeit natürlich noch verkürzen.

Baumann:

Meinen Sie, PET würde uns in Zukunft weiterbringen, und zwar bei Patienten mit z.B. schwerer Aortenklappenstenose und ganz schlechter Ventrikelfunktion. Da weiß man ja nun als Kardiologe nie, ob der Patient davon profitiert, wenn man jetzt die Aortenklappe operativ ersetzt. Wir können das nur aus dem Verlauf sagen. D.h. wir müssen im Zweifelsfall ein Risiko eingehen und stellen dann 1 Jahr postoperativ fest, das hat sich für den Patienten gelohnt, das Herz ist kleiner geworden. Bringt uns die PET in Zukunft möglicherweise über die verschiedenen Tracer in der Aussage zu der Frage weiter, ob das Myokard jetzt nur mechanisch so überbeansprucht ist, daß es im Ventrikulum so schlechte Leistung bringt, oder ergibt sich möglicherweise in Zukunft eine Perspektive, über diese Stoffwechselparameter zu sagen, das Myokard wird sich erholen, den operieren wir.

Altehoefer:

Die bisherigen Erfahrungen gerade bei Klappenfehlern sind sehr beschränkt, so daß man sicherlich noch keine Aussage zu diesem Problem machen kann. Vielleicht ist dies möglich, wenn absolut quantifiziert wird. Sicherlich sind hier erst noch prospektive Studien nötig, die dies vor und nach Operation auch belegen. Die bisherigen Untersuchungen zeigen, daß dort wo eine Diskrepanz zwischen Perfusion und Stoffwechsel vorliegt, eine Revaskularisation zu einer Verbesserung führt. Die absolute Quantifizierung des Glukosestoffwechsels mag vielleicht einen prospektiven Wert haben, aber dies ist bisher nicht zu beantworten.

Abschlußworte

Merck-Symposium

Greiling:

Ich glaube, wir haben ein interessantes und ideenreiches Symposium hinter uns, das uns auch neue Ansätze für die zukünftige Arbeit liefern kann. Nach der wissenschaftlichen Periode über die Bedeutung der Lipoproteine, besonders der LDL-Fraktion, für die Pathogenese der Atherosklerose sind jetzt neue Gesichtspunkte besonders in bezug auf die Endothelzelle in den Vordergrund getreten.

Die Arbeitsgruppe von Bassenge konnte eindeutig nachweisen, daß die Low-Density-Lipoproteine die Freisetzung von freiem Kalzium und Prostaglandin bei Endothelzellen stimulieren, wobei eine Interaktion mit Membranrezeptoren angenommen wird. Auch der Beteiligung der L-Arginin-abhängigen Stickoxidbildung bei Makrophagen scheint eine neue pathogenetische Bedeutung zuzuordnen zu sein. Es kommt zur koronaren Konstriktion bei unterdrückter NO-Synthese. Der Arbeitsgruppe von Bassenge ist es auch gelungen, neue Hinweise über den Wirkungsmechanismus des Adenosins und der Adeninnucleotide bei der Vasodilatation zu gewinnen. Hier scheinen noch nicht aufgeklärte Rezeptoren der Endothel- und glatten Muskelzelle von Bedeutung zu sein. Interessanterweise konnte Herr Bassenge feststellen, daß oxidierte LDL-Fraktionen die Vasokonstriktion potenzieren, wobei ebenfalls eine direkte Interaktion mit der vaskulären glatten Muskelzelle diskutiert wird.

Mir war es ein Anliegen, besonders die Bedeutung der extrazellulären Matrix für die Entstehung kardiovaskulärer Erkrankungen herauszuarbeiten. Die genetischen, altersabhängigen und sekundären Veränderungen durch bakterielle oder virale Einflüsse führen zu einer strukturellen Veränderung der extrazellulären Matrix, wobei es sowohl zu Veränderungen der Kollagentypen als auch der Proteoglycantypen kommt. Ich habe dabei besonders die Bedeutung der Heparansulfat- und Keratansulfatproteoglycane für die Entstehung der Atherosklerose hervorgehoben.

Die intakten Heparansulfatproteoglycan-Ketten in den Endothelzellen scheinen für die Entstehung der Arteriosklerose von Bedeutung zu sein. Hier ergibt sich auch in Zukunft ein neuer therapeutischer Ansatz, daß evtl. Heparansulfat-oligosaccharide geeignet sind, die Proliferation von glatten Muskelzellen zu inhibieren. Jedoch auch die Inhibition von proteolytischen Enzymen, welche die Heparansulfatproteoglycane besonders das Coreportein - abbauen, ist von Bedeutung.

Herr Maisch hat klar die neuen pathogenetischen Gesichtspunkte des akuten Herzinfarktes dargestellt. Dabei wurde u.a. die Bedeutung des atrialen natriuretischen Peptids herausgearbeitet. Die Bedeutung immunologischer und autoimmunologischer Phänomene für koronare Herzerkrankungen wurde bisher zu wenig beachtet und ist heute besser mit antimyokardialen Antikörpern zu evaluieren.

Herr Baumann konnte eindeutig Veränderungen von sarkolemmalen Rezeptoren bei Herzinsuffizienz nachweisen, was für die therapeutische Behandlung von Bedeutung ist. Pathogenetisch scheint von großer Wichtigkeit zu sein, daß der PAF ein wichtiger Mediator beim kardiovaskulären Schock ist, was für immunologische Reaktionen einschließlich der Anaphylaxie und Toxämie von Bedeutung ist. Dabei wurde besonders der therapeutische Wert der H_2-Rezeptor-Stimulation bei Herzinsuffizienz hervorgehoben.

Mit modernen physikochemischen Methoden ist es heute möglich, die vom Sauerstoff abstammenden Radikale zu bestimmen. Herrn de Groot ist es gelungen, besonders die Bedeutung der vom Sauerstoff abstammenden Radikale, insbesondere der Hydroxyradikale, für den Zerstörungsprozeß des Herzmuskels bei der Ischämie als wichtigen pathogenetischen Faktor herauszustellen. Für die Zukunft wäre es sicherlich von Interesse, wenn auch klinisch-biochemische Methoden für die Diagnostik bzw. den Therapieverlauf, z.B. nach Antioxidantien, beim Prozeß der Ischämie entwickelt würden.

Seit mehreren Jahren wird besonders fiir die Diagnostik des akuten Herzinfarktes die Bestimmung von Isoenzymen und Isoformen der Kreatinkinase herangezogen. Herr Stein konnte neue Gesichtspunkte für die klinisch-chemische Diagnostik des Herzinfarktes erarbeiten, die auch zu einer Verbesserung der Diagnostik auf diesem Gebiet führen. Dazu gehört die Bestimmung von Antigenen des Myokards und besonders des Troponin T, das von Herrn Scheffold kritisch beleuchtet wurde. Bei der kritischen Diskussion, ob das Troponin T eine Verbesserung der Diagnostik des akuten Herzinfarktes darstellt, ergab sich, daß noch einige Fragen beantwortet werden müssen, die besonders den Predictive Value betreffen.

Auch die Frage, ob Kreatin als früher Marker für den Herzinfarkt herangezogen werden kann, ist noch umstritten, obwohl Herr Delanghe eindeutige Hinweise für die Eignung des Kreatins als frühen Marker für den Herzinfarkt vorgestellt hat.

Hypoxanthin und Xanthin wurden als Meßgrößen für die ischämische Schädigung zur Diskussion gestellt. Es ist jedoch noch in der Diskussion, ob, wie Herr Kock festgestellt hat, durch spezifische Bestimmungen von Hypoxanthin und Xanthin mit der HPLC die klinisch-chemische Diagnostik des Herzinfarktes und dessen Prognose verbessert wird.

Die Positronen-Emissionstomographie hat neue Ergebnisse für die Darstellung ischämischer Bereiche erzielt, wie Herr Altehoefer kritisch referiert hat. Die Verstoffwechslung von markierter 2-Fluor-2-desoxy-glucose ist ein guter Parameter, der uns Auskunft über die Hexokinase-Aktivität und den Gesamtstoffwechsel ischämischer Bereiche gibt.

Meine Damen und Herren, ich glaube, unser Merck-Symposium hat uns viele neue Erkenntnisse zur Pathobiochemie, Molekularbiologie und modernen Diagnostik kardiovaskulärer Erkrankungen gebracht. Ich bin überzeugt, daß auf diesem Gebiet in den nächsten Jahren weitere Fortschritte erzielt werden. Dies ist jedoch nur möglich durch eine gute Kooperation von Klinikern und Klinischen Chemikern, damit eine Umsetzung in die praktische Diagnostik erfolgen kann. Ich danke allen Rednern und Diskutanten und wünsche Ihnen eine gute Heimfahrt.

Springer-Verlag und Umwelt

Als internationaler wissenschaftlicher Verlag sind wir uns unserer besonderen Verpflichtung der Umwelt gegenüber bewußt und beziehen umweltorientierte Grundsätze in Unternehmensentscheidungen mit ein.

Von unseren Geschäftspartnern (Druckereien, Papierfabriken, Verpackungsherstellern usw.) verlangen wir, daß sie sowohl beim Herstellungsprozeß selbst als auch beim Einsatz der zur Verwendung kommenden Materialien ökologische Gesichtspunkte berücksichtigen.

Das für dieses Buch verwendete Papier ist aus chlorfrei bzw. chlorarm hergestelltem Zellstoff gefertigt und im ph-Wert neutral.